建筑信息模型(BIM)技术基础

赵志浩　著

黄河水利出版社

·郑 州·

内容提要

建筑信息模型(BIM)技术是一种应用于工程设计建造管理的数字化工具,旨在提高生产效率、节约成本和缩短工期。本书系统地介绍了 BIM 相关的概念、理论、发展历程、标准和软件以及 BIM 在建设项目各阶段的应用等,使建设工程相关从业人员通过对本书的学习能够系统而全面地掌握 BIM 的基本理论与方法,从而推动 BIM 在建设项目全生命周期的理论研究与应用实践,促进建设工程信息化建设。全书共 7 章,分别为 BIM 基础知识、BIM 建模环境及应用软件、BIM 全生命周期应用、BIM 技术在项目前期策划阶段的应用、BIM 技术在项目设计阶段的应用、BIM 技术在项目施工阶段的应用、BIM 技术在项目运维阶段的应用。本书可以作为建筑类高校学生、建筑业从业工人技术培训的入门教材,也可以作为行业中对 BIM 感兴趣的从业人员的初学读本。

图书在版编目(CIP)数据

建筑信息模型(BIM)技术基础/赵志浩著.—郑州:黄河水利
出版社,2022.3
ISBN 978-7-5509-3246-3

Ⅰ.①建… Ⅱ.①赵… Ⅲ.①建筑设计-计算机辅助设计-
应用软件 Ⅳ.①TU201.4

中国版本图书馆 CIP 数据核字(2022)第045322号

审稿编辑:席红兵 14959393@qq.com

出 版 社:黄河水利出版社　　　　　　　　　　　　网址:www.yrcp.com
　　　　　地址:河南省郑州市顺河路黄委会综合楼14层　　邮政编码:450003
发行单位:黄河水利出版社
　　　　　发行部电话:0371-66026940、66020550、66028024、66022620(传真)
　　　　　E-mail:hhslcbs@163.com
承印单位:河南新华印刷集团有限公司
开本:787 mm×1 092 mm　1/16
印张:13.25
字数:306 千字　　　　　　　　　　　　　　　　　印数:1—1000
版次:2022 年 3 月第 1 版　　　　　　　　　　　　印次:2022 年 3 月第 1 次印刷

定价:58.00 元

前　言

建筑信息模型(Building Information Model,简称 BIM)是以建筑工程项目的各相关信息数据作为模型的基础,进行模型的建立,通过数字信息仿真技术来模拟建筑物所具有的真实信息。基于 BIM 技术的高度可视化、一体化、参数化、仿真性、协调性、可出图性和信息完备性等特点,可将其很好地应用于项目建设决策策划、招标投标管理、设计、施工、竣工交付和运维管理等全生命周期各阶段中,有效地保障了资源的合理控制、数据信息的高效传递共享和各人员间的准确及时沟通,有利于项目实施效率和安全质量的提高,从而实现工程项目的全生命周期一体化和协同化管理。以 BIM 为核心的建筑信息技术已经成为支撑建设行业实现动能转换、升级转型、转换车道、技术革新、生产方式与管理模式革新的核心技术。

国外对 BIM 技术的研究、开发和应用起步早,且 BIM 技术的应用价值已经得到了广泛的验证。在国外,BIM 技术已受到广泛重视,成为设计和施工企业承接项目的必要能力。近年来,BIM 技术在国内建筑业形成一股热潮,除前期软件厂商的大声呼吁外,政府相关单位、各行业协会与专家、设计单位、施工企业、科研院校等也开始重视并推广 BIM。BIM 作为一种更利于建筑工程信息化全生命周期管理的技术,其未来在建筑领域的普遍应用已不容置疑。

中华人民共和国住房和城乡建设部近年来连续发布 BIM 的相关推广意见。2015 年 7 月发布的《关于推进建筑信息模型应用的指导意见》(建质函〔2015〕159 号)指出,到 2020 年年末,建筑行业甲级勘察、设计单位以及特级、一级房屋建筑工程施工企业应掌握并实现 BIM 与企业管理系统和其他信息技术的一体化集成应用;到 2020 年年末,以下新立项项目勘察设计、施工、运营维护中,集成应用 BIM 的项目比率达到 90%:以国有资金投资为主的大中型建筑;申报绿色建筑的公共建筑和绿色生态示范小区。2016 年 8 月发布的《2016—2020 年建筑业信息化发展纲要》指出,"十三五"时期,全面提高建筑业信息化水平,着力增强 BIM、大数据、智能化、移动通信、云计算、物联网等信息技术集成应用能力,建筑业数字化、网络化、智能化取得突破性进展,初步建成一体化行业监管和服务平台,数据资源利用水平和信息服务能力明显提升,形成一批具有较强信息技术创新能力和信息化应用达到国际先进水平的建筑企业及具有关键自主知识产权的建筑业信息技术企业。

《国务院办公厅关于促进建筑业持续健康发展的意见》(国办发〔2017〕19号)也明确指出,加快推进建筑信息模型(BIM)技术在规划、勘察、设计、施工和运营维护全过程的集成应用,实现工程建设项目全生命周期数据共享和信息化管理,为项目方案优化和科学决策提供依据,促进建筑业提质增效。

因此,随着企业和工程项目对BIM的快速推进,探索BIM的最佳实践变得非常重要,特别是在建筑业企业中应用BIM技术进行系统化升级改造、优化传统业务、实现减员增效,就成了诸多建筑业企业面临的巨大难题。

虽然社会各界对BIM技术的关注度较高,但我国与国外BIM技术的发展和应用程度相比还有一定距离,如存在对BIM技术的认识不统一、BIM技术人员储备不足、BIM技术流程和成果不规范等问题。基于BIM技术在国内外的发展现状,本书对BIM技术各方面进行了系统的介绍,包括BIM基础知识、BIM建模环境及应用软件、BIM全生命周期应用、BIM技术在项目前期策划阶段的应用、BIM技术在项目设计阶段的应用、BIM技术在项目施工阶段的应用、BIM技术在项目运维阶段的应用等。

本书在编写过程中,参考了许多教材、专著、论文和研究报告等文献资料,虽然这些文献资料在参考文献中已经列出,但仍可能有遗漏之处,在此谨向相关文献资料的作者表示由衷的感谢。此外,由于作者水平有限,书中可能还存在不妥甚至错漏之处,敬请读者批评指正。

作 者

2021 年 12 月

目　录

第1章　BIM 基础知识

1.1　BIM 技术概述

1.1.1　BIM 与 CAD

BIM 虽然是由 Autodesk 公司于 2002 年提出来的,但实际上 BIM 技术在过去几十年也在一直逐步地发展。BIM 技术是从建筑施工过程的数字表现的需求中产生的。从 BIM 技术的诞生背景和发展基础来看,可以说 BIM 技术是 CAD(Computer Aided Design,计算机辅助设计)技术的延续。CAD 技术在 20 世纪 50 年代后期诞生以后经历了传统的 CAD 技术、3D CAD 技术和 OOCAD(Object-Oriented CAD)技术三个发展阶段。但是建筑业 CAD 技术并没有达到 OOCAD 技术所达到的能力,而真正的 OOCAD 技术是到 BIM 时代才得以实现的。

虽然 CAD 技术突破了以往传统手绘制图的限制性,但也有新的限制和很多缺点。传统 CAD 技术的不足主要体现在以下几个方面。

第一,2D 线条禁锢了建筑师的空间想象力和创造力,无法集中精力在设计本身上。

第二,设计修改工作量巨大。

第三,效果图和设计图不一致。

第四,不能很好地与客户交流等。

3D CAD 存在的最大问题是通过 3D CAD 技术生成的 3D 模型仅仅是一个几何模型,并不包含建筑构建的属性。这样的 3D 模型只能传达建筑的形体信息,无法帮助建筑师和工程师进行具体的分析工作。传统的 CAD 技术和 3D CAD 技术实现了建筑画图的自动化和电子化,但是远远没有实现"Computer Aided Design"文字概念所表达的意思,而是停留在"Computer Aided Drafting"文字概念上。

1.1.2　BIM 的含义

建筑信息模型(BIM)被国际标准定义为:任何建筑物体的物理和功能特征等共享信息的数字表示,它们构成了项目各参与方决策的可靠基础。BIM 最初起源于产品模型,被广泛应用于石油化工、汽车、制造业等领域。在建筑领域中,BIM 代表建筑物的精确虚拟模型,通过软件由表示构建组件的参数对象实现,对象可能具有几何或非几何属性,包括功能、语义和拓扑信息。建筑信息模型可以服务于建筑的全生命周期,模型包含的几何图形和相关数据可以支持实现建筑所需的设计、采购、制造和施工等活动,并在建设完成后用于日常维护。

在《建筑信息模型应用统一标准》中,将 BIM 定义如下:建筑信息模型(Building Information Model,简称 BIM),是指在建设工程及设施全生命周期内,对其物理和功能特性进行数字化表达,并依此设计、施工、运营的过程和结果的总称,简称建筑信息模型。

BIM 的含义可以总结为以下三点:

(1)BIM 是一种共享知识资源,它可以在全生命周期内获取建筑物的可靠信息并提供平台以实现信息的交流和共享,为决策提供可靠的依据。

(2)BIM 是一个完善的信息模型,它在一个单一的模型中包含了设施的所有方面,包括建筑构件的几何、空间关系,地理信息、数量和属性、成本估算、材料清单、项目进度表等信息,可被项目的众多利益相关者使用。

(3)BIM 可以被视为一个虚拟过程,它允许所有团队成员(业主、建筑师、工程师、承包商、分包商和供应商)在创建模型的过程中不断根据项目规范和设计变更对其部分进行精炼和调整,以确保模型在项目动工前尽可能准确。

1.1.3 BIM 技术在建筑业中的地位

1.1.3.1 BIM 技术已成为建筑业的主流技术

BIM 技术目前已经在建筑工程项目的多个方面得到广泛的应用(见图 1-1)。其实图 1-1 并未完全反映 BIM 技术在建筑工程实践中的应用范围,美国宾夕法尼亚州立大学的计算机集成化施工研究组(The Computer Integrated Construction Research Program of the Pennsylvania State University)发表的《BIM 项目实施计划指南(第二版)》中,总结了 BIM 技术在美国建筑市场上常见的 25 种应用,这 25 种应用跨越了建筑项目全生命周期的四个阶段,即规划阶段(项目前期策划阶段)、设计阶段、施工阶段、运营阶段。迄今为止,还没有哪一项技术像 BIM 技术那样可以覆盖建筑项目的全生命周期。

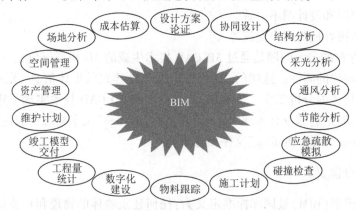

图 1-1　BIM 技术在建筑工程项目多个方面的应用

BIM 技术应用的广度还体现在不只是房屋建筑在应用 BIM 技术,在各种类型的基础设施建设项目中,越来越多的项目在应用 BIM 技术。在桥梁工程、水利工程、铁路交通、机场建设、市政工程、风景园林建设各类工程建设中,都可以找到 BIM 技术应用的范例及其不断扩大的应用趋势。BIM 技术应用的广度还包括应用 BIM 技术的人群相当广泛。当然,各类基础设施建设的从业人员是 BIM 技术的直接使用者,但是,建筑业以外的人员也有不少需要应用 BIM 技术。可以说,在建设项目的全生命周期中,BIM 技术是无处不在,无人不用的。

除上述 BIM 技术应用的广度外,BIM 技术应用的深度已经日渐被建筑业内的从业人员所了解。在 BIM 技术的早期应用中,人们对它了解得最多的是 BIM 技术的 3D 应用,即大家津津乐道的可视化。但随着应用的深入发展,发现 BIM 技术的能力远远超出了 3D 的范围,可以用 BIM 技术实现 4D(3D+时间)、5D(4D+成本),甚至 nD(5D+各个方面的分析),应用深度达到了较高的水平。

以上充分说明了 BIM 模型已经被越来越多的设施建设项目作为建筑信息的载体与共享中心,BIM 技术也成为提高效率和质量、节省时间和成本的强力工具。

1.1.3.2 BIM 模型成为设施建设项目中共同协作平台的核心

以前建筑工程项目出现的设计错误,进而造成返工、工期延误、效率低下、造价上升,其中一个重要的原因就是信息流通不畅和信息孤岛的存在。随着建筑工程的规模日益扩大,建筑师要承担的设计任务越来越繁重,不同专业的相关人员进行信息交流也越来越频繁,这样才能够在信息充分交换的基础上搞好设计。因此,基于 BIM 模型建立起建筑项目协同工作平台(见图 1-2)有利于信息的充分交流和不同参与方的协商,还可以改变信息交流中的无序现象,实现了信息交流的集中管理与信息共享。

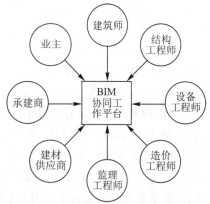

图 1-2 基于 BIM 的建筑项目
协同工作平台

在设计阶段,应用协同工作平台可以显著减少设计图中的缺、错、碰现象,并且加强了设计过程的信息管理和设计过程的控制,有利于在过程中控制图纸的设计质量,加强了设计进程的监督,确保了交图的时限。

设施建设项目协同工作平台的应用覆盖从建筑设计阶段到建筑施工、运行维护整个建筑全生命周期。由于建筑设计质量在应用了协同工作平台后显著提高,施工方按照设计执行建造就减少了返工,从而保证了建筑工程的质量、缩短了工期。施工方还可以在这个平台上对各工种的施工计划安排进行协商,做到各工序衔接紧密,消除返工现象,施工方在这个平台上通过与供应商协同工作,让供应商充分了解建筑材料使用计划,做到准时、按质、按量供货,减少了材料的积压和浪费。

这个平台还可以在建筑物的运营维护期使用,可充分利用平台的设计和施工资料对房屋进行维护,直至建筑全生命周期的结束。

1.1.3.3 BIM 已成为主导建筑业进行大变革的推动力

在推广 BIM 的过程中,发现原有建筑业实行了多年的一整套工作方式和管理模式已经不能适应建筑业信息化发展的需要。这些陈旧的组织形式、作业方式和管理模式立足于传统的信息表达与交流方式,所用的工程信息用 2D 图纸和文字表达,信息交流采用纸质文件、电话、传真等方式进行,同一信息需要多次输入,信息交换缓慢,影响到决策、设计和施工的进行。这些有悖于信息时代的工作方式已经严重阻碍着建筑业的发展,使建筑业长期处于返工率高、生产效率低、生产成本高的状态,更成为有碍于 BIM 应用发展的阻力。因此,非常有必要在推广应用 BIM 的过程中对建筑业来一次大的变革,建立起适应信息时代发展以及 BIM 应用需要的新秩序。

显然,BIM 的应用已经触及传统建筑业许多深层次的东西,包括工作模式、管理方式、团队结构、协作形式、交付方式等方方面面,如果这些方面不实行变革,将会阻碍 BIM 的深入应用和整个建筑业的进步。随着 BIM 应用的逐步深入,建筑业的传统架构将被打破,一种新的架构将取而代之。BIM 的应用完全突破了技术范畴,已经成为主导建筑业进行大变革的推动力。

1.1.3.4 推广 BIM 应用已成为各国政府提升建筑业发展水平的重要战略

随着这几年各国对 BIM 的不断推广与应用,BIM 在建筑业中的地位越来越重要,BIM 已经从一个技术名词变成了在建筑业各个领域中无处不在,成为提高建筑业劳动生产率和建设质量、缩短工期和节省成本的利器。从各国政府发展经济战略的层面来说,BIM 已经成为提升建筑业生产力的主要导向,是开创建筑业持续发展新里程的理论与技术。因此,各国政府正因势利导,陆续颁布各种政策文件、制订相关的 BIM 标准来推动 BIM 在各国建筑业中的应用发展,以提升建筑业的发展水平。可以预料,建筑业在 BIM 的推广和应用中会变得越来越强大。

1.1.3.5 BIM 成为我国实施建筑业信息化的大推动力

我国建筑业自改革开放以来就大力推广信息技术的应用,20 纪 90 年代全国轰轰烈烈的“甩掉图板搞设计”的行动,至今记忆犹新。但是一直以来,信息技术都只是在建筑企业不同部门或者不同专业中独立应用,彼此之间的资源和信息缺乏综合的、系统的分析和利用,形成了很多“信息孤岛”。再加上企业机构的层次多,造成横向沟通困难,信息传输失真,使整个企业的信息技术应用水平低下。虽然都用上了信息技术,但效率并没有得到有效提高。由此看出,消除“信息孤岛”,强化信息的交流与共享,通过对信息的综合应用进行正确的决策,是提高建筑企业信息应用水平和经营水平的关键。多年来,我国在实现建筑企业信息化的过程中进行了许多探索和努力,BIM 是实现建筑企业信息化最为合适的载体和关键技术,大力发展 BIM 的应用,可推动我国建筑企业信息化迈向一个更新、更高的层次。

最近 10 年,我国建筑业经历了对 BIM 从初步了解到走向应用的过程,特别是在近几年对 BIM 的应用越来越重视,应用的力度不断加大。在初期,只有少部分设计人员应用 BIM 技术进行设计,目前已逐渐扩展到设计、施工都应用 BIM 技术,已经有少数项目在运营阶段也尝试应用 BIM 技术。成功应用 BIM 技术的案例日益增多,特别是一些具有影响力的大型项目。例如,上海中心大厦、青岛海湾大桥、广州周大福金融中心等应用了 BIM 技术,为其他项目应用 BIM 技术做出了示范。应用 BIM 技术所带来的好处正在被国内越来越多的建筑从业人员所了解。

BIM 技术的应用推广得到了我国政府的重视。在“十一五”期间,科技部就设立了国家科技支撑计划重点项目“建筑业信息化关键技术研究与应用”课题,其中将“基于 BIM 技术的下一代建筑工程应用软件研究”列为重点开展的研究工作。在“十二五”期间,住房和城乡建设部下发的《2011—2015 年建筑业信息化发展纲要》中将“加快建筑信息模型(BIM)、基于网络的协同工作等新技术在工程中的应用”列为“十二五”期间发展的重点。在“十三五”期间,住房和城乡建设部下发的《2016—2020 年建筑业信息化发展纲要》中将“以全面提高建筑业信息化水平为主线,以增强 BIM、大数据、智能化、移动通信、云计算、物联网等信息技术集成应用能力,建成一体化行业监管和服务平台,形成一批具有较强信息技术创新能力和信息化应用达到国际先进水平的建筑企业为核心,以数字化、网络化、智能化取得突破性进展,数据资源利用水平和信息服务能力提升为基本特征",确立了"十三五"期间发展目标。这些均说明了 BIM 在中国建筑业中的地位显著加强。

2012 年 1 月,住房和城乡建设部正式启动了中国 BIM 标准的制定工作,有关 BIM 的工程建设国家标准包括《建筑工程信息模型应用统一标准》(GB/T 51212—2016)、《建筑工程信息模型存储标准》(GB/T 51447—2021)、《建筑信息模型设计交付标准》(GB/T 51301—2018)、《建筑信息模型分类和编码标准》(GB/T 51269—2017)、《制造工业工程设计信息模型应用标准》(GB/T 51362—2019)、《建筑信息模型施工应用标准》(GB/T 51235—2017)等。这些标准在颁布后有力地指导和规范了 BIM 的应用。

正如前面所介绍的那样,随着 BIM 应用的深入,建筑业的传统架构将被一种适应 BIM 应用的新架构取而代之,BIM 已经成为主导建筑业进行大变革、提升建筑业生产力的强大推动力。我国各建筑企业应当抓住这一机遇,通过 BIM 的推广和应用,把企业的发展推向一个新的高度。

1.2 BIM 的国内外发展现状

1.2.1 BIM 技术的发展沿革

BIM 作为对包括工程建设行业在内的多个行业的工作流程、工作方法的一次重大思索和变革,其雏形最早可追溯到 20 世纪 70 年代。查克·伊士曼(Chuck Eastman)在 1975 年提出了 BIM 的概念;在 20 世纪 70 年代末至 80 年代初,英国也在进行类似 BIM 的研究与开发工作,当时,欧洲习惯把它称为"产品信息模型(Product Information Model)",而美国通常称之为"建筑产品模型(Building Product Model)"。

1986 年,罗伯特·艾什(Robert Aish)在他发表的一篇论文中,第一次使用"Building Information Modeling"一词,他在这篇论文中描述了今天我们所知的 BIM 论点和实施的相关技术,并在该论文中应用 RUCAPS 建筑模型系统分析了一个案例来表达他的概念。

21 世纪前的 BIM 研究由于受到计算机硬件与软件水平的限制,BIM 仅能作为学术研究的对象,很难在工程的实际应用中发挥作用。

21 世纪以后,计算机软硬件水平的迅速发展以及对建筑全生命周期的深入理解,推动了 BIM 技术的不断前进。自 2002 年,BIM 这一方法和理念被提出并推广之后,BIM 技术变革风潮便在全球范围内席卷开来。

1.2.2 BIM 在国外的发展状况

1.2.2.1 BIM 在美国的发展现状

美国是较早启动建筑业信息化研究的国家,发展至今,其 BIM 的研究与应用都走在世界前列(见图 1-3、图 1-4)。

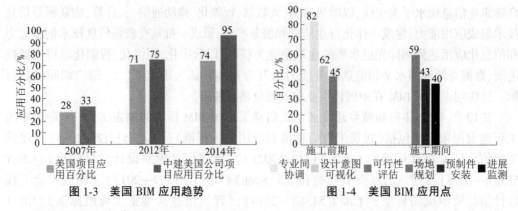

图 1-3 美国 BIM 应用趋势　　　　　　　　　图 1-4 美国 BIM 应用点

目前,美国大多建筑项目已经开始应用 BIM,BIM 的应用点种类繁多,而且存在各种 BIM 协会,也出台了各种 BIM 标准。政府自 2003 年起,实行国家级 3D-4D-BIM 计划:自 2007 年起,规定所有重要项目通过 BIM 进行空间规划。美国有以下几大 BIM 的相关机构。

1.GSA

2003 年,为了提高建筑领域的生产效率、提升建筑业信息化水平,美国总务署(General Services Administraltion,简称 GSA)下属的公共建筑服务(Public Building Service)部门的首席设计师办公室(Office of the Chief Architect,简称 OCA)推出了全国3D-4D-BIM计划。从 2007 年起,GSA 要求所有大型项目(招标级别)都需要应用 BIM,最低要求是空间规划验证和最终概念展示都需要提交 BIM 模型。所有 GSA 的项目都被鼓励采用 3D-4D-BIM 技术,并且根据采用这些技术的项目承包商的应用程序不同,给予不同程度的资金支持。目前,GSA 正在探讨在项目全生命周期中应用 BIM 技术,包括空间规划验证、4D 模拟、激光扫描、能耗和可持续发展模拟、安全验证等,并陆续发布各领域的系列 BIM 指南,其在官网可供下载,对于规范 BIM 和 BIM 在实际项目中的应用均起到了重要作用。

2.USACE

2006 年 10 月,美国陆军工程兵团(US Army Corps of Engineers,简称 USACE)发布了为期 15 年的 BIM 发展路线规划,为 USACE 采用和实施 BIM 技术制定战略规划,以提升规划、设计和施工质量及效率(见图 1-5)。规划中,USACE 承诺未来所有军事建筑项目都将使用 BIM 技术。

初始操作能力	建立生命周期数据互用	完全操作能力	生命周期任务自动化
	90%符合美国 BIM标准		
2008年8个COS (标准化中心) BIM具备生产能力	所有地区美国 BIM标准具备生产能力	美国BIM标准作为所有项目合同公告、发包、提交的一部分	利用美国BIM标准数据大大降低建设项目的成本和时间
2008年	2010年	2012年	2020年

图 1-5 USACE 的 BIM 发展

3.bSa

Building SMART 联盟(building SMART alliance,简称 bSa)致力于 BIM 的推广与研究,

使项目所有参与者在项目全生命周期阶段能共享准确的项目信息。通过 BIM 收集和共享项目信息与数据,可以有效节约成本、减少浪费。美国 bSa 的目标是在 2020 年之前,帮助建设部门节约 31% 的浪费或者节约 4 亿美元。bSa 下属的美国国家 BIM 标准项目委员会(National Building Information Model Standard Project Committee - United States, 简称 NBIMS-US) ,专门负责美国国家 BIM 标准(National Building Information Model Standard, 简称 NBIMS) 的研究与制定。2007 年 12 月,NBIMS-US 发布了 NBIMS 的第一版的第一部分,主要包括关于信息交换和开发过程等方面的内容,明确了 BIM 过程和工具的各方定义、相互之间数据交换要求的明细和编码,使不同部门可以充分开发协商一致的 BIM 标准,更好地实现协同。2012 年 5 月,NBIMS-US 发布了 NBIMS 的第二版的内容。NBIMS 第二版的编写过程采用了一个开放投稿(各专业 BIM 标准)、民主投票决定标准的内容(Open Consensus Process) ,因此也被称为是第一份基于共识的 BIM 标准。

1.2.2.2 BIM 在英国的发展现状

与大多数国家不同,英国政府要求强制使用 BIM。2011 年 5 月,英国内阁办公室发布了政府建设战略(Government Construction Strateg) 文件,明确要求:到 2016 年,政府要求全面协同的 3D-BIM,并将全部文件信息化管理。

政府要求强制使用 BIM 的文件得到了英国建筑业 BIM 标准委员会 AEC(UK) BIM Standard Committee 的支持。迄今为止,英国建筑业 BIM 标准委员会已发布了英国建筑业 BIM 标准[AEC(UK) BIM Standard] 、适用于 Revit 的英国建筑业 BIM 标准[AEC(UK) BIM Standard for Revit] 、适用于 Bentley 的英国建筑业 BIM 标准[AEC(UK) BIM Standard for Bentley Product] ,并且在制定适用于 ArchiCAD、Vectorworks 的 BIM 标准。这些标准的制定为英国的 AEC 企业从 CAD 过渡到 BIM 提供了切实可行的方案和程序。

英国 BIM 技术使用情况如图 1-6 所示。

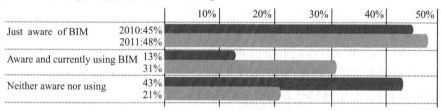

图 1-6 英国 BIM 技术使用情况

1.2.2.3 BIM 在新加坡的发展现状

在 BIM 这一术语引进之前,新加坡当局就注意到信息技术对建筑业的重要作用。早在 1982 年,建筑管理署(Building and Construction Authority,简称 BCA) 就有了人工智能规划审批(Artificial Intelligence plan checking) 的想法,2000 ~ 2004 年,发展 CORENET(Construction and Realestate NETWORK) 项目,用于电子规划的自动审批和在线提交,是世界首创的自动化审批系统。2011 年,BCA 发布了新加坡 BIM 发展路线规划(BCAS Building Information Modelling Roadmap) ,规划明确了推动整个建筑业在 2015 年前广泛使用 BIM 技术。为了实现这一目标,BCA 分析了面临的挑战,并制定了相关策略(见图 1-7)。

图 1-7　新加坡 BIM 发展策略

1.2.2.4　BIM 在北欧国家的发展现状

北欧国家如挪威、丹麦、瑞典和芬兰,是一些主要的建筑业信息技术软件厂商所在地,因此这些国家是全球最先一批采用基于模型设计的国家,推动了建筑信息技术的互用性和开放标准。北欧国家冬天漫长多雪,这使得建筑的预制化非常重要,这也促进了包含丰富数据、基于模型的 BIM 技术的发展,并导致了这些国家及早地进行了 BIM 的部署。

北欧政府并未强制要求全部使用 BIM,由于当地气候的要求及先进建筑信息技术软件的推动,BIM 技术的发展主要是企业的自觉行为。如 2007 年,Senate Properties 发布了一份建筑设计的 BIM 要求(Senate Properties BIM Requirements for Architectural Design, 2007 年),自 2007 年 10 月 1 日起,Senate Properties 的项目仅强制要求建筑设计部分使用 BIM,其他设计部分可根据项目情况自行决定是否采用 BIM 技术,但目标将是全面使用 BIM。该报告还提出,设计招标有强制使用 BIM 的要求,这些 BIM 要求将成为项目合同的一部分,具有法律约束力;建议在项目协作时,建模任务需创建通用的视图,需要准确的定义;需要提交最终 BIM 模型,且建筑结构与模型内部的碰撞需要进行存档;建模流程分为四个阶段:Spatial Group BIN、Spatial BIN、Preliminary Building Element BIN 和 Building Element BIN。

1.2.2.5　BIM 在日本的发展现状

在日本,有 2009 年是日本的 BIM 元年之说。大量的日本设计公司、施工企业开始应用 BIM,而日本国土交通省也在 2010 年 3 月表示,已选择一项政府建设项目作为试点探索 BIM 在设计可视化、信息整合方面的价值及实施流程。

2010 年,日经 BP 社(Nikkei Business Publications)调研了 517 位设计院、施工企业及相关建筑行业从业人士,了解他们对于 BIM 的认知度与应用情况。结果显示,BIM 的知晓度从 2007 年的 30%提升至 2010 年的 76%。2008 年的调研显示,采用 BIM 的最主要原因是 BIM 绝佳的展示效果。而 2010 年人们采用 BIM 主要用于提升工作效率,仅有 7%的业主要求施工企业应用 BIM,这也表明日本企业应用 BIM 更多是企业的自身选择与需求。日本 33%的施工企业已经应用 BIM,在这些企业中近 90%是在 2009 年之前开始实施的。日本 BIM 相关软件厂商认识到,BIM 是需要多个软件来互相配合的,这是数据集成的基本前提,因此多家日本 BIM 软件商在 IAI 日本分会的支持下,以福井计算机株式会社为主导,成立了日本国产 BIM 解决方案软件联盟。此外,日本建筑学会于 2012 年 7 月发布了日本 BIM 指南,从 BIM 团队建设、BIM 数据处理、BIM 设计流程、应用 BIM 进行预算、模拟等方面为日本的设计院和施工企业应用 BIM 提供了指导。

1.2.2.6　BIM 在韩国的发展现状

韩国在运用 BIM 技术上十分超前,多个政府部门都致力于制定 BIM 标准。2010 年 4 月,韩国公共采购服务中心(Public Procurement Service,简称 PPS)发布了 BIM 路线图(见图 1-8),内容包括:2010 年,在 1~2 个大型工程项目应用 BIM。2011 年,在 3~4 个大型工程项目应用 BIM。2012~2015 年,超过 50 亿韩元大型工程项目都采用 4D-BIM 技术(3D+成本管理)。2016 年前,全部公共工程应用 BIM 技术。2010 年 12 月,PPS 发布了《设施管理 BIM 应用指南》,对设计、施工图设计、施工等阶段中的 BIM 应用进行指导,并于 2012 年 4 月对其进行了更新。

	短期 (2010~2012年)	中期 (2013~2015年)	长期 (2016年)
目标	通过扩大BIM应用来提高设计质量	构建4D设计预算管理系统	设施管理全部采用BIM,实现行业革命
对象	500亿韩元以上EPC工程及公开招标项目	500亿韩元以上的公共项目	所有公共工程
方法	通过积极的市场推广,促进BIM的应用,编制BIM应用指南,并每年更新,BIM应用的奖励措施	建立专门管理BIM发包产业的诊断队伍,建立基于3D数据的工程项目管理系统	利用BIM数据库进行施工管理、合同管理及总预算审查
预期成果	通过BIM应用提高客户满意度,促进民间部门BIM的应用,通过设计阶段多样的检查校核措施提高设计质量	提高项目造价管理与进度管理水平,实现施工阶段设计变更最少化,减少资源浪费	革新设施管理并强化成本管理

图 1-8　BIM 路线

2010 年 1 月,韩国国土交通海洋部发布了《建筑领域 BIM 应用指南》,该指南为开发商、建筑师和工程师在申请四大行政部门、16 个都市及 6 个公共机构的项目时,提供采用 BIM 技术时必须注意的方法及要素的指导。

综上,BIM 技术在国外的发展情况如表 1-1 所示。

表 1-1　BIM 技术在国外的发展情况

国家	BIM 应用现状
英国	政府明确要求 2016 年前企业实现 3D-BIM 的全面协同
美国	政府自 2003 年起,实行国家级 3D-BIM、4D-BIM 计划;自 2007 年起,规定所有重要项目通过 BIM 进行空间规划
韩国	政府计划于 2016 年前实现全部公共工程的 BIM 应用
新加坡	政府成立 BIM 基金;计划于 2015 年前,超过八成的建筑业企业广泛应用 BIM
北欧国家	已经孕育 Tekla、Solibri 等主要的建筑业信息技术软件厂商
日本	建筑信息技术软件产业成立国家级国产解决方案软件联盟

1.2.3 BIM 在国内的发展状况

1.2.3.1 BIM 在中国香港的发展

中国香港的 BIM 发展主要靠行业自身的推动。早在 2009 年,中国香港便成立了香港 BIM 学会。2010 年,香港的 BIM 技术应用已经完成了从概念到实用的转变,处于全面推广的最初阶段。香港房屋署自 2006 年起,已率先使用建筑信息模型;为了成功地推行 BIM,自行订立 BIM 标准、用户指南、组建资料库等设计指引和参考。这些资料有效地为模型建立、档案管理,以及用户之间的沟通创造了良好的环境。2009 年 11 月,香港房屋署发布了 BIM 应用标准。香港房屋署提出,2014～2015 年该项技术将覆盖香港房屋署的所有项目。目前,香港兴修的复杂工程和建筑越来越多,其中应用了 BIM 的也是不胜枚举。在实际应用方面,香港沙中线的建造工程算得上是运用 BIM 技术的成功案例。沙中线工程全长 17 km,管线分布密集而复杂,如果施工不合理,就会对管线造成破坏。而采用 BIM 技术之后,在动工之前就及时发现了存在的问题与漏洞,在避免造成损失的情况下还节省了项目成本。此外,香港的著名地标"接吻楼",在其实际设计和建造的过程中,也大量运用了 BIM 技术。"接吻楼"是由三幢尖锥形的塔式建筑组成的,属于综合体建筑,且建筑正下方还有高铁线路,综合实际情况非常复杂,预测在工程实施中可能出现的问题也是多种多样的。但是应用了 BIM 技术之后,预测的建筑模型直观地展现在工作人员面前,对于大多数的问题都很快找出了解决方案。BIM 技术的运用对于"接吻楼"最后的成功建造起到了至关重要的作用。

1.2.3.2 BIM 在中国台湾的发展

在科研方面,2007 年中国台湾大学与 Autodesk 签订了产学合作协议,重点研究建筑信息模型(BIM)及动态工程模型设计。2009 年,台湾大学土木工程系成立了工程信息仿真与管理研究中心,促进了 BIM 相关技术与应用的经验交流、成果分享、人才培训与产学研合作。2011 年 11 月,BIM 中心与淡江大学工程法律研究发展中心合作,出版了《工程项目应用建筑信息模型之契约模板》,并特别提供合同范本与说明,补充了现有合同内容在应用 BIM 上的不足。高雄应用科技大学土木系也于 2011 年成立了工程资讯整合与模拟(BIM)研究中心。此外,台湾交通大学、台湾科技大学等对 BIM 进行了广泛的研究,推动了中国台湾对于 BIM 的认知与应用。

中国台湾的管理部门对 BIM 的推动有两个方向。首先,对于建筑产业界,管理部门希望其自行引进 BIM 应用。对于新建的公共建筑和公有建筑,其拥有者为管理部门,工程发包监督均受到管理部门管辖,其要求在设计阶段与施工阶段都以 BIM 完成。其次,台湾地区也在积极学习国外的 BIM 模式,为 BIM 发展打下了基础;另外,管理部门也举办了关于 BIM 的座谈会和研讨会,共同推动 BIM 的发展。

1.2.3.3 BIM 在中国内地的发展

近年来 BIM 在国内建筑业形成一股热潮,除前期软件厂商的呼吁外,政府相关单位、各行业协会与专家、设计单位、施工企业、科研院校等也开始重视并推广 BIM。2010 年、2011 年,中国房地产业协会商业地产专业委员会、中国建筑业协会工程建设质量管理分会、中国建筑学会工程管理研究分会、中国土木工程学会计算机应用分会组织并发布了

《中国商业地产 BIM 应用研究报告 2010》和《中国工程建设 BIM 应用研究报告 2011》，一定程度上反映了 BIM 在我国工程建设行业的发展现状（见图 1-9）。根据报告，关于 BIM 的知晓程度从 2010 年的 60% 提升至 2011 年的 87%。2011 年，共有 39% 的单位表示已经使用了 BIM 相关软件，而其中以设计单位居多。

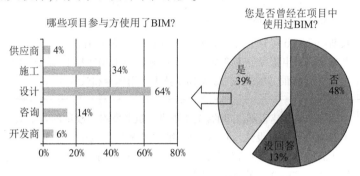

图 1-9　BIM 使用调查

1.2.4　相关 BIM 文件标准及实施指南

我国 BIM 技术起步较晚，2002 年后，国内逐渐开始引入 BIM 的理念和技术，BIM 在"十一五"时作为重点研究方向，并被建设部认可为"建筑信息化的最佳解决方案"。

早在 2010 年，清华大学通过研究，参考 NBIMS，结合调研提出了中国建筑信息模型标准框架，并且创造性地将该标准框架分为面向 IT 的技术标准与面向用户的实施标准。在这之后，我国住房和城乡建设部连续多年发布 BIM 相关政策，具体见表 1-2。住房和城乡建设部历年发布的 BIM 相关政策如图 1-10 所示。

表 1-2　住房和城乡建设部发布 BIM 相关政策

时间	相关政策
2011 年 5 月	住房和城乡建设部发布的《2011—2015 年建筑业信息化发展纲要》中明确指出，在施工阶段开展 BIM 技术的研究与应用，推进 BIM 技术从设计阶段向施工阶段的应用延伸，降低信息在传递过程中的衰减；研究基于 BIM 技术的 4D 项目管理信息系统在大型复杂工程施工过程中的应用，实现对建筑工程有效的可视化管理等。加快建筑信息化建设及促进建筑业技术进步和管理水平提升的指导思想，达到普及 BIM 技术概念和应用的目标，使 BIM 技术初步应用到工程项目中去，并通过住房和城乡建设部与各行业协会的引导作用保障 BIM 技术的推广。这是 BIM 在中国应用的序幕
2012 年 1 月	住房和城乡建设部《关于印发 2012 年工程建设标准规范制订修订计划的通知》（建标〔2012〕5 号）宣告了中国 BIM 标准制定工作的正式启动，其中包含五项 BIM 相关标准：《建筑工程信息模型应用统一标准》《建筑工程信息模型存储标准》《建筑工程设计信息模型交付标准》《建筑工程设计信息模型分类和编码标准》《制造工业工程设计信息模型应用标准》。其中，《建筑工程信息模型应用统一标准》的编制采取"千人千标准"的模式，邀请行业内相关软件厂商、设计院、施工单位、科研院所等近百家单位参与标准研究项目、课题、子课题的研究。至此，工程建设行业的 BIM 热度日益高涨

时间	相关政策
2013 年 8 月	住房和城乡建设部发布了《关于征求关于推荐 BIM 技术在建筑领域应用的指导意见(征求意见稿)意见的函》,首次提出了工程项目全生命周期质量安全和工作效率的思想,并要求确保工程建设安全、优质、经济、环保,确立了近期(至 2016 年)和中长期(至 2020 年)的目标,明确指出,2016 年以前政府投资的 2 万 m^2 以上的大型公共建筑以及申报绿色建筑项目的设计、施工采用 BIM 技术;截至 2020 年,应完善 BIM 技术应用标准、实施指南,形成 BIM 技术应用标准和政策体系
2014 年度	住房和城乡建设部发布的《关于推进建筑业发展和改革的若干意见》,则再次强调了 BIM 技术工程设计、施工和运行维护等全过程应用的重要性。各地方政府关于 BIM 的讨论与关注更加活跃,上海、北京、广东、山东、陕西等地区相继出台了各类具体的政策推动 BIM 的应用与发展
2015 年 6 月	住房和城乡建设部发布的《关于推进建筑信息模型应用的指导意见》(建质函〔2015〕159 号)中明确发展目标,到 2020 年末,建筑行业甲级勘察、设计单位以及特级、一级房屋建筑工程施工企业应掌握并实现 BIM 与企业管理系统和其他信息技术的一体化集成应用。并首次引入全寿命期集成应用 BIM 的项目比率,要求以国有资金投资为主的大中型建筑、申报绿色建筑的公共建筑和绿色生态示范小区的比率达到 90%,该项目目标在后期成为地方政策的参照目标;保障措施方面添加了市场化应用 BIM 费用标准,搭建公共建筑构件资源数据中心及服务平台以及 BIM 应用水平考核评价机制,使得 BIM 技术的应用更加规范化,做到有据可依,不再是空泛的技术推广
2016 年度	住房和城乡建设部发布了"十三五"纲要《2016—2020 年建筑业信息化发展纲要》,相比于"十五"纲要,此次引入了"互联网+"概念,以 BIM 技术与建筑业发展深度融合,以塑造建筑业新业态为指导思想,实现企业信息化、行业监管与服务信息化、专项信息技术应用及信息化标准体系的建立,达到基于"互联网+"的建筑业信息化水平升级

图 1-10　住房和城乡建设部历年发布的 BIM 政策

　　总的来说,国家政策是一个逐步深化、细化的过程,从普及概念到工程项目全过程的深度应用,再到相关标准体系的建立完善,由点到面,逐渐完成 BIM 技术应用的推广工作,硬性要求应用比率以及和其他信息技术的一体化集成应用,同时开始上升到管理层面,开发集成、协同工作系统及云平台,提出 BIM 的深层次应用价值,如与绿色建筑、装配式及物联网的结合,BIM+时代到来,使 BIM 技术得以深入到建筑业的各个方面。

1.3　BIM 的特点

BIM 不仅是一项技术变革,也引发了工作模式和流程上的变革。传统的绘图方式通过 BIM 获得改良,提供了 3D 可视化的模式,建设流程的各个阶段也被重新排列组合以求得一个更优值。BIM 技术的应用为项目建设的各方提供一个集中作业和交流的平台,将时间地点分散的各方信息统一在一起,并直接以建筑信息化模型为基础来商讨问题进行施工建造,几乎完全跳脱 2D 的作业形式。

1.3.1　可视化

传统的建筑行业作业模式是靠设计人员将大脑中构思好的 3D 模式的建筑设计概念方案通过 CAD 等二维辅助设计软件翻译为 2D 的平面立面剖面图纸,再经过反复的推敲,其间经过 2D 至 3D 的多次转换,转化的形式可谓五花八门,可以是在头脑中,也可以是在纸笔间,或是借助一些轻量 3D 软件作为推敲的工具,如 Sketchup、LUMION、3Dmax 等,也或者是这几类之间的结合。设计大致定型后会全部表达成 2D 的图纸,递交给其他相关专业,整个过程中几乎完全以 2D 形式呈现和交流。最后用来交付施工的图纸仍是 2D 形式的平面、立面、剖面、节点详图等,整个过程费时费力。由于项目各方交流时用的是 2D 图纸,经常会出现表达的错误或理解的偏差,这些问题逐步都会体现在整个建设过程中,甚至是建成后期,让人们疲于应对。全球化和建筑技术的发展驱动了建筑造型和构造形式的复杂化,在这样的大趋势下,BIM 的特点之一——可视化,为建筑行业带来了福音,为建筑行业的作业方式开辟出了一条新路。传统的二维表达局限很大,大量设计思想、工程实施要通过缺少关联关系的二维图纸、技术文件来表达,表达难度大、沟通成本高、生产效率低。借助 BIM 技术,完全跳脱出 2D 方式,自概念设计阶段就从 3D 入手,并将 3D 的思路贯穿至建筑的全生命周期。BIM 的可视化特点使得整个项目实施过程都基于智慧型的建筑信息化模型,在各方沟通协作的过程中,项目团队成员的所见即所得,信息的提取和交换直观完整,保证了信息的准确性,避免因信息缺失和人为的理解偏差造成的不必要错误,提高了效率、降低了成本。例如,建筑设备水暖专业的设备布线、管道布置等情况均可以通过三维直观的形象来确认其合理性,使建筑空间得到更好的处理,防止不同专业管线冲突情况的发生,以使不同专业间的配合和协调能力得以增强。传统的 2D 翻模制造出的 3D 效果是专业效果图制作团队用线条式信息绘制表达出来的,和实际建造是脱节的。而 BIM 建筑信息模型,是智慧型构件化模型,其所承载信息内容符合项目的实际建造情况。BIM 的 3D 可视化具有互动性和反馈性,可以用来直接生成效果图和相关报表,真正有助于项目设计、施工、营运等建筑全生命周期的沟通、探讨、决策(见图 1-11)。

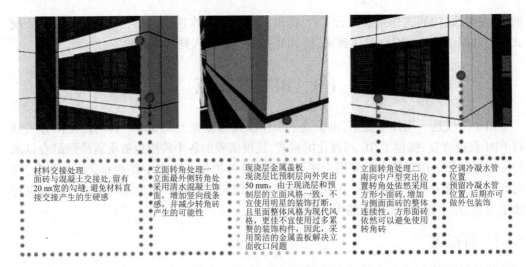

材料交接处理
面砖与混凝土交接处,留有
20 mm宽的勾缝,避免材料直
接交接产生的生硬感

立面转角处理一
立面最外侧转角处
采用清水混凝土饰
面,增加竖向线条
感,并减少转角砖
产生的可能性

现浇层金属盖板
现浇层比预制层向外突出
50 mm,由于现浇层和预
制层的立面风格一致,不
宜使用明显的装饰打断,
且里面整体风格为现代风
格,更佳不宜使用过多累
赘的装饰构件,因此,采
用简洁的金属盖板解决立
面收口问题

立面转角处理二
南向中户型突出位
置转角处依然采用
方形小面砖,增加
与侧面面砖的整体
连续性。方形面砖
依然可以避免使用
转角砖

空调冷凝水管
位置
预留冷凝水管
位置,后期亦可
做外包装饰

图 1-11　外墙板可视化设计

1.3.2　协调性

　　建筑行业的实际工程项目不是靠单独个体或个别专业就能完成的,在分工愈加细化和精确的今天,项目的参与方会越来越多,环节也会越来越复杂,所以合理的作业模式和好的协调方式就会显得愈加重要。

　　就国内建筑行业目前的状态来说,无论是业主方、设计方还是施工方,在项目实施的过程中,要经常组织开协调会,解决在项目各环节中遇到的问题,但这种方式存在很多弊端,例如协调时间滞后,因此不是解决问题的最优方式。不借助 BIM 技术,很多问题在项目尚未施工时很难排查出来,只能在问题发生后再去想补救措施,不仅浪费了人力、物力,而且在多次改动后,项目最终的建造效果也不是最理想的,易形成一个恶性循环。这个状况要想改变,必须从根本上解决问题。如果从项目最初的设计阶段就把问题理清了、解决了,就不会出现事后再补救的尴尬。BIM 技术提供了这样的可能性。BIM 技术基于 BIM 的建筑信息化模型,在项目设计阶段建造出来的模型便可以准确反映项目建成之后的状态,所见即所得,直观的 BIM 模型和准确的 BIM 数据能够直接用来对项目进行施工模拟、碰撞检查等操作,生成协调数据,提供解决方案,便于项目各方无障碍地协调合作。

　　传统作业模式中最常见的问题是各专业图纸之间的碰撞冲突问题,例如设备专业管线布置与结构梁碰撞,水暖电各专业之间的管线冲突,结构及设备专业的设计影响建筑专业的空间使用和展示效果等。通过碰撞检查分析,可以对传统二维模式下不易察觉的"错漏碰缺"进行收集更正。如预制构件内部各组成部分的碰撞检查,地暖管线与电器管线潜在的交错碰撞问题。如图 1-12 所示。通过施工模拟对复杂部位和关键施工节点进行提前预演,增加工人对施工环境和施工措施的熟悉度,提高施工效率。如图 1-13 所示。

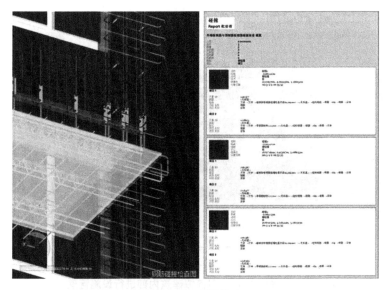

图 1-12　碰撞检查

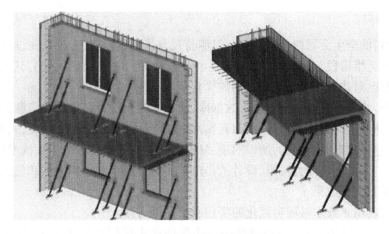

图 1-13　关键节点施工模拟

1.3.3　可模拟性

　　BIM 技术基于建筑信息化模型,BIM 模型的准确度和对项目信息数据的蕴含量,优于传统的实体模型和轻量的 3D 模型。相应的成本也更低、更加智能,所承载的项目信息更准确全面,具有更强的可操作性。BIM 模型与建造项目本身情况具有很高的符合程度,可以直接用来进行各种模拟实验,结果也具有更高的应用价值。例如,日照模拟、节能模拟、热能传导模拟等绿色建筑模拟;在招标投标或者施工阶段的 4D 模拟实验(3D+项目时间进程),规划设计出合理的施工方案,实时监督施工进度,合理安排施工过程的模拟;运营维护阶段日常紧急情况处理方式模拟。如今随着 BIM 技术的发展,出现了 5D 模拟技术,所谓 5D 模拟即3D 加时间再加成本造价控制等。再如结合 Ecotect 设计软件与 BIM 建模软件,将 BIM 模型直接导入,即可求得准确全面的可视数字化分析图形及结果(见图 1-14)。

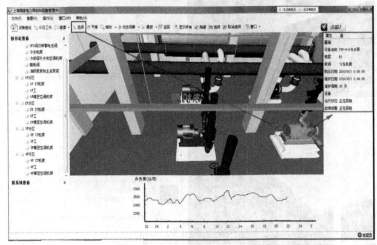

图 1-14   通过 BIM 模型模拟建筑内部进行设施管理

1.3.4   优化性

建设项目的全生命周期是一个持久且亟待反复优化的过程,无论是在设计阶段、施工阶段,还是在运维阶段,对项目的优化都是不可或缺的。对项目的优化方式有很多,BIM 技术更加智能,对建设项目全生命周期的优化更加可靠。

BIM 模型相当于建设项目的信息数据库,囊括了建设项目各方面的信息,无论是物理的、几何的,还是地理的等,各方面信息真实准确。当项目复杂到一定程度,人脑是很难对项目相关信息做到有效处理的,所以对项目的优化依赖信息数据库,BIM 技术配套的相关优化工具弥补了人力的能力极限,设计人员能够更好地获取和理解数据和信息,可得到高效、高质量项目优化成果。

具体来说,BIM 技术对项目优化的实现有以下两方面:

(1)优化项目方案:用更直观可视的方式帮助业主更好地理解和认识建设项目的方案,这样业主对方案的分析就不会只流于表面,而是从更有意义、更符合自身需求的方面去分析。例如,在装配式建筑中,要做好预制构件的"拆分设计",避免方案性的不合理导致后期技术经济的不合理。BIM 信息化有助于完成上述工作,单个外墙构件的几何属性经过可视化分析,可以对预制外墙板的类型和数量进行优化,减少预制构件的类型和数量。外墙板数量优化如图 1-15 所示。

(2)对特殊项目的优化设计:随着科学技术的进步,物质文化的发展及人们对精神生活的更高追求,越来越多复杂的或异型的体量出现在建筑方案设计中,这是建设项目的亮点所在,也是难点所在,往往需要耗费大量的工作量和占据大量的成本。需要在特殊项目中做好针对异型部分的成本和工作量的有效把控,即抓住项目整体矛盾的主要方面,BIM 技术的特点有助于这类问题的把控,从而有效实现设计的优化、成本的降低、效率的提高,并增加收益。

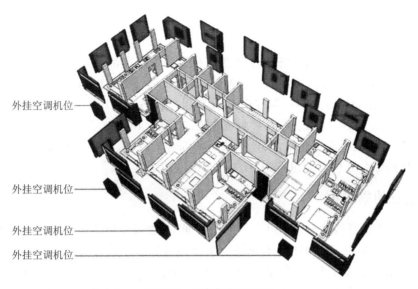

外挂空调机位 ——

外挂空调机位 ——

外挂空调机位 ——

外挂空调机位 ——

图 1-15　外墙板数量优化

　　莫高窟游客中心建设项目由崔愷工作室设计,如图 1-16 所示,希望这个建筑犹如从大地中生长出来的,像风吹过沙丘一样婉转起伏,又如同莫高窟壁画中飞天飘逸的彩带,整个建筑充满强烈的流动感,形成了建筑的异型体量。将创意变成精确的施工图时,变换的曲线、流动的空间实际上带来了一个非常大的设计挑战——依靠传统的二维设计工具,很难完成如此复杂的曲线建模设计。最终中国建筑设计研究院采用了 BIM 技术实现了曲线建模方面的三维设计,对项目进行优化,并生成了精确的施工图。

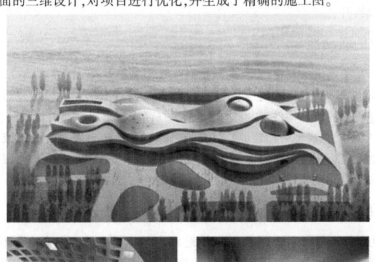

图 1-16　莫高窟游客中心

1.3.5　可出图性

BIM 模型是由智慧型构件搭建的,模型有极高的信息容量及准确度,可以为建设项目各参与方提供各类图纸和分析图表。也就是说,建设项目的全生命周期中的各阶段均是基于 3D 可视化的思维方式和行为方式,但是建设项目各方可以根据需要提取设计的 2D 图纸,内容可以是平面、立面、剖面,甚至是建筑详图等。BIM 技术除了可以提供最基本的图纸,还可以提供碰撞检查完毕,设计修改后的综合管线图、综合结构留洞图(预埋套管图)、碰撞检查综合分析报告,并提出有关方案改进的建议。

1.3.6　信息的集成化

BIM 技术为项目构建出一个巨大的中央数据库,数据库囊括整个建筑工程项目各个环节的所有数据信息,即 BIM 技术对整个项目的数据信息进行统一集成化的数据化管理。被集成化管理的项目数据信息被分为不同类别,这其中主要是项目的基础信息和一些附属信息。项目的基础信息即搭建项目的各个元素,其中有构件的几何性能、物理性能、构造性能,如梁柱尺寸大小、位置坐标、材料密度、材料的导热系数、构件材质等。附属信息则指一些厂商信息等。传统作业模式的数据信息组织是基于离散的、非结构化的线条和文档,BIM 模式的数据组织则是基于整合后的、结构化的构件对象。

因为组织方式的差别,传统的信息流走向是一对多的,而 BIM 的信息流走向是一对一的。通过比较可知,BIM 项目中各方的数据信息被集成在一个统一的数据库中,保证了信息的准确性和传递效率。为项目各参与方的交流与协作提供了便利,使项目在整合与协作方面得以提升。

1.3.7　信息的联动性

BIM 技术基于建筑信息化模型,建筑信息化模型是智慧型 3D 模型,它的绘制原理不是简单地编辑点、线、面进行几何绘制,而是由包含具体数据信息的模拟建筑构件进行搭建形成。搭建模型的各个构件,相互之间不是孤立存在而是通过参数化联动在一起的,形成一个整体。例如,当模型中门窗、悬梁、柱子、墙壁等,由于方案自身改动或者需要解决一些实际问题要进行相应调整时,通过对部分构件进行修改,即可以实现 BIM 全模型中的相关联部位的自动更新。

1.3.8　参数化设计方式

以构件为主的参数式建模,最早在 20 世纪 80 年代为制造业而开发,它并不是以固定的几何和属性来表示物件,而是用决定几何和一些非几何属性与功能的参数和规则来表示物件。由于参数和规则可以是和其他物件相关的运算式,因此允许物件因使用者的控制或内容的改变而自动更新。于是客制化的参数化物件使复杂的几何形式可以被建模,这在原来是不切实际或难以实现的。建筑中,BIM 相关的软件公司提供使用者整套预先定义的基本建筑物件类别,这些类别可被添加、修改或扩充,一个物件类别允许建立任意数量的物件个体,这取决于目前参数与其他物件的关系,而各有形式上的不同(见图 1-17)。

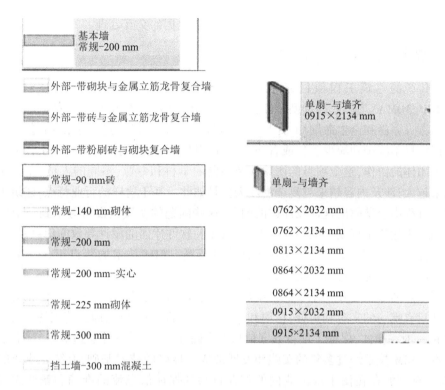

基本墙
常规-200 mm

外部-带砌块与金属立筋龙骨复合墙

外部-带砖与金属立筋龙骨复合墙

外部-带粉刷砖与砌块复合墙

常规-90 mm砖

常规-140 mm砌体

常规-200 mm

常规-200 mm-实心

常规-225 mm砌体

常规-300 mm

挡土墙-300 mm混凝土

单扇-与墙齐
0915×2134 mm

单扇-与墙齐

0762×2032 mm

0762×2134 mm

0813×2134 mm

0864×2032 mm

0864×2134 mm

0915×2032 mm

0915×2134 mm

图 1-17　Revit 参数化构件

1.3.9　信息完备性

BIM 技术需要各类的 BIM 软件给予支持才可实现。为了便于各软件间数据信息的交互,进一步提高软件间的互操作性,各软件必须基于一个统一的数据描述格式,现在 IFC(Industry Foundation Classes)是国际通用的主流标准并作为 BIM 标准被广泛应用和实施。当前 IFC 标准在辅助 BIM 的使用与推广方面发挥了积极作用,随着 BIM 的不断发展,对 IFC 的研究也逐渐加深。IFC 标准已经覆盖了 AEC/FM(Architecture, Engineering and Construction/Facility Management)中大部分领域,而且随着 BIM 的发展还在不断补充。目前 IFC 标准已经囊括 9 个建筑领域的学科:建筑领域、结构分析领域、结构构件领域、电器领域、施工管理领域、物业管理领域、HVAC(Heating, Ventilation and Air Conditioning)领域、建筑控制领域、管道及消防领域。进行交换的建筑数据定义为一组可扩充,且一致的数据表示法,是一个十分成熟的标准模式。IFC 历史悠久,1994 年 AUTODESK 发起一个产业联盟,建议以 C++层次开发的公司能支援整合的应用程序。12 家美国公司响应号召加入联盟,初期命名为 IAI(Industry Alliance for Interoperability)产业交换性联盟,后逐步发展壮大成为由业界主导的非营利性国际组织,以发布应用于建筑全生命周期的中立的 AEC 产品数据资料模型 IFC 为目标。IFC 是以 ISO—STEP 技术为基础并独立于其体系之外的。2005 年,IAI 更名 building SMART 沿用至今。据统计,截至 2012 年,该标准已有将近 150 个注册软件支持。采用 IFC 格式的工程数据能够更方便地被相关软件解读,软件与软件间的交互也更加畅通无阻。例如,Revit Structure 和 Revit Architecture 等最常用的 BIM 软件均支持 IFC 格式,可以进行信息数据的交互处理。

1.3.10 提供项目各方协同工作的平台

至今传统的建筑工程项目的作业流程主要依托于 CAD、天正等 2D 软件,辅以 SKETCHUP、3DMAX 等 3D 轻量型软件,这些软件各有侧重,各司其职,却都无法涵盖到建筑项目的方方面面和全生命周期,并且在数据信息导入、导出的过程中,还常会出现一些建筑数据信息不准确和缺少丢失或者两个部分信息无法衔接的情况。建筑工程项目的实现依赖于团体的协作,这个项目的团体涉及不同的学科和专业、不同的人员,尤其在项目规模越来越大,涉及内容越来越复杂的今天更是如此。基于这样的行业特点,建筑工程项目的实施过程中会暴露出这样或那样的问题,这些问题的实质是没有寻求到一个好的方式去协调组织建筑工程项目的各参与方,以及相关软件片面的设计导致的信息交互障碍,即缺乏一种"共同的语言",使信息流无法有效传达。BIM 技术的特点正弥补了这些不足。BIM 技术将传统 2D 绘图模式转变成智慧型 3D 模式,BIM 技术基于 BIM 模型,项目所有数据信息的更新交互均基于此模型形成了高度集成化模式,这样被分享和交流的项目信息就只有唯一的来源和去处,精简和规范了信息的传递路径,即由传统的一对多转化为 BIM 的一对一模式,保证了项目数据信息的准确性,提高了设计建造效率,降低了项目实施成本。BIM 技术经过多年的实践和发展形成了良好的技术基础,有统一成熟的行业标准,统一标准的存在便于规范业内的作业行为和保证信息流的准确和畅通无阻。在 BIM 技术中,NCS 标准应用于平面图形,IFC 标准应用于模型,两个标准归属于统一设计阶段(见图 1-18)。

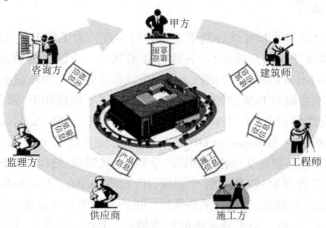

图 1-18　BIM 形成协同工作平台

1.4　BIM 的作用与价值

1.4.1　BIM 在勘察设计阶段的作用与价值

BIM 在勘察设计阶段的应用价值如表 1-3 所示。

表 1-3 BIM 在勘察设计阶段的应用价值

BIM 应用内容	BIM 应用价值分析
设计方案论证	设计方案比选与优化,提出性能、品质最优的方案
设计建模	1.三维模型展示与漫游体验,很直观; 2.建筑、结构、机电各专业协同建模; 3.参数化建模技术实现一处修改,相关联内容智能变更; 4.避免错、漏、碰、缺发生
能耗分析	1.通过 IFC 或 gbxml 格式输出能耗分析模型; 2.对建筑能耗进行计算、评估,进而开展能耗性能优化; 3.能耗分析结果存储在 BIM 模型或信息管理平台中,便于后续应用
结构分析	1.通过 IFC 或 Structure Model Center 数据计算模型; 2.开展抗震、抗风、抗火等结构性能设计; 3.结构计算结果存储在 BIM 模型或信息管理平台中,便于后续应用
光照分析	1.建筑、小区日照性能分析; 2.室内光源、采光、景观可视度分析; 3.光照计算结果存储在 BIM 模型或信息管理平台中,便于后续应用
设备分析	1.管道、通风、负荷等机电设计中的计算分析模型输出; 2.冷、热负荷计算分析舒适度模拟; 3.气流组织模拟; 4.设备分析结果存储在 BIM 模型或信息管理平台中,便于后续应用
绿色评估	1.通过 IFC 或 gbxml 格式输出绿色评估模型; 2.建筑绿色性能分析,其中包括规划设计方案分析与优化、节能设计与数据分析、建筑遮阳与太阳能利用、建筑采光与照明分析、建筑室内自然通风分析、建筑室外绿化; 3.环境分析,建筑声环境分析,建筑小区雨水采集和利用; 4.绿色分析结果存储在 BIM 模型或信息管理平台中,便于后续应用
工程量统计	1.BIM 模型输出土建、设备统计报表; 2.输出工程量统计,与概预算专业软件集成计算; 3.概预算分析结果存储在 BIM 模型或信息管理平台中,便于后续应用
其他性能分析	1.建筑表面参数化设计 2.建筑曲面幕墙参数化分格、优化与统计
管线综合	各专业模型碰撞检查,提前发现错、漏、碰、缺等问题,减少施工中的返工和浪费
规范验证	BIM 模型与规范、经验相结合,实现智能化的设计,减少错误,提高设计便利性和效率
设计文件编制	从 BIM 模型中出版二维图纸、计算书、统计表单,特别是详图和表格,可以提高施工图的出图效率,并能有效减少二维施工图中的错误

在我国工程设计领域应用 BIM 的部分项目中,可发现 BIM 技术已获得比较广泛的应用,除表 1-3 中的"规范验证"外,其他方面都有应用,应用较多的方面大致如下:

（1）设计中均建立了三维设计模型，各专业设计之间可以共享三维设计模型数据，进行专业协同、碰撞检查，避免数据重复录入。

（2）使用相应的软件直接进行建筑、结构、设备等各专业设计，部分专业的二维设计图纸可以从三维设计模型中自动生成。

（3）可以将三维设计模型的数据导入到各种分析软件中，例如能耗分析、日照分析、风环境分析等软件中，快速地进行各种分析和模拟，还可以快速计算工程量，并进一步进行工程成本的预测。

1.4.2 BIM 在施工阶段的作用与价值

1.4.2.1 BIM 对施工阶段技术提升的价值

BIM 对施工阶段技术提升的价值主要体现在以下四个方面：①辅助施工深化设计或生成施工深化图纸；②利用 BIM 技术对施工工序进行模拟和分析；③基于 BIM 模型的错、漏、碰、缺检查；④基于 BIM 模型的实时沟通方式。

1.4.2.2 BIM 对施工阶段管理和综合效益提升的价值

BIM 对施工阶段管理和综合效益提升的价值主要体现在以下两个方面：①可提高总包管理和分包协调工作效率；②可降低施工成本。

1.4.2.3 BIM 对工程施工的价值和意义

BIM 对工程施工的价值和意义如表 1-4 所示。

表 1-4 BIM 对工程施工的价值和意义

BIM 应用	BIM 应用价值分析
支撑施工投标的 BIM 应用	1.3D 施工工况展示； 2.4D 虚拟建造
支撑施工管理和工艺改进的单项工程 BIM 应用	1.设计图纸审核和深化设计； 2.4D 虚拟建造，工程可建性模拟（样板对象）； 3.基于 BIM 的可视化技术讨论和简单协同； 4.施工方案论证、优化、展示及技术交底； 5.工程量自动计算； 6.消除现场施工过程干扰或施工工艺冲突； 7.施工场地科学布置和管理； 8.有助于构配件预制生产、加工及安装
支撑项目、企业和行业管理集成与提升的综合 BIM 应用	1.4D 计划管理和进度监控； 2.施工方案验证和优化； 3.施工资源管理和协调； 4.施工预算和成本核算； 5.质量安全管理； 6.绿色施工； 7.总承包、分包管理协同工作平台； 8.施工企业服务功能和质量的拓展、提升

BIM 应用	BIM 应用价值分析
支撑基于模型的工程档案数字化和项目运维的 BIM 应用	1.施工资料数字化管理； 2.工程数字化交付、验收和竣工资料数字化归档； 3.业主项目运维服务

1.4.3 BIM 在运营维护阶段的作用与价值

BIM 参数模型可以为业主提供建设项目中所有系统的信息,在施工阶段做出的修改将全部同步更新到 BIM 参数模型中形成最终的 BIM 竣工模型(As built Model),该竣工模型作为各种设备管理的数据库为系统的维护提供依据。

此外,BIM 可同步提供有关建筑使用情况或性能、入住人员与容量、建筑已用时间及建筑财务方面的信息。同时,BIM 可提供数字更新记录,并改善搬迁规划与管理。BIM 还促进了标准建筑模型对商业场地条件(例如零售业场地,这些场地需要在许多不同地点建造相似的建筑)的适应。有关建筑的物理信息(例如完工情况、承租人或部门分配、家具和设备库存)和关于可出租面积、租赁收入或部门成本分配的重要财务数据都更加易于管理和使用。稳定访问这些类型的信息可以提高建筑运营过程中的收益与成本管理水平。

综合应用 GIS(Geographic Information System)技术,将 BIM 与维护管理计划相链接,实现建筑物业管理与楼宇设备的实时监控相集成的智能化和可视化管理,及时定位问题来源。结合运营阶段的环境影响和灾害破坏,针对结构损伤、材料劣化及灾害破坏,进行建筑结构安全性、耐久性分析与预测。

1.4.4 BIM 在项目全生命周期的作用与价值

在传统的设计—招标—建造模式下,基于图纸的交付模式使得跨阶段时信息损失带来大量价值的损失,导致出错、遗漏,需要花费额外的精力来创建、补充精确的信息。而基于 BIM 模型的协同合作模型下,利用三维可视化、数据信息丰富的模型,各方可以获得更大投入产出比。

采用 BIM 技术,不仅可以实现设计阶段的协同设计,施工阶段的建造全过程一体化和运营阶段对建筑物的智能化维护和设施管理,同时还能打破从业主到设计、施工运营之间的隔阂和界限,实现对建筑的全寿命周期管理。

美国宾夕法尼亚州立大学的计算机集成化施工研究组根据当前美国工程建设领域的 BIM 使用情况总结了 BIM 的 20 多种主要应用,如图 1-19 所示。从图 1-19 中可以发现,BIM 应用贯穿了建筑的规划、设计、施工与运营四大阶段,多项应用是跨阶段的,尤其是基于 BIM 的"现状建模"与"成本预算"贯穿了建筑的全生命周期。

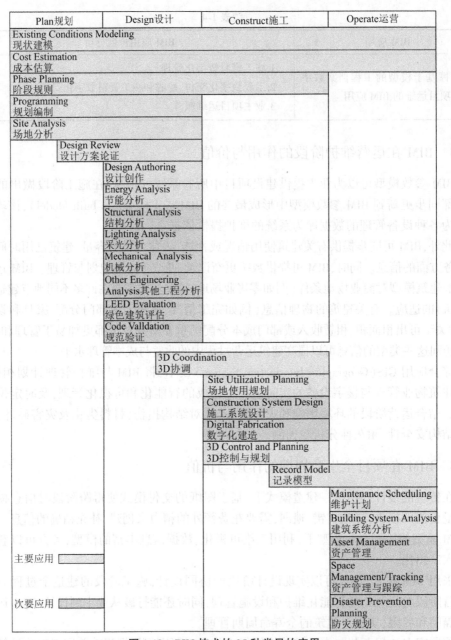

图 1-19　BIM 技术的 25 种常见的应用

　　基于 BIM 技术无法比拟的优势和活力,现今 BIM 已被愈来愈多的专家应用在各式各样的工程项目中,涵盖了从简单的仓库到形式最为复杂的新建筑,随着建筑物的设计、施工、运营的推进,BIM 将在建筑的全生命周期管理中不断体现其价值。

1.4.5　BIM 技术给工程建设带来的变化

1.4.5.1　更多业主要求应用 BIM

　　由于 BIM 的可视化平台可以让业主随时检查其设计是否符合业主的要求,且 BIM 技术所带来的价值优势是巨大的,如能缩短工期、在早期能得到可靠的工程预算、得到高性能的项目结果、方便设备管理与维护等。

1.4.5.2 BIM 4D 工具成为施工管理新的技术手段

目前大部分 BIM 软件开发商都将 4D 功能作为 BIM 软件不可或缺的一部分,甚至一些小型的软件开发公司专门开发 4D 工具。

BIM 4D 相对于传统 2D 图纸的施工管理模式的优势如下:

(1)优化进度计划,相比传统的甘特图,BIM 4D 可直观地模拟施工过程,以检验施工进度计划是否合理有效。

(2)模拟施工现场,更合理地安排物料堆放、物料运输路径及大型机械位置。

(3)跟踪项目进程,可以快速辨别实际进度是否提前或滞后。

(4)使各参与方与各利益相关者更有效地沟通。

1.4.5.3 工程人员组织结构与工作模式逐渐发生改变

由于 BIM 智能化应用,工程人员组织结构、工作模式及工作内容等将发生革命性的变化,体现在以下几个方面:

(1)PD(Product Development)模式下的人员组织机构不再是传统意义上的处于对立的单独的各参与方,而是协同工作的一个团队组织。

(2)由于工作效率的提高,某些工程人员的数量编制将有所缩减,而专门的 BIM 技术人员数量将有所增加,对于工程人员 BIM 培训的力度也将增加。

(3)美国国家建筑科学研究院(National Institute of Building sciences,简称 NIBs)定义了国家 BIM 标准(National BIM Standards),意在消除在项目实施过程中由于数据格式不统一等问题所产生的大量额外工作,制定 BIM 标准也是我国未来 BIM 发展的方向。

1.4.5.4 一体化协作模式的优势逐渐得到认同

一些建筑业的领头企业已经逐渐认识到未来的项目实施过程将需要一体化的项目团队来完成,且 BIM 的应用将发挥巨大的利益优势。一些规模较大的施工企业未来的发展趋势将会设立其自己的设计团队,而越来越多的项目管理模式将采用 DB(Design and Build)模式,甚至 IPD(Integrated Product Development)模式来完成。

1.4.5.5 企业资源计划(ERP)逐渐被承包商广泛应用

企业资源计划(Enterprise Resource Plan,简称 ERP)是先进的现代企业管理模式,主要实施对象是企业,目的是将企业的各个方面的资源(包括人、财、物、产、供销等因素)合理配置,以使之充分发挥效能,使企业在激烈的市场竞争中全方位地发挥能量,从而取得最佳经济效益。世界 500 强企业中有 80% 的企业都在用 ERP 软件作为其决策的工具和管理日常工作流程,其功效可见一斑。目前,ERP 软件也正在逐步被建筑承包商企业所采用,用作企业管理多个建设项目的采购、账单、存货清单及项目计划等。一旦这种企业后台管理系统(Back office system)建立,将其与 CAD 系统、3D 系统、BIM 系统等整合在一起,可大大提升企业的管理水平,提高经济性。

1.4.5.6 更多地服务于绿色建筑

由于气候变化、可持续发展、建设项目舒适度要求提高等,建设绿色建筑已是一种趋势。BIM 技术可以为设计人员分析能耗、选择低环境影响的材料等方面提供帮助。

1.5 BIM 技术发展趋势

1.5.1 BIM 技术的深度应用趋势

1.5.1.1 BIM 技术与绿色建筑

绿色建筑是指在建筑的全生命周期内,最大限度地节约资源、节能、节地、节水、节材、保护环境和减少污染,提供健康适用、高效使用、与自然和谐共生的建筑。

BIM 的最重要意义在于它重新整合了建筑设计的流程,其所涉及的建筑生命全周期管理恰好是绿色建筑设计的关注和影响对象。真实的 BIM 数据和丰富的构件信息给各种绿色分析软件以强大的数据支持,确保了结果的准确性;BIM 的某些特性(如参数化、构件库等)使建筑设计及后续流程针对上述分析的结果有非常及时和高效的反馈;绿色建筑设计是一个跨学科、跨阶段的综合性设计过程,而 BIM 模型则正好顺应需求,实现了单一数据平台上各个工种的协调设计和数据集中;BIM 的实施,能将建筑各项物理信息分析从设计后期显著提前,有助于建筑师在方案,甚至概念设计阶段进行绿色建筑相关的决策。

另外,BIM 技术提供了可视化的模型和精确的数字信息统计,将整个建筑的建造模型摆在人们面前,立体的三维感增加了人们的视觉冲击和图像印象。而绿色建筑则是根据现代的环保理念提出的,主要是运用高科技设备利用自然资源,实现人与自然的和谐共处。基于 BIM 技术的绿色建筑设计应用主要通过数字化的建筑模型、全方位的协调处理、环保理念的渗透三个方面来进行,实现绿色建筑的环保和节约资源的原始目标,对于整个绿色建筑的设计有很大的辅助作用。

总之,结合 BIM 进行绿色设计已经是一个受到广泛关注和认可的系统性方案,也让绿色建筑事业进入一个崭新的时代。

1.5.1.2 BIM 技术与信息化

信息化是指培养、发展以计算机为主的智能化工具为代表的新生产力,并使之造福于社会的历史过程。与过去生产力中的生产工具不一样之处在于,智能化生产工具不是一件孤立分散的东西,而是一个具有庞大规模的、自上而下的、有组织的信息网络体系。这种网络性生产工具正在改变人们的生产方式、工作方式、学习方式、交往方式、生活方式、思维方式等,使人类社会发生极其深刻的变化。

随着我国国民经济信息化进程的加快,建筑业信息化已经被提上了议事日程。住房和城乡建设部明确指出,建筑业信息化是指运用信息技术,特别是计算机技术和信息安全技术等,改造和提升建筑业技术手段和生产组织方式,提高建筑企业经营管理水平和核心竞争力。提高建筑业主管部门的管理、决策和服务水平。建筑业的信息化是国民经济信息化的基础之一,而管理的信息化又是实现全行业信息化的重中之重。因此,利用信息化改造建筑工程管理,是建筑业健康发展的必由之路。但是,我国建筑工程管理信息化无论从思想认识上,还是在专业推广中都还不成熟,仅有部分企业不同程度地、孤立地使用信息技术的某一部分,且仍没有实现信息的共享、交流与互动。

利用 BIM 技术对建筑工程进行管理,由业主方搭建 BIM 平台,组织业主、监理、设计、施工多方,进行工程建造的集成管理和全寿命周期管理。BIM系统是一种全新的信息化管理系统,目前正越来越多地应用于建筑行业中。它要求参建各方在设计、施工、项目管理、项目运营等各个过程中将所有信息整合在统一的数据库中,通过数字信息仿真模拟建筑物所具有的真实信息,为建筑的全生命周期管理提供平台。在整个系统的运行过程中,要求业主方、设计方、监理方、总包方、分包方、供应方多渠道和多方位的协调,并通过网上文件管理协同平台进行日常维护和管理。BIM是新兴的建筑信息化技术,同时也是未来建筑技术发展的大势所趋。

1.5.1.3 BIM技术与EPC

Engineering(设计)、Procurement(采购)、Construction(施工),简称EPC,是指工程总承包企业按照合同约定,承担工程项目的设计、采购、施工、试运行服务等工作,并对承包工程的质量、安全、工期、造价全面负责,它以实现"项目功能"为最终目标,是我国目前推行总承包模式最主要的一种。与传统设计和施工分离承包模式相比,业主方能够摆脱工程建设过程中的杂乱事务,避免人员与资金的浪费;总承包商能够有效减少工程变更、争议、纠纷和索赔的耗费,使资金、技术、管理各个环节衔接更加紧密。同时,更有利于提高分包商的专业化程度,从而体现EPC工程总承包方式的经济效益和社会效益。因此,EPC工程总承包越来越被发包人、投资者所欢迎,也被政府有关部门所看重并大力推行。

近年来,随着国际工程承包市场的发展,EPC工程总承包模式得到越来越广泛的应用。对技术含量高、各部分联系密切的项目,业主往往更希望由一家承包商完成项目的设计、采购、施工和试运行。大型工程项目多采用EPC工程总承包模式,给业主和承包商带来了可观的便利和效益,同时也给项目管理程序和手段,尤其是项目信息的集成化管理提出了新的更高的要求,因为工程项目建设的成功与否在很大程度上取决于项目实施过程中参与各方之间信息交流的透明度和时效性是否能得到满足。工程管理领域的许多问题,如成本的增加、工期的延误等都与项目组织中的信息交流问题有关。传统工程管理组织中信息内容的缺失、扭曲及传递过程中的延误和信息获得成本过高等问题严重阻碍了项目参与各方的信息交流和沟通,也给基于BIM的工程项目管理预留了广阔的空间。把EPC项目全生命周期所产生的大量图纸、报表数据融入以时间、费用为纬度进展的4D、5D模型中,利用虚拟现实技术辅助工程设计、采购、施工、试运行等诸多环节,整合业主、EPC总承包商、分包商、供应商等各方的信息,增强项目信息的共享和互动,不仅是必要的,而且是可能的。

与发达国家相比,中国建筑业的信息化水平还有较大的差距。根据中国建筑业信息化存在的问题,结合今后的发展目标及重点,住房和城乡建设部印发的《2011—2015年建筑业信息化发展纲要》明确提出,中国建筑业信息化的总体目标为:十二五期间,基本实现建筑企业信息系统的普及应用,加快建筑信息模型、基于网络的协同工作等新技术在工程中的应用,推动信息化标准建设,促进具有自主知识产权软件的产业化,形成一批信息技术应用达到国际先进水平的建筑企业。同时提出,在专项信息技术应用上,加快推广BIM、协同设计、移动通信、无线射频、虚拟现实、4D项目管理等技术在勘察设计、施工和工程项目管理中的应用,改进传统的生产与管理模式,提升企业的生产效率和管理水平。

1.5.1.4 BIM技术与云计算

云计算是一种基于互联网的计算方式,以这种方式共享的软硬件和信息资源可以按需提供给计算机和其他终端使用。

BIM 与云计算集成应用,是利用云计算的优势将 BIM 应用转化为 BIM 云服务,基于云计算强大的计算能力,可将 BIM 应用中计算量大且复杂的工作转移到云端,以提升计算效率;基于云计算的大规模数据存储能力,可将 BIM 模型及其相关的业务数据同步到云端,方便用户随时随地访问并与协作者共享;云计算使得 BIM 技术走出办公室,用户在施工现场可通过移动设备随时连接云服务,及时获取所需的 BIM 数据和服务等。

根据云的形态和规模,BIM 与云计算集成应用将经历初级、中级和高级发展阶段。

初级阶段以项目协同平台为标志,主要厂商的 BIM 应用通过接入项目协同平台,初步形成文档协作级别的 BIM 应用;中级阶段以模型信息平台为标志,合作厂商基于共同的模型信息平台开发 BIM 应用,并组合形成构件协作级别的 BIM 应用;高级阶段以开放平台为标志,用户可根据差异化需要从 BIM 云平台上获取所需的 BIM 应用,并形成自定义的 BIM 应用。

1.5.1.5 BIM 技术与物联网

物联网是通过射频识别、红外感应器、全球定位系统、激光扫描器等信息传感设备,按约定的协议将物品与互联网相连进行信息交换和通信,以实现智能化识别、定位、跟踪、监控和管理的一种网络。

BIM 与物联网集成应用,实质上是建筑全过程信息的集成与融合。BIM 技术发挥上层信息集成、交互、展示和管理的作用,而物联网技术则承担底层信息感知、采集、传递、监控的功能。二者集成应用可以实现建筑全过程"信息流闭环",实现虚拟信息化管理与实体环境硬件之间的有机融合。目前,BIM 在设计阶段应用较多,并开始向建造和运维阶段应用延伸。物联网应用目前主要集中在建造和运维阶段,二者集成应用将会产生极大的价值。

在工程建设阶段,二者集成应用可提高施工现场安全管理能力,确定合理的施工进度,支持有效的成本控制,提高质量管理水平。如临边洞口防护不到位、部分作业人员高处作业不系安全带等安全隐患在施工现场无处不在,基于 BIM 的物联网应用可实时发现这些隐患并报警提示。高空作业人员的安全帽、安全带、身份识别牌上安装的无线射频识别,可在 BIM 系统中实现精确定位,如果作业行为不符合相关规定,身份识别牌与 BIM 系统中相关定位会同时报警,管理人员可精准定位隐患位置,并采取有效措施避免安全事故发生。在建筑运维阶段,二者集成应用可提高设备的日常维护维修工作效率,提升重要资产的监控水平,增强安全防护能力,并支持智能家居。

BIM 与物联网集成应用目前处于起步阶段,尚缺乏数据交换、存储、交付、分类和编码、应用等系统化、可实施操作的集成和实施标准,且面临着法律法规、建筑业现行商业模式、BIM 应用软件等诸多问题,但这些问题将会随着技术的发展及管理水平的不断提高而得到解决。BIM 与物联网的深度融合与应用,势必将智能建造提升到新高度,开创智慧建筑新时代,这是未来建设行业信息化发展的重要方向之一。未来建筑智能化系统,将会出现以物联网为核心,以功能分类、相互通信兼容为主要特点的建筑智慧化的控制系统。

1.5.1.6 BIM 技术与数字加工

数字化是将不同类型的信息转变为可以度量的数字,将这些数字保存在适当的模型中,再将模型引入计算机进行处理的过程。数字化加工则是在应用已经建立的数字模型基础上,利用生产设备完成对产品的加工。

BIM与数字化加工集成,意味着将BIM模型中的数据转换成数字化加工所需的数字模型,制造设备可根据该模型进行数字化加工。目前,主要应用在预制混凝土板生产、管线预制加工和钢结构加三个方面。一方面,工厂精密机械自动完成建筑物构件的预制加工,不仅造出的构件误差小,生产效率也可大幅度提高;另一方面,建筑中的门窗、整体卫浴、预制混凝土结构和钢结构等许多构件,均可异地加工,再被运到施工现场进行装配,既缩短建造工期,也容易掌控质量。

例如,深圳平安金融中心为超高层项目,有十几万平方米风管加工制作安装量,如果采用传统的现场加工制作安装,不仅大量占用现场场地,而且受垂直运输影响,效率低下。为此,该项目探索基于BIM的风管工厂化预制加工技术,将制作工序移至场外,由专门的加工流水线高效切割完成风管制作,再运至现场指定楼层完成组合拼装。在此过程中,依靠BIM技术进行预制分段和现场施工误差测控,大大提高了施工效率和工程质量。

未来,将以建筑产品三维模型为基础,进一步集成加工资料、构件制造、构件物流、构件装置以及工期、成本等信息,以可视化的方法完成BIM与数字化加工的融合。同时,更加广泛地发展和应用BIM技术与数字化技术的集成,进一步拓展信息网络技术、智能卡技术、家庭智能化技术、无线局域网技术、数据卫星通信技术、双向电视传输技术等与BIM技术的融合。

1.5.1.7 BIM技术与智能全站仪

施工测量是工程测量的重要内容,包括施工控制网的建立、建筑物的放样、施工期间的变形观测和工程量测量等内容。近年来,外观造型复杂的超大、超高建筑日益增多,测量放样主要使用全站型电子速测仪(简称全站仪)。随着新技术的应用,全站仪逐步向自动化、智能化方向发展。智能型全站仪由马达驱动,在相关应用程序控制下,在无人干预的情况下可自动完成多个目标的识别、照准与测量,且在无反射棱镜的情况下可对一般目标直接测距。

BIM与智能型全站仪集成应用,是通过对软件、硬件进行整合,将BIM模型带入施工现场,利用模型中的三维空间坐标数据驱动智能型全站仪进行测量。两者集成应用,将现场测绘所得的实际建造结构信息与模型中的数据进行对比,核对现场施工环境与BIM模型之间的偏差,为机电、精装、幕墙等专业的深化设计提供依据。同时,基于智能型全站仪高效精确的放样定位功能,结合施工现场轴线网、控制点及标高控制线,可高效快速地将设计成果在施工现场进行标定,实现精确的施工放样,并为施工人员提供更加准确直观的施工指导。此外,基于智能型全站仪精确的现场数据采集功能,在施工完成后对现场实物进行实测实量,通过对实测数据与设计数据进行对比,检查施工质量是否符合要求。

与传统放样方法相比,BIM与智能型全站仪集成放样,精度可控制在3mm以内,而一般建筑施工要求的精度在1~2m以内,远超传统施工精度。传统放样至少要两人操作,BIM与智能型全站仪集成放样,一人一天可完成几百个点的精确定位,效率是传统方法的6~7倍。

目前,国外已有很多企业在施工中将BIM与智能型全站仪集成应用进行测量放样。我国尚处于探索阶段,只有深圳市城市轨道交通9号线、深圳平安金融中心和北京望京

SOHO 等少数项目应用。未来,两者集成应用将与云技术进一步结合,使移动终端与云端的数据实现双向同步;还将与项目质量管控进一步融合,使质量控制和模型修正无缝融入原有工作流程,进一步提升 BIM 的应用价值。

1.5.1.8 BIM 技术与 GIS

地理信息系统是用于管理地理空间分布数据的计算机信息系统,以直观的地理图形方式获取、存储、管理、计算、分析和显示与地球表面位置相关的各种数据,英文缩写为 GIS。BIM 与 GIS 集成应用,是通过数据集成、系统集成或应用集成来实现的,可在 BIM 应用中集成 GIS,也可以在 GIS 应用中集成 BIM,或是 BIM 与 GIS 深度集成,以发挥各自优势,拓展应用领域。目前,两者集成在城市规划、城市交通分析、城市微环境分析、市政管网管理、住宅小区规划、数字防灾、既有建筑改造等诸多领域有所应用,与各自单独应用相比,在建模质量、分析精度、决策效率、成本控制水平等方面都有明显提高。BIM 与 GIS 集成应用,可提高长线工程和大规模区域性工程的管理能力。BIM 的应用对象往往是单个建筑物,利用 GIS 宏观尺度上的功能,可将 BIM 的应用范围扩展到道路、铁路、隧道、水电、港口等工程领域。如邢汾高速公路项目开展 BIM 与 GIS 集成应用,实现了基于 GIS 的全线宏观管理、基于 BIM 的标段管理及桥隧精细管理相结合的多层次施工管理。

BIM 与 GIS 集成应用,可增强大规模公共设施的管理能力。现阶段,BIM 应用主要集中在设计、施工阶段,而两者集成应用可解决大型公共建筑、市政及基础设施的 BIM 运维管理,将 BIM 应用延伸到运维阶段。如昆明新机场项目将两者集成应用,成功开发了机场航站楼运维管理系统,实现了航站楼物业、机电、流程、库存、报修与巡检等日常运维管理和信息动态查询。

BIM 与 GIS 集成应用,还可以拓宽和优化各自的应用功能。导航是 GIS 应用的一个重要功能,但仅限于室外。两者集成应用,不仅可以将 GIS 的导航功能拓展到室内,还可以优化 GIS 已有的功能。如利用 BIM 模型对室内信息的精细描述,可以保证在发生火灾时室内逃生路径是最合理的,而不再只是路径最短的。

随着互联网的高速发展,基于互联网和移动通信技术的 BIM 与 GIS 集成应用,将改变两者的应用模式,向着网络服务的方向发展。当前,BIM 和 GIS 不约而同地开始融合云计算这项新技术,分别出现了"云 BIM"和"云 GIS"的概念,云计算的引入将使 BIM 和 GIS 的数据存储方式发生改变,数据量级也将得到提升,其应用也会得到跨越式发展。

1.5.1.9 BIM 技术与 3D 扫描

3D 扫描是集光、机、电和计算机技术于一体的高新技术,主要用于对物体空间外形结构及色彩进行扫描,以获得物体表面的空间坐标,具有测量速度快、精度高、使用方便等优点,且其测量结果可直接与多种软件接口。3D 激光扫描技术又被称为实景复制技术,采用高速激光扫描测量的方法,可大面积、高分率地快速获取被测量对象表面的 3D 坐标数据,为快速建立物体的 3D 影像模型提供了一种全新的技术手段。3D 激光扫描技术可有效完整地记录工程现场复杂的情况,通过与设计模型进行对比,直观地反映出现场真实的施工情况,为工程检验等工作带来巨大帮助。同时,针对一些古建类建筑,3D 激光扫描技术可快速准确地形成电子化记录,形成数字化存档信息,方便后续的修缮改造等工作。此外,对于现场难以修改的施工现状,可通过 3D 激光扫描技术得到现场真实信息,为其量身定做装饰构件等材料。

BIM 与 3D 扫描技术的集成,是将 BIM 模型与所对应的 3D 扫描模型进行对比、转化和协调,达到辅助工程质量检查、快速建模、减少返工的目的,可解决很多传统方法无法解决的问题,目前正越来越多地被应用在建筑施工领域,在施工质量检测、实际工程量统计、钢结构预拼装等方面体现出较大价值。例如,将施工现场的 3D 激光扫描结果与 BIM 模型进行对比,可检测现场施工情况与模型、图纸的差别,协助发现现场施工中的问题,但在传统方式下需要工作人员拿着图纸、皮尺在现场检查,费时又费力。

再如,针对土方开挖工程中较难统计测算土方工程量的问题,可在开挖完成后对现场基坑进行 3D 激光扫描,基于点云数据进行 3D 建模,再利用 BIM 软件快速测算实际模型体积,并计算现场基坑的实际挖掘土方量。

此外,通过与设计模型进行对比,还可以直观了解基坑挖掘质量等其他信息。上海中心大厦项目引入大空间 3D 激光扫描技术,通过获取复杂的现场环境及空间目标的 3D 立体信息,快速重构目标的 3D 模型及线、面、体、空间等各种带有 3D 坐标的数据,再现客观事物真实的形态特性。同时,将依据点云建立的 3D 模型与原设计模型进行对比,检查现场施工情况,并通过采集现场真实的管线及龙骨数据建立模型,作为后期装饰等专业深化设计的基础。BIM 与 3D 扫描技术的集成应用,不仅提高了该项目的施工质量检查效率和准确性,也为装饰等专业深化设计提供了依据。

1.5.1.10　BIM 技术与虚拟现实

虚拟现实,也称作虚拟环境或虚拟真实环境,是一种三维环境技术,集先进的计算机技术、传感与测量技术、仿真技术、微电子技术等为一体,借此产生逼真的视、听、触、力等三维感觉环境,形成一种虚拟世界。虚拟现实技术是人们运用计算机对复杂数据进行的可视化操作,与传统的人机界面及流行的视窗操作相比,虚拟现实在技术思想上有了质的飞跃。

BIM 技术的理念是建立涵盖建筑工程全生命周期的模型信息库,并实现各个阶段、不同专业之间基于模型的信息集成和共享。BIM 与虚拟现实技术集成应用,主要内容包括虚拟场景构建、施工进度模拟、复杂局部施工单位方案模拟、施工成本模拟、多维模型信息联合模拟及交互式场景漫游,目的是应用 BIM 信息库,辅助虚拟现实技术更好地在建筑工程项目全生命周期中应用。

BIM 与虚拟现实技术集成应用,可提高模拟的真实性。传统的二维、三维表达方式,只能传递建筑物单一尺度的部分信息,使用虚拟现实技术可展示一座虚拟建筑物,使人产生身临其境之感。并且,可以将任意相关信息整合到已建立的虚拟场景中,进行多维模型信息联合模拟。可以实时、任意视角查看各种信息与模型的关系,指导设计、施工,辅助监理、监测人员开展相关工作。

BIM 与虚拟现实技术集成应用可有效支持项目成本管控。据不完全统计,一个工程项目大约有 30% 的施工过程需要返工、60% 的劳动力资源被浪费、10% 的材料被损失浪费。不难推算,在庞大的建筑施工行业中,每年约有万亿元的资金浪费。BIM 与虚拟现实技术集成应用,通过模拟工程项目的建造过程,在实际施工前即可确定施工单位方案的可行性及合理性,减少或避免设计中存在的大多数错误;可以方便地分析出施工工序的合理性,生成对应的采购计划和财务分析费用列表,高效地优化施工方案;还可以提前发现设计和施工中的问题,对设计、预算、进度等属性及时更新,并保证获得数据信息的一致性和准确性。两者集成应用,在很大程度上可减少建筑施工行业中普遍存在的低效、浪费和返工现象,大大缩短项目计划和预算编制的时间,提高计划和预算的准确性。

BIM 与虚拟现实技术集成应用,可有效提升工程质量。在施工之前,将施工过程在计算机上进行三维仿真演示,可以提前发现并避免在实际施工中可能遇到的各种问题,如管线碰撞、构件安装等,以便指导施工和制订最佳施工方案,从整体上提高建筑施工效率,确保工程质量,消除安全隐患,并有助于降低施工成本与时间耗费。

BIM 与虚拟现实技术集成应用,可提高模拟工作中的可交互性。在虚拟的三维场景中,可以实时地切换不同的施工方案,在同一个观察点或同一个观察序列中感受不同的施工过程,有助于比较不同施工单位方案的优势与不足,以确定最佳施工方案。同时,还可以对某个特定的局部进行修改,并实时地与修改前的方案进行分析比较。此外,还可以直接观察整个施工过程的三维虚拟环境,快速查看到不合理或者错误之处,避免施工过程中的返工。虚拟施工技术在建筑施工领域的应用将是一个必然趋势,在未来的设计、施工中的应用前景广阔,必将推动我国建筑施工行业迈入一个崭新的时代。

1.5.1.11 BIM 技术与 3D 打印

3D 打印技术是一种快速成型技术,是以三维数字模型文件为基础,通过逐层打印或粉末熔铸的方式来构造物体的技术,综合了数字建模技术、机电控制技术、信息技术、材料科学与化学等方面的前沿技术。

BIM 与 3D 打印的集成应用,主要是在设计阶段利用 3D 打印机将 BIM 模型微缩打印出来,供方案展示、审查和进行模拟分析;在建造阶段采用 3D 打印机直接将 BIM 模型打印成实体构件和整体建筑,部分替代传统施工工艺来建造建筑。BIM 与 3D 打印的集成应用,可谓两种革命性技术的结合,为建筑从设计方案到实物的过程开辟了一条"高速公路",也为复杂构件的加工制作提供了更高效的方案。目前,BIM 与 3D 打印技术集成应用有三种模式:基于 BIM 的整体建筑 3D 打印、基于 BIM 和 3D 打印制作复杂构件、基于 BIM 和 3D 打印的施工方案实物模型展示。

(1)基于 BIM 的整体建筑 3D 打印。应用 BIM 进行建筑设计,将设计模型交付专用 3D 打印机,打印出整体建筑物。利用 3D 打印技术建造房屋,可有效降低人力成本,作业过程基本不产生扬尘和建筑垃圾,是一种绿色环保的工艺,在节能降耗和环境保护方面较传统工艺有非常明显的优势。

(2)基于 BIM 和 3D 打印制作复杂构件。传统工艺制作复杂构件,受人为因素影响较大,精度和美观度不可避免地会产生偏差。而 3D 打印机由计算机操控,只要有数据支撑,便可将任何复杂的异型构件快速、精确地制造出来。BIM 与 3D 打印技术集成进行复杂构件制作,不再需要复杂的工艺、措施和模具,只需将构件的 BIM 模型发送到 3D 打印机,短时间内即可将复杂构件打印出来,缩短了加工周期,降低了成本,且精度非常高,可以保障复杂异型构件几何尺寸的准确性和实体质量。

(3)基于 BIM 和 3D 打印的施工方案实物模型展示。用 3D 打印制作的施工方案微缩模型,可以帮助施工人员更为直观地理解方案内容,携带、展示不需要依赖计算机或其他硬件设备,还可以 360°全视角观察,克服了打印 3D 图片和三维视频角度单一的缺点。

随着各项技术的发展，现阶段 BIM 与 3D 打印技术集成存在的许多技术问题将会得到解决，3D 打印机和打印材料价格也会趋于合理，应用成本的下降会扩大 3D 打印技术的应用范围，提高施工行业的自动化水平。虽然在普通民用建筑大批量生产的效率和经济性方面，3D 打印建筑较工业化预制生产没有优势，但在个性化、小数量的建筑上，3D 打印的优势非常明显。随着个性化定制建筑市场的兴起，3D 打印建筑在这一领域的市场前景非常广阔。

1.5.1.12 BIM 技术与构件库

当前，设计行业正在进行第二次技术变革，基于 BIM 理念的三维化设计已经被越来越多的设计院、施工企业和业主所接受，BIM 技术是解决建筑行业全生命周期管理提高设计效率和设计质量的有效手段。住房和城乡建设部在《2011—2015 年建筑业信息化发展纲要》中明确提出，在"十二五"期间将大力推广 BIM 技术等在建筑工程中的应用，国内外的 BIM 实践也证明，BIM 能够有效解决行业上下游之间的数据共享与协作问题。目前，国内流行的建筑行业 BIM 类软件均是以搭积木方式实现建模，是以构件（比如 Revit 称为"族"、PDMS 称为"元件"）为基础的。含有 BIM 信息的构件不但可以为工业化制造、计算选型、快速建模、算量计价等提供支撑，也为后期运营维护提供必不可少的信息数据。信息化是工程建设行业发展的必然趋势，设备数据库如果能够有效地和 BIM 设计软件、物联网等融合，无论是工程建设行业运作效率的提高，还是对设备厂商的设备推广，都会起到很大的促进作用。

BIM 设计时代已经到来，工程建设工业化是大势所趋，构件是建立 BIM 模型和实现工业化建造的基础，BIM 设计效率的提高取决于 BIM 构件库的完备水平，对这一重要知识资产的规范化管理和使用，是提高设计院设计效率，保障交付成果的规范性与完整性的重要方法。因此，高效的构件库管理系统是企业 BIM 化设计的必备利器。

1.5.1.13 BIM 技术与装配式建筑

装配式建筑是用预制的构件在工地装配而成的建筑，是我国建筑结构发展的重要方向之一，它有利于我国建筑工业化的发展，提高生产效率，节约能源，发展绿色环保建筑，并且有利于提高和保证建筑工程质量。与现浇施工工法相比，装配式 RC 结构有利于绿色施工，因为装配式施工更符合绿色施工的节地、节能、节材、节水和环境保护等要求，降低对环境的负面影响，包括降低噪声、防止扬尘、减少环境污染、清洁运输、减少场地干扰、节约水、节电、节材等资源和能源，遵循可持续发展的原则。而且，装配式结构可以连续地按顺序完成工程的多个或全部工序，从而减少进场的工程机械种类和数量，消除工序衔接的停闲时间，实现立体交叉作业，减少施工人员，从而提高工效、降低物料消耗、减少环境污染，为绿色施工提供保障。另外，装配式结构在较大程度上减少建筑垃圾（占城市垃圾总量的 30%~40%），如废钢筋、废铁丝、废竹木材、废弃混凝土等。2013 年 1 月 1 日，国务院办公厅以国办发〔2013〕1 号转发国家发展改革委、住房和城乡建设部制订的《绿色建筑行动方案》，明确提出将"推动建筑工业化"列为十大重要任务之一，同年 11 月 7 日，全国政协主席俞正声主持全国政协双周协商座谈会，建言"建筑产业化"，这标志着推动建筑产业化发展已经成为最高级别国家共识，也是国家首次将建筑产业化落实到政策扶持的有效举措。随着政府对建筑产业化的不断推进，建筑信息化水平低已经成为建筑产业化发展的制约因素，如何应用 BIM 技术提高建筑产业信息化水平，推进建筑产业化向更高阶段发展，已经成为当前一个新的研究热点。

利用 BIM 技术能有效提高装配式建筑的生产效率和工程质量,将生产过程中的上下游企业联系起来,真正实现以信息化促进产业化。借助 BIM 技术三维模型的参数化设计,使得图纸生成修改的效率有了大幅提高,克服了传统拆分设计中的图纸量大、修改困难等难题;钢筋的参数化设计提高了钢筋设计精确性,加大了可施工性。加上时间进度的 4D 模拟,进行虚拟化施工,提高了现场施工管理的水平,降低了施工工期,减少了图纸变更和施工现场的返工,节约投资。因此,BIM 技术的使用能够为预制装配式建筑的生产提供有效帮助,使装配式工程精细化这一特点更易实现,进而推动现代建筑产业化的发展,促进建筑业发展模式的转型。

1.5.2 BIM 技术的发展趋势

随着 BIM 技术的发展和完善,BIM 的应用还将不断扩展,BIM 将永久性地改变项目设计、施工和运维管理方式。随着传统低效的方法逐渐退出历史舞台,目前许多工作岗位、任务和职责将成为过时的东西。报酬应当体现价值创造,而当前采用的研究规模、酬劳、风险以及项目交付的模型应加以改变,才能适应新的情况。在这些变革中,可能将发生的变革包括:

(1)市场的优胜劣汰将产生一批已经掌握 BIM 并能够有效提供整合解决方案的公司,它们基于以往的成功经验来参与竞争,赢得新的工程。这将包括设计师、施工企业、材料制造商、供应商、预制件制造商及专业顾问。

(2)专业的认证将有助于把真正有资格的 BIM 从业人员从那些对 BIM 一知半解的人当中区分开来。行业教育机构将把协作建模融入其核心课程,以满足社会对 BIM 人才的需求。同时,企业内部和外部的培训项目也将进一步普及。

(3)尽管当前 BIM 应用主要集中在建筑行业,具备创新意识的公司正将其应用于土木工程的项目中。同时,随着人们对它带给各类项目的益处逐渐得到广泛认可,其应用范围将继续快速扩展。

(4)业主将期待更早地了解成本、进度计划及质量。这将促进生产商、供应商、预制件制造商和专业承包商尽早使用 BIM 技术。

(5)新的承包方式将出现,以支持一体化项目交付(基于相互尊重和信任、互惠互利、协同决策及有限争议解决方案的原则)。

(6)BIM 应用将有力促进建筑工业化发展。建模将使得更大、更复杂的建筑项目预制件成为可能。更低的劳动力成本、更安全的工作环境、减少原材料需求以及坚持一贯的质量,这些将为该趋势的发展带来强大的推动力,使其具备经济性、充足的劳力以及可持续性激励。项目重心将由劳动密集型向技术密集型转移,生产商将采用灵活的生产流程提升产品定制化水平。

(7)随着更加完备的建筑信息模型融入现有业务,一种全新内置式高性能数据仪在不久即可用于建筑系统及产品。这将形成一个对设计方案和产品选择产生直接影响的反馈机制。通过监测建筑物的性能与可持续目标是否相符,以促进绿色设计及绿色建筑全生命周期的实现。

第2章 BIM 建模环境及应用软件

2.1 BIM 应用软件框架

2.1.1 BIM 应用软件的发展与形成

2.1.1.1 萌芽阶段——20 世纪 50 年代

BIM 软件的发展离不开计算机辅助建筑设计(Computer Aided Architectural Design,简称 CAAD)软件的发展。1958 年,美国的埃勒贝建筑师联合事务所装置了一台 Bendix G15 的电子计算机,进行了将电子计算机运用于建筑设计的首次尝试。1963 年,美国麻省理工学院的博士研究生伊凡·萨瑟兰(Ivan Sutherland)发表了他的博士学位论文《Sketchpad:一个人机通信的图形系统》,并在计算机的图形终端上实现了用光笔绘制、修改图形和图形的缩放。这项工作被公认是计算机图形学方面的开创性工作,也为以后计算机辅助设计技术的发展奠定了理论基础。

2.1.1.2 形成阶段——20 世纪 60 年代

20 世纪 60 年代是信息技术应用在建筑设计领域的起步阶段。当时比较有名的 CAAD 系统首推索德(Souder)和克拉克(Clark)研制的 Coplanner 系统,该系统可用于估算医院的交通问题,以改进医院的平面布局。当时的 CAAD 系统应用的计算机为大型机,体积庞大,图形显示以刷新式显示器为基础,绘图和数据库管理的软件比较原始,功能有限,价格也十分昂贵。应用者很少,整个建筑界仍然使用"趴图板"方式进行建筑设计。

2.1.1.3 发展阶段——20 世纪 70 年代

随着 DEC 公司的 PDP 系列 16 位计算机的问世,计算机的性价比大幅度提高,这大大推动了计算机辅助建筑设计的发展。美国波士顿出现了第一个商业化的 CAAD 系统——ARK-2,该系统运行在 PDP15/20 计算机上,可以进行建筑方面的可行性研究、规划设计、平面图及施工图设计、技术指标及设计说明的编制等。这时出现的 CAAD 系统以专用型的系统为多,同时还有一些通用性的 CAAD 系统,例如 Computer Vision、CADAM 等,被用作计算机制图。

这一时期 CAAD 的图形技术还是以二维为主,用传统的平面图、立面图、剖面图来表达建筑设计,以图纸为媒介进行技术交流。

2.1.1.4 普遍与成熟阶段——20 世纪八九十年代

20 世纪 80 年代对信息技术发展影响最大的是微型计算机的出现,由于微型计算机的价格已经降到人们可以承受的程度,建筑师们将设计工作由大型机转移到微型计算机上。基于 16 位微型计算机开发的一系列设计软件系统就是在这样的环境下出现的,AutoCAD、Microstaion、ArchiCAD 等软件都是应用于 16 位微型计算机上具有代表性的软件。

20 世纪 90 年代以来是计算机技术高速发展的年代,其特征技术包括高速且功能强大的 CPU 芯片、高质量的光栅图形显示器、海量存储器、因特网、多媒体、面向对象技术等。随着计算机技术的快速发展,计算机技术在建筑业得到了空前的发展和广泛的应用,开始涌现出大量的建筑类软件。随着建筑业的发展趋势及项目各参与方对工程项目新的更高的需求,日益增加技术应用已然成为建筑行业发展的趋势,各种 BIM 应用软件随即应运而生。

2.1.1.5　BIM 时期——21 世纪至今

BIM 系统基于三维建筑实体建模,在整个项目全生命周期都可与项目进行实时互动,并可随时使用和修改模型信息,修改的信息会同步体现在与之相关的各文件中。

2.1.2　BIM 应用软件的分类

BIM 应用软件是指基于 BIM 技术的应用软件,亦即支持 BIM 技术应用的软件。一般来讲,它应该具备以下 4 个特征,即面向对象、基于三维几何模型、包含其他信息和支持开放式标准。

伊士曼(Eastman)等将 BIM 应用软件按其功能分为三大类,即 BIM 环境软件、BIM 平台软件和 BIM 工具软件。在本书中,习惯将其分为 BIM 基础软件、BIM 工具软件和 BIM 平台软件。

2.1.2.1　BIM 基础软件

BIM 基础软件是指可用于建立能为多个 BIM 应用软件所使用的 BIM 数据的软件。例如,基于 BIM 技术的建筑设计软件可用于建立建筑设计 BIM 数据,且该数据能被用在基于 BIM 技术的能耗分析软件、日照分析软件等 BIM 应用软件中。除此以外,基于 BIM 技术的结构设计软件及设备设计(MEP)软件也包含在这一大类中。目前,实际过程中使用的这类软件的例子,如美国 Autodesk 公司的 Revit 软件,其中包含了建筑设计软件、结构设计软件及 MEP 设计软件;匈牙利 Graphisoft 公司的 ArchiCAD 软件等。

2.1.2.2　BIM 工具软件

BIM 工具软件是指利用 BIM 基础软件提供的 BIM 数据,开展各种工作的应用软件。例如,利用建筑设计 BIM 数据,进行能耗分析的软件、进行日照分析的软件、生成二维图纸的软件等。目前,实际过程中使用这类软件的例子,如美国 Autodesk 公司的 Ecotect 软件,我国的软件厂商开发的基于 BIM 技术的成本预算软件等。有的 BIM 基础软件除了提供用于建模的功能,还提供了其他一些功能,所以本身也是 BIM 工具软件。例如,上述 Revit 软件还提供了生成二维图纸等功能,所以它既是 BIM 基础软件,也是 BIM 工具软件。

2.1.2.3　BIM 平台软件

BIM 平台软件是指能对各类 BIM 基础软件及 BIM 工具软件产生的 BIM 数据进行有效的管理,以便支持建筑全生命周期 BIM 数据的共享应用的软件。该类软件一般为基于 Web 的应用软件,能够支持工程项目各参与方及各专业工作人员之间通过网络高效地共享信息。目前,实际过程中使用这类软件的例子,如美国 Autodesk 公司 2012 年推出的 BIM 360 软件。该软件作为 BIM 平台软件,包含一系列基于云的服务,支持基于 BIM 的模型协调和智能对象数据交换。又如匈牙利 Graphisoft 公司的 Delta Server 软件,也提供了类似功能。

当然,各大类 BIM 应用软件还可以再细分。例如,BIM 工具软件可以再细分为基于 BIM 技术的结构分析软件、基于 BIM 技术的能耗分析软件、基于 BIM 技术的日照分析软件、基于 BIM 的工程量计算软件等。

2.1.3 现行 BIM 应用软件分类框架

针对建筑全生命周期中 BIM 技术的应用,以软件公司提出的现行 BIM 应用软件分类框架(见图 2-1)为例进行具体说明。图 2-1 中包含的应用软件类别的名称,绝大多数是传统的非 BIM 应用软件已有的,例如,建筑设计软件、算量软件、钢筋翻样软件等。这些类别的应用软件与传统的非 BIM 应用软件所不同的是,它们均是基于 BIM 技术的。另外,有的应用软件类别的名称与传统的非 BIM 应用软件根本不同,4D 进度管理软件、5D-BIM 施工管理软件和 BIM 模型服务器软件。

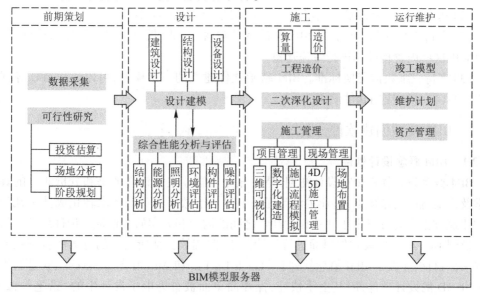

图 2-1　现行 BIM 软件分类框架

其中,4D 进度管理软件是在三维几何模型上,附加施工时间信息(例如,某结构构件的施工时间为某时间段)形成 4D 模型,进行施工进度管理。这样可以直观地展示随着施工时间三维模型的变化,用于更直观地展示施工进度,从而更好地辅助施工进度管理。5D-BIM 施工管理软件则是在 4D 模型基础上,增加成本信息(例如,某结构构件的建造成本),进行更全面的施工管理。这样一来,施工管理者就可以方便地获得在施工过程中,项目对包括资金在内施工资源的动态需求,从而更好地进行资金计划、分包管理等工作,以确保施工过程的顺利进行。BIM 模型服务器软件即是上述提到的 BIM 平台软件,用于进行 BIM 数据的管理。

2.2 BIM 基础建模软件

2.2.1 BIM 基础建模软件介绍

BIM 基础软件主要是建筑建模工具软件,其主要目的是进行三维设计,所生成的模型是后续 BIM 应用的基础。

在传统的二维设计中,建筑的平、立、剖面图是分开进行设计的,往往存在不一致的情况。同时,其设计结果是 CAD 中的线条,计算机无法进行进一步的处理。

三维设计软件改变了这种情况,通过三维技术确保只存在一份模型,平、立、剖面图都是三维模型的视图,解决了平、立、剖不一致的问题。同时,其三维构件也可以通过三维数据交换标准被后续 BIM 应用软件所应用。

BIM 基础软件具有以下特征:

(1)基于三维图形技术。支持对三维实体进行创建和编辑。

(2)支持常见建筑构件库。BIM 基础软件包含梁、墙、板、柱、楼梯等建筑构件,用户可以应用这些内置构件库进行快速建模。

(3)支持三维数据交换标准。BIM 基础软件建立的三维模型,可以通过 IFC 等标准输出,为其他 BIM 应用软件使用。

2.2.2 BIM 模型创建软件分类

2.2.2.1 BIM 概念设计软件

BIM 概念设计软件用在设计初期,是在充分理解业主设计任务书和分析业主的具体要求及方案意图的基础上,将业主设计任务书里基于数字的项目要求转化成基于几何形体的建筑方案。此方案用于业主和设计师之间的沟通和方案研究论证。论证后的成果可以转换到 BIM 核心建模软件里面进行设计深化,并继续验证所设计的方案能否满足业主的要求。目前,主要的 BIM 概念软件有 Sketch Up Pro 和 Affinity 等。Sketch Up 是诞生于 2000 年 3D 的设计软件,因其上手快速,操作简单而被誉为电子设计中的"铅笔"。2006 年被 Google 收购后推出了更为专业的版本 Sketch Up Pro,它能够快速创建精确的 3D 建筑模型,为业主和设计师提供设计、施工验证和流线、角度分析,方便业主与设计师之间的交流协作。

Affinity 是一款注重建筑程序和原理图设计的 3D 设计软件,在设计初期通过 BIM 技术,将时间和空间相结合的设计理念融入建筑方案的每一个设计阶段中,结合精确的 2D 绘图和灵活的 3D 模型技术,创建出令业主满意的建筑方案。

其他的概念设计软件还有 Tekla Structure 和 5D 概念设计软件 Vico Office 等。

2.2.2.2 BIM 核心建模软件

BIM 核心建模软件的英文通常叫"BIM Authoring Software",是 BIM 应用的基础,也是在 BIM 的应用过程中的第一类 BIM 软件,简称"BIM 建模软件"。

BIM 核心建模软件公司主要有 Autodesk、Bentley、Graphisoft、Nemetschek 及 Gery Technology 公司等,BIM 核心建模软件如图 2-2 所示。

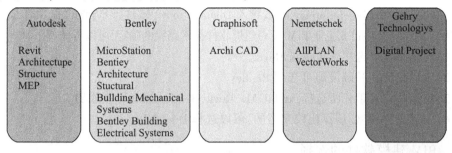

图 2-2　BIM 核心建模软件

（1）Autodesk 公司的 Revit 是运用不同的代码库及文件结构区别于 AutoCAD 的独立软件平台。Revit 采用全面创新的 BIM 概念,可进行自由形状建模和参数化设计,并且还能够对早期设计进行分析。借助这些功能,可以自由绘制草图,快速创建三维形状,交互地处理各个形状。可以利用内置的工具进行复杂形状的概念澄清,为建造和施工准备模型。随着设计的持续推进,软件能够围绕最复杂的形状自动构建参数化框架,提供更高的创建控制能力、精确性和灵活性。从概念模型到施工文档的整个设计流程都在一个直观环境中完成。并且该软件还包含了绿色建筑可扩展标记语言模式(green building XML,即 gbXML),为能耗模拟、荷载分析等提供了工程分析工具,并且与结构分析软件 ROBOT、RISA 等具有互用性。与此同时,Revit 还能利用其他概念设计软件、建模软件(如 Sketch Up)等导出的 DXF 文件格式的模型或图纸输出为 BIM 模型。

（2）Bentley 公司的 Bentley Architecture 是集直觉式用户体验交互界面、概念及方案设计功能、灵活便捷的 2D/3D 工作流建模及制图工具、宽泛的数据组及标准组件库定制技术于一身的 BIM 建模软件,是 BIM 应用程序集成套件的一部分,可针对设施的整个生命周期提供设计、工程管理、分析、施工与运营之间的无缝集成。在设计过程中,不但能让建筑师直接使用许多国际或地区性的工程业界的规范标准进行工作,更能通过简单的自定义或扩充,满足实际工作中不同项目的需求,让建筑师能拥有进行项目设计、文件管理及展现设计所需的所有工具。目前其在一些大型复杂的建筑项目、基础设施和工业项目中应用广泛。

（3）ArchiCAD 是 Graphisoft 公司的产品,其基于全三维的模型设计,拥有强大的平、立、剖面施工图设计、参数计算等自动生成功能,以及便捷的方案演示和图形渲染功能,为建筑师提供了一个无与伦比的"所见即所得"的图形设计工具。它的工作流是集中的,其他软件同样可以参与虚拟建筑数据的创建和分析。ArchiCAD 拥有开放的架构并支持 IFC 标准,它可以轻松地与多种软件连接并协同工作。以 Archical 为基础的建筑方案可以广泛地利用虚拟建筑数据并覆盖建筑工作流程的各个方面。作为一个面向全球市场的产品,ArchiCAD 可以说是最早的一个具有市场影响力的 BIM 核心建模软件之一。

（4）Digital Project 是 Gery Technology 公司在 CATIA 基础上开发的一个面向工程建设行业的应用软件(二次开发软件),它能够设计任何几何造型的模型,支持导入特制的复杂参数模型构件,如支持基于规则的设计复核的 Knowledge Expert 构件;根据所需功能要求优化参数设计的 Project Engineer-ing Optimizer 构件;跟踪管理模型的 Project Manager 构件。另外,Digital Project 软件支持强大的应用程序接口;对于建立了本国建筑业建设工程项目编码体系的许多发达国家,如美国、加拿大等,可以将建设工程项目编码如美国所采用的 Unformat 和 Mas-terformay 体系导入 Digital Project 软件,以方便工程预算。

因此,对于一个项目或企业 BIM 核心建模软件技术路线的确定,可以考虑如下基本原则:

(1)民用建筑可选用 Autodesk Revit。

(2)工厂设计和基础设施可选用 Bentley。

(3)单专业建筑事务所选择 ArchiCAD、Revit、Bentley 都有可能成功。

(4)项目完全异型、预算比较充裕的,可以选择 Digital Project。

2.2.3 BIM 建模软件的选择

在 BIM 实施中,会涉及许多相关软件,其中最基础、最核心的是 BIM 建模软件。建模软件是 BIM 实施中最重要的资源和应用条件,无论是项目型 BIM 应用还是企业 BIM 实施,选择好 BIM 建模软件都是第一步工作。应当指出,不同时期,由于软件的技术特点和应用环境及专业服务水平的不同,选用 BIM 建模软件也有很大的差异。而软件投入又是一项投资大、技术性强、主观难以判断的工作。因此,在选用软件上应采取相应的方法和程序,以保证软件的选用符合项目或企业的需要。对具体建模软件进行分析和评估,一般经过初选、测试及评价、审核批准及正式引用等阶段。

2.2.3.1 初选

初选应考虑的因素如下:

(1)建模软件是否符合企业的整体发展战略规划。

(2)建模软件对企业业务带来的收益可能产生的影响。

(3)建模软件部署实施的成本和投资回报率估算。

(4)企业内部设计专业人员接受的意愿和学习难度等。

在此基础上,形成建模软件的分析报告。

2.2.3.2 测试及评价

由信息管理部门负责并召集相关专业参与,在分析报告的基础上选定部分建模软件进行使用测试,测试的过程包括:

(1)建模软件的性能测试,通常由信息部门的专业人员负责;

(2)建模软件的功能测试,通常由抽调的部分设计专业人员进行;

(3)有条件的企业可选择部分试点项目,进行全面测试,以保证测试的完整性和可靠性。

在上述测试工作基础上,形成 BIM 应用软件的测试报告和备选软件方案。

在测试过程中,评价指标包括:

(1)功能性:是否适合企业自身的业务需求,与现有资源的兼容情况比较。

(2)可靠性:软件系统的稳定性及在业内的成熟度的比较。

(3)易用性:从易于理解、易于学习、易于操作等方面进行比较。

(4)效率:资源利用率等的比较。

(5)维护性:对软件系统是否易于维护、故障分析、配置变更是否方便等进行比较。

(6)可扩展性:应适应企业未来的发展战略规划。

(7)服务能力:软件厂家的服务质量、技术能力等。

2.2.3.3 审核批准及正式应用

由企业的信息管理部门负责,将 BIM 软件分析报告、测试报告、备选软件上报给企业的决策部门审核批准,经批准后列入企业的应用工具集,并全面部署。

2.2.3.4 BIM 软件定制开发

个别有条件的企业,可结合自身业务及项目特点,注重建模软件功能定制开发,提升建模软件的有效性。

2.3 常见 BIM 应用软件简介

现在很多软件都标榜自己是 BIM 软件,严格来说,只有在 building SMART International(bSI)获得 IFC 认证的软件才能称得上是 BIM 软件。这些软件一般具有操作的可视化、信息的完备性、信息的协调性、信息的互用性等特点。有许多在 BIM 应用中的主流软件如 Revit、Microstation、ArchiCAD 等就属于 BIM 软件。

还有一些软件,并没有通过 bSI 的 IFC 认证,也不完全具备以上四项技术特点,但 BIM 的应用过程中也常常用到,它们和 BIM 的应用有一定的相关性。这些软件,能够解决设施全生命周期中某一阶段、某个专业的问题,但它们运行后所得的数据不能输出为 IFC 的格式,无法与其他软件进行信息交流与共享。这些软件,只称得上是与 BIM 应用相关的软件而不是真正的 BIM 软件。

本节中介绍的软件既包括严格意义上的 BIM 软件,也包括与 BIM 应用相关的软件。

2.3.1 项目前期策划阶段的 BIM 软件

2.3.1.1 数据采集

数据的收集和输入是有关 BIM 一切工作的开始。目前,国内的数据采集方式基本有"人工搭建""3D 扫描""激光立体测绘""断层模型"等;数据的输入方式基本有"人工输入"和"标准化模块输入"等。其中"人工搭建"与"人工输入"的方式在实际中应用较多,通常有两种形式:一是由设计人员直接完成,其投入成本较低,但效率也较低,且往往存在操作不规范和技术问题难以解决的问题;二是由公司内部专门的 BIM 团队来完成,其团队建设、软硬件投入与日常维护成本高,效率也较高,基本不会存在技术难题,工作流程较为规范,但由于设计人员并未直接控制,所以对二者之间的沟通与协作有较高的要求。常用于数据采集的软件功能见表 2-1。

表 2-1 常用于数据采集的软件功能

常用软件	数据获取	数据输入	数据分析	2D/3D 制图
ArcGIS	√	√	√	√
AutoCAD Civil 3D		√	√	
Google Earth 插件	√		√	
理正系列	√	√	√	√

2.3.1.2　投资估算

在进行成本预算时,预算员通常要先将建筑师的纸质图纸数字化,或将其 CAD 图纸导入成本预算软件中,或者利用其图纸手工算量。上述方法增加了人为错误出现的风险,也使原图纸中的错误继续扩大。

如果使用 BIM 模型来取代图纸,所需材料的名称、数量和尺寸都可以在模型中直接生成。而且这些信息将始终与设计保持一致。在设计出现变更时,如窗户尺寸缩小,该变更将自动反映到所有相关的施工文档和明细表中,预算员使用的所有材料名称、数量和尺寸也会随之变化。

通过自动处理烦琐的数量计算工作,BIM 可以帮助预算员利用节约下来的时间从事项目中更具价值的工作,如确定施工方案、套价、评估风险等,这些工作对于编制高质量的预算非常重要。

常用于投资估算的软件功能见表 2-2。

表 2-2　常用于投资估算的软件功能

常用软件	数据库	成本估算	多维信息模型	工程算量	资产管理
Allplan Cost Management		√			√
Costos BIM	√	√			
DDS-CAD		√	√		
D Profiler		√		√	
ISY Calcus	√	√	√		
iTWO	√	√	√	√	
Newforma	√	√			√
Revit		√	√		
SAGE	√	√			√
Tokoman		√		√	
VICO Suite	√	√	√		
广联达算量系列	√	√		√	
理正系列	√	√		√	
鲁班算量系列		√	√		√
斯维尔系列	√	√	√	√	

2.3.1.3　阶段规划

基于 BIM 的进度计划包括了各工作的最早开始时间、最晚开始时间和本工作持续时间等基本信息,同时明确了各工作的前后搭接顺序。因此,计划的安排可以有弹性,伴随着项目的进展,为后期进度计划的调整留有一定接口。利用 BIM 指导进度计划的编制,可以将各参与方集中起来协同工作,充分沟通交流后进行进度计划的编制,对具体的项目进展、人员、资源和工期等布置进行具体安排。并通过可视化的手段对总计划进行验证和调整。同时,各专业分包商也将以 4D 可视化动态模型和总体进度计划为指导,在充分了解前后工作内容和工作时间的前提下,对本专业的具体工作安排进行详细计划。各方相互协调进行进度计划,可以更加合理地安排工作面和资源供应量,防止本专业内以及各专业间的不协调现象发生。常用于阶段规划的软件功能见表 2-3。

表 2-3　常用于阶段规划的软件功能

常用软件	时间规划	工程算量	团队协作	多维信息模型
Newforma		√	√	
SAGE	√		√	
Vicosulte	√		√	√
广联达算量系列	√	√	√	√

2.3.2　设计阶段的 BIM 软件

2.3.2.1　场地分析

在建筑设计开始阶段,基于场地的分析是影响建筑选址和定位的决定因素。气候、地貌、植被、日照、风向、水流流向和建筑物对环境的影响等自然及环境因素,相关建筑法规、交通系统、公用设施等政策及功能因素,保持地域本土特征,与周围地形相匹配等文化因素,都在设计初期深刻影响了设计决策。由于应用 BIM 的流程不同于之前的场地分析流程,BIM 强大的数据收集处理特性提供了对场地的更客观科学的分析基础,更有效平衡大量复杂信息的基础和更精确定量导向性计算的基础。运用 BIM 技术进行场地分析的优势在于:

(1)量化计算和处理以确定拟建场地是否满足项目要求、技术因素和金融因素等标准。

(2)降低实用需求和拆迁成本。

(3)提高能源效率。

(4)最小化潜在危险情况发生。

(5)最大化投资回报。

BIM 场地模型分析了布局和方向信息,参考了地理空间基准,包括明确的施工活动要求。例如,现存或拟建的排水给水等地下设备、道路交通等信息。此外,这些模型也涵盖了劳动力资源、材料和相关交付信息,为环境设计、土木工程、外包顾问提供了充分客观的信息。对于设计早期的模型,基本的概念形态、基本的信息及大概的空间模型即可满足大部分项目初步分析的要求。但是,BIM 模型所包含的大量相关数据不仅可以在设计深化过程中起到重要作用,也能在初步设计中帮助建筑师进行更深入全面的考量。常用于场地分析的软件功能见表 2-4。

表 2-4　常用于场地分析的软件功能

常用软件	地理信息 (地形、水文等)	气候信息 (温度、降水等)	设计信息 (阴影、光照等)
ArcGIS	√		
Bentley Map	√	√	√
Dprofiler	√		
Ecotect Analysis		√	√
Shadow Analyzer			√

2.3.2.2 设计方案论证

BIM 方案设计软件的成果可以转换到 BIM 核心建模软件里进行设计深化,并继续验证满足业主要求的情况。在方案论证阶段,项目投资方可以使用 BIM 来评估设计方案的布局、设备、人体工程、交通、照明、噪声及规范的遵守情况。BIM 甚至可以做到建筑局部的细节推敲,迅速分析设计和施工中可能需要应对的问题。方案论证阶段还可以借助BIM 提供方便的、低成本的不同解决方案,供项目投资方进行选择,通过数据对比和模拟分析,找出不同解决方案的优缺点,帮助项目投资方迅速评估建筑投资方案的成本和时间。

运用 BIM 技术进行设计方案论证的优势在于:

(1)节省花费:准确的各种论证可以减少在设计生命周期中潜在的设计问题。在设计初始时进行论证,可以有效减少对于规范及标准的错误,遗漏或者失察所带来的时间浪费,以及避免后期设计和施工阶段更为昂贵的修改。

(2)提高效率:建筑师借助 BIM 工具自动检查论证各种规范及标准可以得到快速的反馈并及时修改,帮助建筑师将更多的时间花在设计过程中而不是方案论证中。

(3)精简流程:为本地规范及标准审核机构减少文件传递时间或者减少与标准制定机构的会议时间,以及参观场地进行修改的时间;改变规范及标准的审核及制定方式。

(4)提高质量:本地的设计导则及任务书可以在 BIM 工具使用过程中充分考量并自动更新。节省多重检查规范及标准的时间,通过避免对支出及时间的浪费以达到更高效的设计。

常用于设计方案论证的软件功能见表 2-5 所示。

表 2-5　常用于设计方案论证的软件功能

常用软件	布局	设备	人体工程	交通	照明	噪声
AIM Workbench	√					√
Autodesk Navisworks	√	√	√	√	√	
DDS-CAD	√	√		√	√	
Onuma System	√	√		√	√	
斯维尔系列	√	√			√	

2.3.2.3 设计建模

BIM 在设计过程中的建模流程和方法可以被归类为以下五种。

1.初步概念 BIM 建模

在初步概念建模阶段,设计者需要面对对于形体和体量的推断和研究。另外,对于复杂形体的建模和细化也是初期的挑战。在这种情况下,运用其他建模软件可能比直接使用 BIM 核心建模软件更方便、更高效,甚至可以实现很多 BIM 核心建模软件无法实现的功能。这些软件的模型也可以通过格式转换插件较为完整地导入 BIM 建模软件中进行细化和加工。Rhinoceros(包括 Grasshopper 等插件)、Sketchup、Form-Z 等是较为流行的概念软件。这些工具可以实现快速进行 3D 初步建模,便于设计初期的各种初步条件要求,并便于团队初步熟悉和了解项目信息。另外,由于这些软件的几何建模优势,在 BIM 模型中的复杂建模所需的时间可以大大缩短。

2.可适应性 BIM 建模

在设计扩初阶段,模型需要有大量的设计意见反馈和修改。可适应性的 BIM 建模流程可以大大提高工作效率并对设计的不同要求快速高效地提供不同的解决方式。CATIA、Digital Project 以及 Revit 等典型 BIM 建模软件在设计初期阶段以及原生族库中,需要设计或者已具有大量可适应的构件可以应用,然而由于其设置复杂性导致的时间过长,以及设计对于复杂形态的处理,在此阶段往往需要借助编程以及用户开发插件等辅助手段。在 Rhinoceros 平台下的 Grasshopper 插件很大程度上对这方面的需求进行了较为完善的处理和运用,其所具备的大量几何以及数学工具可以处理设计过程中所面对的大量重复和复杂计算。通过大量用户开发的接口软件,例如纽约 CASE Inc 公司的一系列自研发工具,Grasshopper 所生成的几何模型可以较为完整地导入 Revit 等原生 BIM 建模平台,以进行进一步的分析及处理。同时在 Revit 平台下,软件自身所具有的 Adaptive Component 即可适应构建、建模方式,为幕墙划分、构件生成及设计等需求提供了有力的支持,在一次完整参数设定下,可即时对不同环境、几何及物理状况进行反馈和修改,并及时更新模型。

3.表现渲染 BIM 建模

在设计初期阶段,由于对于材料和形态以及业主初步效果的需求,大量的建筑渲染图需要进行不断的生成和修改。Revit、Autodesk360 的云渲染技术,能够在极短时间内对所需要表现的建筑场景进行无限次、可精确调节、及时修改的在线渲染服务。Lumion、Keyshot、CryEngine 等专业动画及游戏渲染软件也对 BIM 的模型提供了完善接口的支持,使得建筑师能够通过 IFC、FBX 等通用模型格式,对 BIM 的原生模型进行更专业和细致的表现处理。

4.施工级别 BIM 建模

设计师可以通过 BIM 技术实现施工级别的建筑建模。以往建筑师无法对设计建造施工过程进行直接的控制和设计,只能提供设计图纸和概念。但是,由于 BIM 模型不再是以前的 CAD 图,不会再将图纸和 3D 信息、材料及建设信息分开,建筑师获得了更多的控制项目施工和建造细节的能力,提高了设计的最后完成度。BIM 模型可以详细准确地表达设计师的意图,使得承建商在设计初期即可运用建筑师的 BIM 模型创立自己独立的建筑模型和文件,在建筑过程中可以进行无缝结合和修改,并且在遇到困难和疑问时能够及时使建筑师了解情况并协调给出相应对策。模拟施工过程在 BIM 设计过程中也可以得到实际的体现,在各个方面的建设中,BIM 都能起到重要的整合作用,设计和建造及预先计划都被更详细地表示出来,各个细节的建造标准会被清晰分类和表现,从而使设计团队和承建商的合作更加顺畅。另外,施工级别的 BIM 建模技术也可以使施工方对于设计有更深刻的理解,在建造过程中其对建筑施工的安排也会得到优化,以提高其对于建筑生产的效率和质量。

5.综合协作 BIM 建模

在过去,各个不同专业的建模经常会由于图纸或者模型的不配套,或者由于理解误差和修改时间差,造成很多问题和难以避免的损失,沟通不便和设计误差也会造成团队合作的不和谐。BIM 的协同合作模式也是最为引人注目的优势。在设计过程中,结构、施工、设计、设备、暖通、排水、环境、景观、节能等其他专业从业人员可以运用 BIM 软件工具进行协同设计,专注于一个项目。在 BIM 建模过程中,建筑设计不仅是整体工作的一部分,也是整个过程中同等重要的贡献者,其他专业工作同样重要。BIM 软件例如 Revit 所提供的协同工作模式可以帮助不同专业工作人员通过网络实时更新和升级模型,以避免在设计后期发生重大的错误。另外,由于综合协作的实现,面对面合作和交流可以更好地实现,建筑质量会得到显著提高,成本可以得到更好的控制。常用于设计建模的软件功能见表 2-6。

表 2-6　常用于设计建模的软件功能

常用软件	初步概念BIM 建模	可适应性BIM 建模	表现渲染BIM 建模	施工级别BIM 建模	综合协作BIM 建模
Affinity	√				
Allpian Architecture	√	√	√		√
Allplan Engineerng		√		√	√
ArchiCAD	√	√	√	√	√
Bentley Architecture	√	√	√	√	√
CATIA	√	√	√	√	√
DDS-CAD	√	√	√	√	√
Digital Project	√	√	√	√	√
EaglepPoint suite		√			√
IESSuite	√		√		
InnovayaSuite	√	√			√
Union	√		√		
MagiCAD	√			√	√
MicroStation	√	√	√	√	√
PKPM	√	√	√	√	√
Revit	√	√	√	√	√
Sketchup Pro	√				
Vectorworks Suite	√	√	√	√	√
鸿业 BIM 系列	√		√	√	√
斯维尔系列	√	√		√	√
天正软件系列	√	√	√	√	√

2.3.2.4　结构分析

在 BIM 平台下,建筑结构分析被整合在模型中,这使得建筑师可以得到更准确快捷的结果。对于不同状态的结构分析,可以分为概念结构、深化结构和复杂结构。

对于概念结构,建筑师可以运用 BIM 核心建模软件自带的结构模块进行大概的分析与研究,以取得初步设计时所需要的结果。

针对建筑模型复杂结构,建筑师可以使用参数化分析软件(如 Millipedes 和 Karamba 等软件)进行复杂形体的分析。

对于后期深化的结构模型,建筑师应该结合其他的专业结构分析软件进行分析与研究。

常用于结构分析的软件功能见表 2-7。

表 2-7　常用于结构分析的软件功能

常用软件	概念结构	深化结构	复杂结构
AutoCAD Structural Detailing		√	
Bentley RAM Structural System	√	√	√
ETABS	√	√	
Fastrak		√	
Robot	√	√	√
SAP2000	√	√	√
SDS/2		√	
Tekla	√	√	
3D3S		√	√

2.3.2.5　能源分析

当下针对建筑室内环境的热舒适性及节能措施的优化,国内外通常采用单目标的模拟软件计算进行评价,然后提出一些改进的意见。在热工性能方面,目前国内外计算空调负荷和热工舒适性的软件工具更是多种多样。其中,较精确且被广泛运用的有英国苏格兰 Integrated Environmental Solutions Ltd 开发的 IES<VE>等。在节能方面,通常对整体建筑的能耗进行解析评价。最具代表性和被广泛应用的软件当属美国能源部开发的 DOE2、Energyplus 等。目前,国际上也有一些软件可以对建筑设计进行多目标优化,比如 ModeFRONTIER、Optimus、iSIGHT、MATLAB 等。然而,在采用多目标性能算法进行综合优化之前,对每个单一目标的定量评价,和各个单一目标之间的折中条件的设定并非一个简单、自动的过程,而且至今还没有一个统一的优化建筑综合性能的方式。

通常情况下,在不同的设计阶段,因为 BIM 模型需要提供的信息内容的深度不同,环境性能分析的目标是一个逐步深化达到的过程。在前期方案设计阶段,因为 BIM 模型主要提供包括建筑体型、高度、面积等信息,评价往往集中于相对较宏观的分析,如气象信息、朝向、被动式策略和建筑体量;而在方案深化设计阶段,因为 BIM 模型可以提供包括基本的建筑模型元素、总体系统及一部分非几何信息,分析会相对集中于日照、遮阳、热工性能、通风及基本的能源消耗等;施工设计阶段,因为 BIM 模型的组成元素实现了精确的数量、尺寸、形状、材料以及与分析研究相关的信息深化,分析可以实现非常细致的采光、通风、热工计算及能源消耗报告。常用于能源分析的软件功能见表2-8。

表2-8　常用于能源分析的软件功能

常用软件	概念能源分析	生命周期能耗	再生能源分析
Affinity	√		
Design Advisor	√		√
DProfiler	√	√	
EcoDesigner	√	√	
Ecotect Analysis	√	√	√
EnergePlus		√	√
Green Building Studio	√	√	√
MagiCAD	√	√	√
Proiect Vasari	√		
斯维尔系列	√	√	

2.3.2.6　照明分析

BIM 模型借助其数据库的强大能力,可以完成大量以前不可想象的任务。在 BIM 技术的支持下,照明分析得到大大简化。

与照明分析相关的参数包括几何模型、材质、光源、照明控制及照明安装功率密度等几个方面,它们基本上可以直接在 BIM 软件中定义。因此,与能耗分析软件相比,照明分析软件对建筑信息的需求量也就相对低一些。例如,它往往不需要知道房间的用途、分区及各种设备的详细信息。

目前,照明分析软件还不是那么完美的,信息的交流与共享还不是那么顺畅,但就当前的情况来看已经够用了。随着技术的发展和进步,期望 BIM 与照明分析之间的结合将臻于完美。常用于照明分析的软件功能见表2-9。

表2-9　常用于照明分析的软件功能

常用软件	自然采光	人工照明
Daysim	√	
DProfil	√	
Ecotect Analysis	√	√
Energyplus	√	
ModellT	√	
Radiance	√	√
斯维尔系列	√	

2.3.2.7　其他分析与评估

常用于其他分析与评估的软件功能见表2-10。

表 2-10　常用于其他分析与评估的软件功能

常用软件	噪声评估	环境评价	构建评估
Caclna/A			√
e-SPECS	√	√	
Ecoiect Analysis	√		
Energyplus	√		
MagiCAD	√	√	√
Project Vasari	√		
Solibri Suite		√	
Vectorworks	√	√	

2.3.3　施工阶段的 BIM 软件

2.3.3.1　3D 视图及协调

施工阶段是将建筑设计图纸变为工程实物的生产阶段,建筑产品的交付质量很大程度上取决于该阶段:将基于 BIM 技术的施工 3D 视图可视化应用于工程建设施工领域,在计算机虚拟环境下对建筑施工过程进行 3D 分析,以增强对建筑施工过程的事前预测和事中动态管理能力,为改进和优化施工组织设计提供决策依据,从而提升工程建设行业的整体效益;基于 BIM 技术的施工可视化应用在工程建设行业中的引入,能够拓宽项目管理的思路,改善施工管理过程中信息的共享和传递方式,有助于 BIM 实践及其效益发挥,提高工程管理水平和建筑业生产效率。常用于 3D 视图及协调的软件功能见表 2-11。

表 2-11　常用于 3D 视图及协调的软件功能

常用软件	3D 浏览	建筑元素信息	综合协同	施工管理
Bentley Architecture	√	√	√	√
BIMx	√	√	√	
DDS-CAD	√	√	√	√
Innovaya Suite	√	√	√	
iTWO	√	√	√	√
Navisworks	√	√	√	√
ONUMA System	√			
Revit	√	√	√	
斯维尔系列	√	√	√	√

2.3.3.2　数字化建造与预制件加工

随着数字时代的设计方法、理念与计算工具的迅速发展,各种复杂形体的建筑如雨后春笋般遍布世界各地。复杂形体建筑如何实现数字化建造,复杂系统建筑如何实现快速建造,预制、预装配、模块定制成了必要条件,先进建造理念、先进制造技术、计算机及网络技术的应用再次推动了建筑产业工业化的进程。随着 3D 打印机走向普通家庭,3D 打印技术在美国已经产业化,数字工业时代的工具日新月异,个性化定制已经不再是梦想。复杂的设计会随着技术的进步得以实现,比如在过去,外墙的规格越少越好,因为加工工序过于复杂,而现在通过数控机床,每一块可加工材料都可以是不同的。一种和几百种所耗费的成本是趋于相同的。

当前数字化建造还被经常用于一些自由曲面设计,曲面由于面积较大,必须根据材料的特性分割成可加工、运输、安装的模块。这样,求出每一个模块的几何信息和坐标位置并能结合施工图和加工详图进行施工模拟,将变得非常重要。如果没有 BIM 技术,对复杂形体建筑的加工制造将难以实现,设计效果将很难保证。

BIM 系统能将模块可参数化、可自定义化、可识别化,使得定制模块建造成为可能。但由于条件的限制,如数字加工材料有限、加工成本昂贵、数字加工工具尺寸有限、大量的各不相同的模块等,必然会增加制造成本和施工难度。尽量以直代曲,将模块调整成单一或者几种尺寸、形状仍然是现在数字化建造的主流。常用于数字化建造与预制件加工的软件功能见表 2-12。

表 2-12 常用于数字化建造与预制件加工的软件功能

常用软件	参数化构件	结构性能分析	施工支持
CATIA	√	√	
Digital Project	√		√
Fastrak	√		
Navisworks	√		√
Revit	√		√
SDS/2	√		√
Tekla	√	√	√
VICO Suite	√		
3D3S	√	√	√

2.3.3.3 施工场地规划

传统的施工平面布置图,以 2D 施工图纸传递的信息作为决策依据,并最终以 2D 图纸的形式绘出施工平面布置图,不能直观、清晰地展现施工过程中的现场状况。随着施工进度的开展,建筑按 3D 方式建造起来,以 2D 的施工图纸及 2D 的施工平面布置图来指导 3D 的建筑建造过程具有先天的不足。

在基于 BIM 技术的模型系统中,首先建立施工项目所在地的所有地上地下已有和拟建建筑物、库房加工厂、管线道路、施工设备和临时设施等实体的 3D 模型;然后赋予各 3D 实体模型以动态时间属性,实现各对象的实时交互功能,使各对象随时间的动态变化形成 4D 的场地模型;最后在 4D 场地模型中,修改各实体的位置和造型,使其符合施工项目的实际情况。在基于 BIM 技术的模型系统中,建立统一的实体属性数据库,并存入各实体的设备型号位置坐标和存在时间等信息,包括材料堆放场地、材料加工区、临时设施、生活文化区、仓库等设施的存放数量及时间、占地面积和其他各种信息。通过漫游虚拟场地,可以直观地了解施工现场布置,并查看各实体的相关信息,这为按规范布置场地提供了极大的方便。同时,当出现影响施工布置的情况时,可以通过修改数据库的相关信息来更改需要调整的地方。常用于施工场地规划的软件功能见表 2-13。

表 2-13　常用于施工场地规划的软件功能

常用软件	施工规划	施工管理	施工项目可视化
Navisworks	√	√	√
Vico Office Suite	√	√	
Project Wise	√	√	√

2.3.3.4　施工流程模拟

据统计,全球建筑业普遍存在生产效率低下的问题,其中30%的施工过程需要返工,60%的劳动力被浪费,10%的损失来自材料的浪费。采用 BIM 技术结合施工现场的三维激光扫描和高像素数码相机的全景扫描,将 BIM 与施工进度计划相链接,将空间信息与时间信息整合在一个可视的 4D(3D+Time)模型中,对施工现场进度进行形象、具体、直观的模拟,可以直观、精确地反映整个建筑的施工过程。由于 BIM 信息模型中集成了材料、场地、机械设备、人员甚至天气情况等诸多信息,并且以天为单位对建筑工程的施工进度进行模拟,可以让项目管理人员在施工之前预测项目建造过程中每个关键节点的施工现场布置、大型机械及措施布置方案,还可以预测每个月、每一周所需的资金、材料、劳动力情况,提前发现问题并进行优化。对施工过程进行模拟,及时为施工过程中的技术、生产、商务等环节提供准确的形象进度、物资消耗、过程计量、成本核算等核心数据,提升沟通和决策效率,优化使用施工资源以及科学地进行场地布置,对整个工程的施工进度、资源和质量进行统一管理和控制,以缩短工期、降低成本、提高质量。同时,4D 施工进度的模拟也具有很强的直观性,即使是非工程技术出身的业主方领导也能快速准确地把握工程的进度。

基于 BIM 技术的 4D 施工模拟在高、精、尖和特大工程中正发挥着越来越大的作用,大大提高了建筑行业的工作效率,减少了施工过程中出现的问题,为越来越多的大型、特大型建筑的顺利施工提供了可靠的保证,为建设项目工程各方带来了可观的经济效益和社会效益。

常用于施工流程模拟的软件功能见表 2-14。

表 2-14　常用于施工流程模拟的软件功能

常用软件	4D 施工进度模拟	碰撞检查	建筑全生命周期管理
BIM 360 Field	√	√	√
iTWO	√	√	
Project Wise			√
Tekla	√	√	
Tokoman	√		
VICO Suite	√	√	
鲁班算量系列	√		

2.3.4　运营阶段的 BIM 软件

BIM 参数模型可以为业主提供建设项目中所有系统的信息、在施工阶段做出的修改，将全部更新同步到 BIM 参数模型中，形成最终的 BIM 竣工模型，该竣工模型作为各种设备管理的数据库为系统的维护提供依据。

此外，BIM 可同步提供有关建筑使用情况或性能、入住人员与容量、建筑已用时间及建筑财务方面的信息。同时，BIM 可提供数字更新记录，并改善搬迁规划与管理。BIM 还促进了标准建筑模型对商业场地条件(例如零售业场地，这些场地需要在许多不同地点建造相似的建筑)的适应。有关建筑的物理信息(例如完工情况、承租人或部门分配、家具和设备库存)和关于可出租面积、租赁收入或部门成本分配的重要财务数据都更加易于管理和使用。稳定访问这些类型的信息，可以提高建筑运营过程中的收益与成本管理水平。常用于运营阶段的软件功能见表 2-15。

表 2-15　常用于运营阶段的软件功能

常用软件	竣工模型	维护计划	资产管理	空间管理	防灾规划
AIM		√	√	√	
ArchiFM		√	√	√	
Citymaker				√	
Innovaya Suite					√
Project Wise		√			
SAGE		√			
Solibri Suite	√				
VICO Office Suite	√				
VRP				√	
斯维尔系列		√			

2.4　工程建设过程中的 BIM 软件应用

2.4.1　招标投标阶段的 BIM 软件应用

2.4.1.1　算量软件

招标投标阶段的 BIM 工具软件主要是各个专业的算量软件。基于 BIM 技术的算量软件是在中国最早得到规模化应用的 BIM 软件，也是最成熟的 BIM 软件之一。

算量工作是招标投标阶段最重要的工作之一,对建筑工程建设的投资方及承包方均具有重大意义。在算量软件出现之前,预算员按照当地计价规则进行手工列项,并依据图纸进行工程量统计及计算,工作量很大。人们总结出分区域、分层、分段、分构件类型、分轴线号等多种统计方法,但工程量统计依然效率低下,并且容易发生错误。

基于 BIM 技术的算量软件能够自动按照各地清单、定额规则,利用三维图形技术进行工程量自动统计、扣减计算,并进行报表统计,大幅度提高了预算员的工作效率。

按照技术实现方式区分,基于 BIM 技术的算量软件分为两类:基于独立图形平台的和基于 BIM 基础软件进行二次开发的。这两类软件的操作习惯有较大的区别,但都具有以下特征:

(1)基于三维模型进行工程量计算。在算量软件发展的前期,曾经出现基于平面及高度的 2.5 维计算方式,目前已经逐步被三维技术方式所替代。值得注意的是,为了快速建立三维模型,并且与之前的用户习惯保持一致,多数算量软件依然以平面为主要视图进行模型的构建,并且使用三维的图形算法,可以处理复杂的三维构件的计算。

(2)支持按计算规则自动算量。其他的 BIM 应用软件,包括基于 BIM 技术的设计软件,往往也具备简单的汇总、统计功能,基于 BIM 技术的算量软件与其他 BIM 应用软件的主要区别在于,是否可以自动处理工程量计算规则。计算规则即各地清单、定额规范中规定的工程量统计规则,比如小于一定规格的墙洞将不列入墙工程量统计,也包括墙、梁、柱等各种不同构件之间的重叠部分的工程量如何进行扣减及归类,全国各地甚至各个企业均有可能采取不同的规则。计算规则的处理是算量工作中最为烦琐及复杂的内容,目前专业的算量软件一般都比较好地自动处理了计算规则,并且大多内置了各种计算规则库。同时,算量软件一般还提供工程量计算结果的计算表达式反查、与模型对应确认等专业功能,让用户复核计算规则的处理结果,这也是基础的 BIM 应用软件不能提供的。

(3)支持三维模型数据交换标准。算量软件以前只作为一个独立的应用,包含建立三维模型、进行工程量统计、输出报表等完整的应用。随着 BIM 技术的日益普及,算量软件导入上游的设计软件建立的三维模型、将所建立三维模型及工程量信息输出到施工阶段的应用软件,进行信息共享以减少重复工作,已经逐步成为对算量软件的一个基本要求。

以某软件为例,算量软件主要功能如下:

(1)设置工程基本信息及计算规则。计算规则设置分梁、墙、板、柱等建筑构件进行设置。算量软件都内置了全国各地的清单及定额规则库,用户一般情况下可以直接选择地区进行设置规则。

(2)建立三维模型。建立三维模型包括手工建模、CAD 识别建模、从 BIM 设计模型导入等多种模式。

(3)进行工程量统计及报表输出。目前多数的算量软件已经实现自动工程量统计,并且预设了报表模板,用户只需要按照模板输出报表。

目前,国内招标投标阶段的 BIM 应用软件主要包括广联达、鲁班、神机妙算、清华斯维尔等公司的产品,如表 2-16 所示。

表 2-16 国内招标投标阶段的常用 BIM 应用软件

序号	名称	说明	软件产品
1	土建算量软件	统计工程项目的混凝土、模板、砌体、门窗的建筑及结构部分的工程量	广联达土建算量 GCL 鲁班土建算量 LubanAR 斯维尔三维算量 THS 3DA 神机妙算算量 筑业四维算量等
2	钢筋算量软件	由于钢筋算量的特殊性,钢筋算量一般单独统计。国内的钢筋算量软件普遍支持平法表达,能够快速建立钢筋模型	广联达钢筋算量 GGJ 鲁班钢筋算量 LubanST 斯维尔三维算量 THS 3DA 筑业四维算量 神机妙算算量钢筋模块等
3	安装算量软件	统计工程项目的机电工程量	广联达安装算量 GQI 鲁班安装算量 LubanMEP 斯维尔安装算量 THS-3DM 神机妙算算量安装版等
4	精装算量软件	统计工程项目室内装修,包括墙面、地面、天花板等装饰的精细计量	广联达精装算量 GDQ 筑业四维算量等
5	钢结构算量软件	统计钢结构部分的工程量	鲁班钢结构算量 YC 广联达钢结构算量 京蓝钢结构算量等

2.4.1.2 造价软件

国内主流的造价类软件主要分为计价和算量两类软件,其中计价类软件主要有广联达、鲁班、斯维尔、神机妙算等公司的产品,由于计价类软件需要遵循各地的定额规范,鲜有国外软件竞争。而国内算量软件大部分为基于自主开发平台,如广联达算量、斯维尔算量;有的基于 AutoCAD 平台,如鲁班算量、神机妙算算量。这些软件均基于三维技术,可以自动处理算量规则,但在与设计类软件及其他类软件的数据接口方面普遍处于起步阶段,大多数属于准 BIM 应用软件范畴。

2.4.2 深化设计阶段的 BIM 软件应用

深化设计是在工程施工过程中,在设计院提供的施工图设计基础上进行详细设计以满足施工要求的设计活动。BIM 技术因为其直观形象的空间表达能力,能够很好地满足深化设计关注细部设计、精度要求高的特点,基于 BIM 技术的深化设计软件得到越来越多的应用,也是 BIM 技术应用最成功的领域之一。基于 BIM 技术的深化设计软件包括机电深化设计、钢结构深化设计、模板脚手架深化设计、幕墙深化设计、碰撞检查等软件。

2.4.2.1 机电深化设计软件

机电深化设计是在机电施工图的基础上进行二次深化设计,包括安装节点详图、支吊架的设计、设备的基础图、预留孔图、预埋件位置和构造补充设计,以满足实际施工要求。国内外常用 Mechanical、Electrical & Plumbing(简称 MEP),即机械、电气、管道作为机电专业的简称。

机电深化设计主要包括专业深化设计与建模、管线综合、多方案比较、设备机房深化设计、预留预埋设计、综合支吊架设计、设备参数复核计算等。机电深化设计的难点在于复杂的空间关系,特别是在地下室、机房及周边的管线密集区域的处理尤其困难。传统的二维设计在处理这些问题时严重依赖于工程师的空间想象力和经验,经常由于设计不到位、管线发生碰撞而导致施工返工,造成人力、物力的浪费、工程质量的降低及工期的拖延。

基于 BIM 技术的机电深化设计软件的主要特征包括以下方面:

(1)基于三维图形技术。很多机电深化设计软件,包括 AutoCAD MEP、MagiCAD 等,为了兼顾用户过去的使用习惯,同时具有二维及三维的建模能力,但内部完全应用三维图形技术。

(2)可以建立机电包括通风空调、给水排水、电气、消防等多个专业管线、通头、末端等构件。多数机电深化软件,如 AutoCAD MEP、MagiCAD 都内置支持参数化方式建立常见机电构件,Revit MEP 还提供了族库等功能,供用户扩展系统内置构件库,能够提供内置构件库不能满足的构件形式。

(3)设备库的维护。常见的机电设备种类繁多,具有庞大的数量,对机电设备进行选择,并确定其规格、型号、性能参数,是机电深化设计的重要内容之一。优秀的机电深化软件往往提供可扩展的机电设备库,并允许用户对机电设备库进行维护。

(4)支持三维数据交换标准。机电深化设计软件需要从建筑设计软件导入建筑模型以辅助建模。同时,还需要将深化设计结果导出到模型浏览、碰撞检查等其他 BIM 应用软件中。

(5)内置支持碰撞检查功能。建筑项目设计过程中,大部分冲突及碰撞发生在机电专业。越来越多的机电深化设计软件内置支持碰撞检查功能,将管线综合的碰撞检查、整改及优化的整个流程在同一个机电深化设计软件中实现,使得用户的工作流程更加顺畅。

(6)绘制出图。国内目前的设计依据还是二维图纸,深化设计的结果必须表达为二维图纸,现场施工工人也习惯于参考图纸进行施工,因此深化设计软件需要提供绘制二维图纸的功能。

(7)机电设计校验计算。机电深化设计过程中,往往需要对设备位置、系统线路、管道和风管等相应移位或长度进行调整,会导致运行时电气线路压降、管道管路阻力、风管的风量损失和阻力损失等发生变化。机电深化设计软件应该提供校验计算功能,核算设备能力是否满足要求,如果能力不能满足或能力有过量富余时,则需对原有设计选型的设备规格中的某些参数进行调整。例如,管道工程中水泵的扬程、空调工程中风机的风量、电气工程中电缆截面面积等。

目前,国内应用的基于 BIM 技术的机电深化设计软件主要包括国外的 MagiCAD、Revit MEP、AutoCAD MEP 及国内的天正、鸿业、理正、PKPM 等 MEP 软件,如表 2-17 所示。

表 2-17　常用的基于 BIM 技术的机电深化设计软件

序号	软件名称	说明
1	MagiCAD	基于 AutoCAD 及 Rent 双平台运行;MeiCAD 软件在专业性上很强,功能全面,提供了风系统、水系统、电气系统、电气回路、系统原理图设计、房间建模、舒适度及能耗分析、管道综合支吊架设计等模块。提供剖面、立面出图功能,并在系统中内置了超过 100 万个设备信息
2	Revit MEP	在 Revit 平台基础上开发;主要包含暖通风道及管道系统、电力照明、给水排水等专业。与 Revit 平台操作一致,并且与建筑专业 Revit Architecture 数据可以互联互通
3	AutoCAD MEP	在 AutoCAD 平台基础上开发;操作习惯与 CAD 保持一致。并提供剖面、立面出图功能
4	天正给排水系统 T-WT 天正暖通系统 THVAC	基于 AutoCAD 平台研发;包含给排水及暖通两个专业。含管件设计、材料统计、负荷计算、水路、水利计算等功能
5	理正电气 理正给排水 理正暖通	基于 AutoCAD 平台研发;包含电气、给水排水、暖通等专业。包含建模、生成统计表、负荷计算等功能。但是理正机电软件目前并不支持 IFC 标准
6	鸿业给排水系列软件 鸿业暖通空调设计软件 HYACS	基于 AutoCAD 平台研发;鸿业软件专业区分比较细,分为多个软件。包含给水排水、暖通空调等专业的软件
7	PKPM 设备系列软件	基于自主图形平台研发;专业划分比较细,分为多个专业软件组成的设备系列软件。主要包括给水排水绘图软件(WPM)、室外给排水设计软件(WNET)、建筑采暖设计软件(HPM)、室外热网设计软件(HNET)、建筑电气设计软件(EPM)、建筑通风空调设计软件(CPM)等

这些软件均基于三维技术,其中 MagiCAD、Revit MEP、AutoCAD MEP 等软件支持 IFC 文件的导入、导出,支持模型与其他专业及其他软件进行数据交换,而天正、理正、鸿业、PKPM 等软件在支持 IFC 数据标准和模型数据交换能力方面有待进一步加强。

2.4.2.2　钢结构深化设计软件

钢结构深化设计的目的主要体现在以下方面:

(1)材料优化。通过深化设计计算杆件的实际应力比,对原设计截面进行改进,以降低结构的整体用钢量。

(2)确保安全。通过深化设计,对结构的整体安全性和重要节点的受力进行验算,确保所有的杆件和节点满足设计要求,确保结构使用安全。

(3)构造优化。通过深化设计,对杆件和节点进行构造的施工优化,使杆件和节点在实际的加工制作和安装过程中变得更加合理,提高加工效率和加工安装精度。

(4)通过深化设计,对螺栓连接接缝处的连接板进行优化、归类、统一,减少品种、规格,对杆件和节点进行归类编号,形成流水加工,大大提高加工进度。

钢结构深化设计因为其突出的空间几何造型特性,平面设计软件很难满足要求,BIM应用软件出现后,在钢结构深化设计领域得到快速的应用。

基于 BIM 技术钢结构深化设计软件的主要特征包括以下方面:

(1)基于三维图形技术。因为钢结构的构件具有显著的空间布置特点,钢结构深化设计软件需要基于三维图形进行建模及计算。并且,与其他基于平面视图建模的基于BIM 技术的设计软件不同,多数钢结构都是基于空间进行建模的。

(2)支持参数化建模。可以用参数化方式建立钢结构的杆件、节点、螺栓。如杆件截面形态包括工字形、L 形、口字形等多种形状,用户只需要选择截面形态,并且设置截面长、宽等参数信息就可以确定构件的几何形状,而不需要处理杆件的每个零件。

(3)支持节点库。节点的设计是钢结构设计中比较烦琐的过程。优秀的钢结构设计软件,如 Tekla,内置支持常见的节点连接方式,用户只需要选择需要连接的杆件,并设置节点连接的方式及参数,系统就可以自动建立节点板、螺栓,大量节省用户的建模时间。

(4)支持三维数据交换标准。钢结构机电深化设计软件与建筑设计导入其他专业模型以辅助建模。同时,还需要将深化设计结果导出到模型浏览、碰撞检查等其他 BIM 应用软件中。

(5)绘制出图。国内目前设计依据还是二维图纸,钢结构深化设计的结果必须表达为二维图纸,场工工人也习惯于参考图进行施工。因此,深化设计较件需要提供绘制二维图纸功能。

目前,常用的钢结构深化设计软件多为国外软件,国内软件很少,具体如表 2-18所示。

表 2-18　常用的钢结构深化设计软件

软件名称	国家	主要功能
BoCAD	德国	三维建模,双向关联,可以进行较为复杂的节点、构件的建模
Tekla(Xsteel)	芬兰	三维钢结构建模,进行零件、安装、总体布置图及各构件参数、零件数据、施工详图自动生成,具备校正检查的功能
Strucad	英国	三维构件建模,进行详图布置等。复杂空间结构建模困难,复杂节点、特殊构件难以实现
SDS/2	美国	三维构件建模,是按照美国标准设计的节点库
STS 钢结构设计软件	中国	PKPM 钢结构设计软件(STS)主要面向的市场是设计院客户

以 Teka 为例,钢结构深化设计的主要步骤如下:

(1)确定结构整体定位轴线。建立结构的所有重要定位轴线,帮助后续的构件建模进行快速定位。同工程所有的深化设计必须使用同一个定位轴线。

(2)建立构件模型。每个构件在截面库中选取钢柱或钢梁截面,进行柱、梁等构件的建模。

（3）进行节点设计。钢梁及钢柱创建好后，在节点库中选择钢结构常用节点，采用软件参数化节点能快速、准确地建立构件节点。当节点库中无该节点类型，而在该工程中又存在大量的该类型节点时，可在软件中创建人工智能参数化节点，以达到设计要求。

（4）进行构件编号。软件可以自动根据预先给定的构件编号规则，按照构件的不同截面类型对各构件及节点进行整体编号、命名及组合，相同构件及板件所命名称相同。

（5）出构件深化图纸。软件能根据所建的三维实体模型导出图纸，图纸与三维模型保持一致，当模型中构件有所变更时，图纸将自动进行调整，保证了图纸的正确性。

2.4.2.3　模板脚手架深化设计软件

现阶段模板工程施工依据主要为施工规范、施工方案、技术交底、CAD 节点图及大样图，以上施工依据均以文字性描述为主，导致在模板工程施工管理中存在如下问题：①未充分考虑结构施工图纸中的构件截面尺寸、层高等技术参数，导致进场模板构件规格与现场结构形式不匹配。②模板构件数量众多，在统计工程量过程中需同时考虑施工图纸、施工方案、施工进度，容易出现工程量统计偏差，致使模板构件的进场数量过多或不足。③模板施工方案中对模板搭设的主要技术参数描述较为专业、抽象，现场操作工人不能充分理解，致使模板支设错误的情况出现。上述问题的发生将会造成现场劳务人员窝工、施工成本增加、工期滞后甚至安全质量事故等后果，而问题产生的原因是深化设计深度不足，无法为模板工程施工提供准确依据。因此，提高模板工程深化设计的精确性及效率，实现按深化图纸进行现场施工，是提高模板工程管理水平的重要途径。一种基于 BIM 技术的模板工程深化设计解决方案如图 2-3 所示，该方案通过 Revit 软件建立构件级的模板工程深化设计模型，生成深化设计图及工程量统计表，为模板工程管理提供依据。

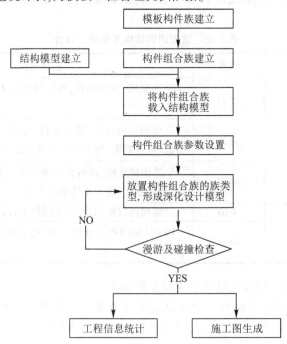

图 2-3　基于 BIM 技术的模板工程深化设计流程图

广联达 BIM 模板脚手架设计软件针对建筑工程模板脚手架专项,在支架与模板排布、安全验算、施工出图、材料统计等各环节提供专业、高效的工具,辅助工程师设计安全可靠、经济合理的模架专项方案。该软件是基于广联达成熟的平台技术和采用 BIM 理念设计开发的针对模板专项工程的 BIM 产品,产品功能包括模板(木)用量统计、模板(木)施工模拟、模板(木)加工下料、模板施工图详图设计等,广泛适用于模板专项工程方案设计、材料用量计算、施工交底等各个技术环节。同时,可以根据实际施工阶段精确计算模板需用量,可为招投标阶段措施费竞争和施工过程材料管控提供依据。其支持导入算量模型快速建模,识别转化 CAD,根据多种规则进行拼模,根据内置核心算法自动拼模,提供最优拼模方案;可输出三维拼模方案效果图、下料单、构件拼模图、材料统计表等;用看得见的三维拼模效果图来代替传统经验估计,使得下料有依据,交底更便捷,成本节约看得见。

随着我国建筑行业的飞速发展,行业中涌现出一批在质量、安全、效益上更占优势的新技术、新材料、新设备、新工艺。其中,铝合金模板作为当前一种新型的支撑体系,在发达国家及一些新兴的工业国家建筑施工中得到广泛的应用。近年来,在国家绿色建造、低碳节能的号召下,铝合金模板因其使用寿命长、安装速度快、节能环保等优势,受到越来越多的建筑施工企业的广泛欢迎。前期的铝合金模板深化设计是一个较为繁杂的过程,需要充分考虑到建筑、结构的每个节点,才能保证在后期的施工中不会产生冲突,从拿到图纸到铝合金模板生产成型一般需要 45~60 天的时间。过程中需要设计单位的深度配合,解决过程中发现的冲突问题,如果业主在招标前就考虑使用铝合金模板,那么在设计过程中就应该将深化设计内容考虑进去,以减小后期工作量,提高深化设计效率和质量。

2.4.2.4　幕墙深化设计软件

幕墙深化设计主要是对建筑的幕墙进行细化补充设计及优化设计,如幕墙收口部位的设计、预埋件的设计、材料用量优化、局部的不安全及不合理做法的优化等。幕墙设计非常烦琐,深化设计人员对基于 BIM 技术的设计软件呼声很高,市场需求较大。

2.4.2.5　碰撞检查软件

碰撞检查,也叫多专业协同、模型检测,是一个多专业协同检查过程,是将不同专业的模型集成在同一平台中并进行专业之间的碰撞检查及协调。碰撞检查主要发生在机电的各个专业之间,机电与结构的预留预埋、机电与幕墙、机电与钢筋之间的碰撞也是碰撞检查的重点及难点内容。在传统的碰撞检查中,用户将多个专业的平面图纸叠加,并绘制负责部位的剖面图,判断是否发生碰撞。这种方式效率低下,很难进行完整的检查,往往在设计中遗留大量的多专业碰撞及冲突问题,是造成工程施工过程中返工的主要因素之一。基于 BIM 技术的碰撞检查具有显著的空间能力,可以大幅度提升工作的效率,是 BIM 技术应用中的成功应用点之一。

基于 BIM 技术的碰撞检查软件具有以下主要特征:

(1)基于三维图形技术。碰撞检查软件基于三维图形技术,能够应对二维技术难以处理的空间维度冲突,这是显著提升碰撞检查效率的主要原因。

(2)支持三维模型的导入。碰撞检查软件自身并不建立模型,需要从其他三维设计软件如 Revit、Archicad、MAGICAD、Tekla、Bentley 等建模软件导入三维模型。因此广泛支持三维数据交换格式是碰撞检查软件的关键能力。

（3）支持不同的碰撞检查规则，比如同文件的模型是否参加碰撞，参与碰撞的构件的类型等。碰撞检查规则可以帮助用户精细控制碰撞检查的范围。

（4）具有高效的模型浏览效率。碰撞检查软件集成了各个专业的模型，比单专业的设计软件需要支持的模型更多，对模型的显示效率及功能要求更高。

（5）具有与设计软件交互的能力。碰撞检查的结果如何返回到设计软件中，帮助用户快速定位发生碰撞的问题并进行修改，是用户关注的焦点问题。目前，碰撞检查软件与设计软件的互动分为两种方式：

①通过软件之间的通信。在同一台计算机上的碰撞检查软件与设计软件进行直接通信，在设计软件中定位发生碰撞的构件。

②通过碰撞结果文件。碰撞检查的结果导出为结果文件，在设计软件中可以加载该结果文件，定位发生碰撞的构件。目前，常见碰撞检查软件包括 Autodesk 的 Navisworks、美国天宝公司的 TeklaBIMSight、芬兰的 Solibri 等，如表 2-19 所示。国内软件包括广联达公司的 BIM 审图软件及鲁班 BIM 解决方案中的碰撞检查模块等。目前多数的机电深化设计软件也包含碰撞检查模块，比如 MagiCAD、Revit MEP 等。

表 2-19　常用基于 BIM 技术的碰撞检查软件

序号	软件名称	说明
1	Navisworks	支持市面上常见的 BIM 建模工具，包括 Revit、Bentley、ArchiCAD、MagCAD、Tekla 等。"硬碰撞"效率高，应用成熟
2	Solibri	与 ArchiCAD、Tekla、MAGICAD 接口良好，也可以导入支持 IFC 的建模工具。Solibri 具有灵活的设置规则，可以通过扩展规则检查模型的合法性及部分的建筑规范，如无障碍设计规范等
3	TeklaBIMSight	与 Tekla 钢结构深化设计集成接口好，也可以通过 IFC 导入其他建模工具生成的模型
4	广联达 BIM 审图软件	对广联达算量软件有很好的接口，与 Revit 有专用插件接口，支持 IFC 标准，可以导入 ArchiCAD、MagiCAD、Tekla 等软件的模型数据，除了"硬碰撞"，还支持模型合法性检测等"软碰撞"功能
5	鲁班碰撞检查	属于鲁班 BIM 解决方案中的一个模块，支持鲁班算量建模结果
6	MagiCAD 碰撞检查模块	属于 MagiCAD 的一个功能模块，将碰撞检查与调整优化集成在同一个软件中，处理机电系统内部碰撞效率很高
7	Revit MEP 碰撞检查功能模块	Revit 软件的一个功能，将碰撞检查与调整优化集成在同一个软件中，处理机电系统内部碰撞效率很高

碰撞检查软件除了判断实体之间的碰撞（也称"硬碰撞"），也有部分软件进行了模型是否符合规范、是否符合施工要求的检测（也称"软碰撞"），比如芬兰的 Solibri 软件在软碰撞方面功能丰富，Solibri 提供了缺陷检测、建筑与结构的一致性检测、部分建筑规范如无障碍规范的检测等。目前，软碰撞检查还不如硬碰撞检查成熟，但它是将来发展的重点。

2.4.3 施工阶段的 BIM 软件应用

2.4.3.1 施工阶段用于技术的 BIM 工具软件应用

施工阶段的 BIM 工具软件是新兴的领域,主要包括施工场地、模板及脚手架建模软件、钢筋样、变更计量、5D 管理等软件。

1.施工场地布置软件

施工场地布置是施工组织设计的重要内容,在工程红线内,通过合理划分施工区域减少各项施工的相互干扰,使得场地布置紧凑合理,运输更加方便,能够满足安全防火防盗的要求。

BIM 技术的施工场地布置是基于 BIM 技术提供内置的构件库进行管理的,用户可以用这些构件进行快速建模,并且可以进行分析及用料统计。基于 BIM 技术的施工场地布置软件具有以下特征:

(1)基于三维建模技术。

(2)提供内置的、可扩展的构件库。基于 BIM 技术的施工场地布置软件提供施工现场的场地、道路、料场、施工机械等内置的构件库,用户可以和工程实体设计软件一样,使这些构件库在场地上布置并设置参数,快速建立模型。

(3)支持三维数据交换标准。场地布置可以通过三维数据交换导入拟建工程实体,也可以将场地布置模型导出到后续的 BIM 工具软件中。

目前,国内已经发布的三维场地布置软件包括广联达三维场地布置软件、斯维尔平面图制作系统、PKPM 三维现场平面图软件等,如表 2-20 所示。

表 2-20　常用的基于 BIM 技术的主要三维场地布置软件

序号	软件名称	说明
1	广联达三维场地布置软件 3D-GCP	支持二维图纸识别建模,内置施工现场的常用构件,如板房、料场、塔吊、施工电梯、道路、大门、围栏、标语牌、旗杆等,建模效率高
2	斯维尔平面图制作系统	基于 CAD 平台开发,属于二维平面图绘制工具,不是严格意义上的 BIM 工具软件
3	PKPM 三维现场平面图软件	支持二维图纸识别建模,内置施工现场的常用构件和图库,可以通过拉伸、翻样支持较复杂的现场形状,如复杂基坑的建模,包括贴图、视频制作功能

以下以一个三维场地布置软件为例,介绍施工现场的布置软件主要操作流程:

(1)导入场地布置图,本步骤为可选步骤。导入场地布置图可以快速准确地定位,大幅度提高工作效率。

(2)利用内置构件库,快速生成三维现场布置模型。内置的场地布置模型包括场地、道路、施工机械布置、临水临电布置等。

(3)进行合理性检查,包括塔吊冲突分析、违规提醒等。

(4)输出临时设施工程量统计。通过软件可以快速统计施工场地中的临时设施工程量,并输出。

2.模板及脚手架设计软件

模板及脚手架的设计是施工项目重要的周转性施工措施。这是因为模板及脚手架设计的细节繁多,一般施工单位难以进行精细设计。基于 BIM 技术的模板及脚手架设计软件在三维图形技术基础上,进行模板及脚手架高效设计和验算,提供准确用量统计,与传统方式相比,大幅度提高了工作效率。

基于 BIM 技术的模板及脚手架软件具有以下特征:

(1)基于三维建模技术。

(2)支持三维数据交换标准。工程实体模型需要通过三维数据交换标准从其他设计软件导入。

(3)支持模板、脚手架自动排布。

(4)支持模板、脚手架的自动验算及自动材料统计。

目前,常见的模板脚手架软件包括广联达模板脚手架设计软件,PKPM 模板脚手架设计软件,筑业脚手架、模板施工安全设施计算软件,恒智天成建筑安全设施计算软件等,如表 2-21 所示。

表 2-21　常用的基于 BIM 技术的主要模板及脚手架软件

序号	软件名称	说明
1	广联达模板脚手架设计软件	支持二维图纸识别建模,也可以导入广联达算量产生的实体模型辅助建模。具有自动生成模架、设计验算及生成计算书功能
2	PKPM 模板脚手架设计软件	脚手架设计软件可建立多种形状及组合形式的脚手架三维模型,生成脚手架立面图、脚手架施工图和节点详图;可生成用量统计表;可进行多种脚手架形式的规范计算;提供多种脚手架施工方案模板设计。软件适用于大模板、组合模板、胶合板和木模板的墙、梁、柱、板的设计、布置及计算,能够完成各种模板的配板设计、支撑系统计算、配板详图、统计用表及提供丰富的节点构造详图
3	筑业脚手架、模板施工安全设施计算软件	汇集了常用的施工现场安全设施的类型,能进行常用的计算,并提供常用数据参考。 脚手架工程包含落地式、悬挑式、满堂式等多种搭设形式和钢管扣件式、碗扣式、承插型盘扣式等多种材料脚手架,并提供相应模板支架计算。 模板工程包含梁、板、墙、柱模板及多种支撑架计算,包含大型桥梁模板支架计算
4	恒智天成建筑安全设施计算软件	能计算设计多种常用形式的脚手架,如落地式、悬挑式、附着式等。能计算设计恒智天成建筑安全设施常用类型的模板,如大模板、梁墙柱模板等;能编制安全设施计算书;编制安全专项方案书;同步生成安全方案报审表、安全技术交底;编制施工安全应急预案,进行建筑施工技术领域的计算

3.5D 施工管理软件

基于 BIM 技术的 5D 施工管理软件需要支持场地、施工措施、施工机械的建模及布置。主要具有如下作用:

(1)支持施工流水段及工作面的划分。工程项目比较复杂,为了保证有效利用劳动力,施工现场往往划分为多个流水段或施工段,以确保充足的施工工作面,使得施工劳动力能充分开展。支持流水段划分是基于 BIM 技术的 5D 施工管理软件的关键能力。

(2)支持进度与模型的关联。基于 BIM 技术的 5D 施工管理软件需要将工程项目实体模型与施工计划进行关联。

(3)可以进行施工模拟。基于 BIM 技术的 5D 施工管理软件可以对施工过程进行模拟,让用户在施工之前能够发现问题,并进行施工方案的优化。施工模拟包括:随着时间的延长,对实体工程的进展情况进行模拟,对不同时间节点(工况)大型施工措施及场地的布置情况模拟,对不同时间段流水段及工作面的安排进行模拟,以及对各个时间阶段,如每月、每周的施工内容、施工计划,资金、劳动力及物资需求进行分析。

(4)支持施工过程结果跟踪和记录,如施工进度、施工日报、质量、安全情况等的记录。

如表 2-22 所示,目前基于 BIM 技术的 5D 施工管理主流软件主要包括德国 RIB 公司的 iTWO 软件、美国 Vico 软件公司的 Vico 办公室套装、英国 Sychro 软件、广联达 BIM 5D 软件等。

表 2-22　常用的基于 BIM 技术的 5D 施工管理软件

序号	软件名称	说明
1	广联达 BIM 5D 软件	具有流水段划分、浏览任意时间点施工工况,提供各个施工期间的施工模型、进度计划、资源消耗量等功能,支持建造过程模拟,包括资金及主要资源模拟,可以跟踪过程进度,进行质量、安全问题记录。支持 revit 等软件
2	RIB iTWO	旨在建立 BIM 工具软件与管理软件 ERP 之间的桥梁,融基于 BIM 技术的算量、计价、施工过程成本管理为一体,支持 Revit 等建模工具
3	Vico 办公室套装	具有流水段划分、流线图进度管理等特色功能;支持 Revit、Archi-CAD、MagiCAD、Tekla 等软件
4	易达 5D-BIM 软件	可以按照进度构建基础属性、工程量等信息。支持 IFC 标准

以下为利用 5D 施工管理软件进行工程管理的一般流程:

(1)设置工程基本信息,包括楼层标高、机电系统设置等。

(2)导入所建立的三维工程实体模型。

(3)将实体模型与进度计划进行关联。

(4)按照工程进度计划设置各个阶段施工场地、大型施工机械的布置、大型设施的布置。

(5)为现场施工输出每月、每周的施工计划、施工内容,所需的人工、材料、机械,指导每个阶段的施工准备工作。

(6)记录实际施工进度、质量和安全问题。

(7)在项目周例会上进行进度偏差分析,并确定调整措施。

(8)持续执行直到项目结束。

4.钢筋翻样软件

钢筋翻样软件是利用 BIM 技术,利用平法对钢筋进行精细布置及优化,帮助用户进行翻样的软件。使用该软件能够显著提高翻样人员的工作效率。

基于 BIM 技术的钢筋翻样软件主要特征如下:

(1)支持建立钢筋结构模型,或者通过三维数据交换标准导入结构模型。钢筋翻样是在结构模型的基础上进行钢筋的详细设计,结构模型可以从其他软件,包括结构设计软件或者算量模型导入。部分钢筋样软件也可以从 CAD 图纸直接识别建模。

(2)支持钢筋平法。钢筋平法已经在国内设计领域得到广泛的应用,能够大幅度简化设计结果的表达。钢筋翻样软件支持钢筋平法,工程翻样人员可以高效地输入钢筋信息。

(3)支持钢筋优化下料。钢筋样需要考虑如何合理利用钢筋原材料,减少钢筋的废料、余料,降低损耗。钢筋样软件通过设置模数、提供多套原材料长度自动优化方案,最终达到废料、余料最少,从而节省钢筋用量的目的。

(4)支持料表输出。钢筋翻样工程普遍接受钢筋料表,作为钢筋加工的依据。钢筋翻样软件支持料单输出、生成钢筋需求计划等。

当前基于 BIM 技术钢筋翻样软件主要包括广联达施工样软件(GFY)、鲁班钢筋软件(下料版)等。也有用户通用平台 Revit、Tekla 土建模块等国外软件进行翻样。

5.变更计量软件

基于 BIM 技术的变更计量软件包括以下特征:

(1)支持三维模型数据交换标准。变更计量软件可以导入其他 BIM 应用软件模型,特别是基于 BIM 技术的算量软件建立的算量模型。理论上,BIM 模型可以使用不同的软件建立,但多数情况下由同一软件公司的算量软件建立。

(2)支持变更工程量自动统计。变更工程量计算可以细化到单个构件,由用户根据施工进展情况判断变更工程量如何进行统计,包括对已经施工部分、已经下料部分、未施工部分的变更分别进行处理。

(3)支持变更清单汇总统计。变更计量软件需要支持按照清单的口径进行变更清单的汇总输出,也可以直接输出工程量到计价软件中进行处理,形成变更清单。

2.4.3.2 施工阶段用于管理的 BIM 工具软件应用

1.BIM 平台软件

BIM 平台软件是最近出现的一个概念,基于网络及数据库技术,将不同的 BIM 工具软件连接到一起,以满足用户对于协同工作的需求。从技术角度上讲,BIM 平台软件是一个将模型数据存储于统一的数据库中,并且为不同的应用软件提供访问接口,从而实现不同的软件协同工作。从某种意义上讲,BIM 平台软件是在后台进行服务的软件,与一般终端用户并不一定直接交互。

BIM 平台软件的特性包括：

（1）支持工程项目模型文件管理，包括模型文件上传、下载、用户及权限管理；有的 BIM 平台软件支持将一个项目分成多个子项目，整个项目的每个专业或部分都属于其中的子项目，子项目包含相应的用户和授权；另外，BIM 平台软件可以将所有的子项目无缝集成到主项目中。

（2）支持模型数据的签入、签出及版本管理。不同专业模型数据在每次更新后，能立即合并到主项目中。软件能检测到模型数据的更新，并进行版本管理。"签出"功能可以跟踪哪个用户正在进行模型的哪部分工作。如果此时其他用户上传了更新的数据，系统会自动发出警告。也就是说，软件支持协同工作。

（3）支持模型文件的在线浏览功能。这个特性不是必备的，但多数模型服务器软件均会提供模型在线浏览功能。

（4）支持模型数据的远程网络访问。BIM 工具软件可以通过数据接口来访问 BIM 平台软件中的数据，进行查询、修改、增加等操作。BIM 平台软件为数据的在线访问提供权限控制。

BIM 平台软件支持的文件格式包括：

（1）内部私有格式。如各家厂商均支持通过内部私有格式，将文件存储到 BIM 平台软件，如 Autodesk 公司的 Revit 2 软件等存储到 BIM360 及 Vualt 软件中。

（2）公开格式，包括 IFC、IFCXML、CITYGML、Collada 等。

常见的 BIM 平台软件包括 Autodesk BIN360、Vualt、Buzzsaw、Bentley 公司的 Project-wlse、Graphisoft 公司的 Bimserver 等，这些软件一般用于本公司内部的软件之间的数据交互及协同工作。另外，一些开源组织也开发了开放的基于 IFC 标准进行数据交互的 BIM Server。

2.BIM 应用软件的数据交换

BIM 技术应用涉及专业件工具，不同软件工具之间的数据交换会减少客户重复建模的工作量，对减少错误、提高效率有重大意义，也是 BIM 技术应用成功的最关键要求之一。

按照数据交换格式的公开与否，BIM 应用软件数据交换方式可以分为以下两种：

（1）基于公开的国际标准的数据交换方式。这种方式适用于所有的支持公开标准的软件之间，包括不同专业、不同阶段的不同软件，适用性最广，也是最推荐的方式。由于数据交换往往取决于采用的标准及厂商的支持程度，支持及响应时间往往比较长。公有的 BIM 数据交换格式包括 IFC、COBIE 等多种格式。

（2）基于私有文件格式的数据交换方式。这种方式只能支持同一公司内部 BIM 应用软件之间的数据交换。在目前 BIM 应用软件专业性强、无法做到一家软件公司提供完整解决方案的情况下，基于私有文件格式的数据交换往往只能在个别软件之间进行。私有文件格式的数据交换是公有文件格式数据交换的补充，发生在公有文件格式不能满足要求但又需要快速推进业务的情况下。私有公司的文件格式包括 Autodesk 公司的 DWG、NWC，广联达公司的 GFC、IGMS 等。

常见的公有 BIM 数据交换格式包括：

（1）IFC（Industry Foundation Classes）、IAI（International Alliance of Interoperability）组织制定的面向建筑工程领域，公开和开放的数据交换标准，可以很好地用于异质系统交换和共享数据。IFC 标准也是当前建筑业公认的国际标准，在全球得到了广泛的应用和支持。目前，多数 BIM 应用软件支持 IFC 格式。IFC 标准的变种包括 IFCXMI 等格式。

（2）COBIE（Construction Operations Building Information Exchange）标准。COBIE 是一个施工交付到运维的文件格式。在 2011 年 12 月，成为美国建筑科学院的标准（NBIMS-US）。COBIE 格式包括设备列表、软件数据列表、软件保证单、维修计划等在内的资产运营和维护所需的关键信息，它采用几种具体文件格式，包括 Excel、IFC、IFCXML，作为具体承载数据的标准。2013 年，Building SMART 组织也发布了一个轻量级的 XML 格式来支持 COBIE，即 COBie Lite 标准。

3.BIM 应用软件与管理系统的集成

BIM 应用软件为项目管理系统提供有效的数据支撑，解决了项目管理系统数据来源不准确、不及时的问题。BIM 技术应用与项目管理系统框架分基础层、服务层、应用层和表现层。应用层包括进度管理、合同管理、成本管理、图纸管理、变更管理等应用。

1）基于 BIM 技术的进度管理

传统的项目计划管理一般是计划人员编制工序级计划后，生产部门根据计划执行，而其他各部门（技术、商务、工程、物资、质量、安全等）则根据计划自行展开相关配套工作。工作相对孤立，步调不一致，前后关系不直观，信息传递效率极低，协调工作量大。

基于 BIM 技术的进度管理软件，为进度管理提供人、材、机消耗量的估算，为物料准备及劳动力估算提供了充足的依据。同时，可以提前查看各任务项所对应的模型，便于项目人员准确、形象地了解施工内容，便于施工交底。另外，利用 BIM 技术应用的配套工作与工序级计划任务的关联，可以实现项目各个部门各项进度相关配套工作的全面推进，提高了进度的执行效率，加大了进度的执行力度，及时发现并提醒滞后环节，及时制订对应的措施，并进行实时调整。

2）基于 BIM 技术的图纸管理

传统的项目图纸管理采用简单的管理模式，由技术人员对项目进行定期的图纸交底。当前大型项目建筑设计日渐复杂，设计工期紧、业主方因进度要求，客观上采用了边施工边变更的方式。当传统的项目图纸管理模式遇到了海量变更时，就会立即暴露出其低效率、高出错率的弊病。

BIM 应用软件图纸管理实现对多专业海量图纸的清晰管理，实现了相关人员任意时间均可获得所需的全部图纸信息的目标。基于 BIM 技术的图纸管理具有如下特点：

（1）图纸信息与模型信息一一对应。这表现在任意一次图纸修改都对应模型修改，任意一种模型状态都能找到定义该状态的全部图纸信息。

（2）软件内的图纸信息更新是最及时的。根据工作流程，施工单位收到设计图纸后由模型维护组成员先录入图纸信息，并完成对模型的修改调整，再推送至其他部门，包括现场施工部门及分包队伍，用于指导施工，避免出现使用错图或使用旧版图施工的情况。

（3）系统中记录的全部图纸的更新替代关系明确。不同于简单的图纸版本替换，全部的图纸发放时间、录入时间都是记录在系统内的，必要时可供调用（如办理签证索赔等)。

(4)图纸管理是面向全专业的。以往各专业图纸分布在不同的职能部门(技术部、机电部、钢构部),查阅图纸十分不便。该软件要求各专业都按统一的要求录入图纸,并修改模型。在模型中,可直观地显示各专业设计信息。

另外,传统的深化图纸报审依靠深化人员,深化人员根据总进度计划,编制深化图纸报审。报审流程包括专业分包深化设计→总包单位审核→设计单位审核→业主单位审核。深化图纸过多、审核流程长的特点易造成审批过程中积压、遗漏,最终影响现场施工进度。

BIM 应用软件中的深化图纸报审追踪功能实现了对深化图纸报审的实时追踪。一份报审的深化图纸录入软件后,系统即开始对其进行追踪,确定其当期所在的审批单位。当审批单位按期完成审批时,系统即对管理人员推送提醒。另外,深化图纸报审计划与软件的进度计划管理模块联动,根据总体进度计划的调整而调整,当系统统计发现深化图报及审批速度严重滞后于现场工程进度需求时,会向管理人员报警,提醒管理人员采取措施,避免现场施工进度受此影响。

3)基于 BIM 技术的变更管理

传统情况下,当设计变更发生时,设计变更指令分别下发到各部门,各部门根据各自职责分工孤立展开相关工作,对变更内容的理解容易产生偏差,对内容的阅读会产生遗漏,影响现场施工、商务索赔等工作。而且各部门的工作主要通过会议进行协调和沟通,信息传递的效率比较低。

利用 BIM 技术软件,将变更录入模型,首先直观地形成变更前后的模型对比,并快速生成工程量变化信息。通过模型,变更内容准确快速地传达至各个领导和部门,实现了变更内容的快速传递,避免了内容理解的偏差。根据模型中的变更提醒,现场生产部、技术部、商务部等各部门迅速展开方案编制、材料申请、商务索赔等一系列的工作,并且通过系统实现实时的信息共享,极大地提高了变更相关工作的实施效率和信息传递效率。

4)基于 BIM 技术的合同管理

以往合同查询复杂,需要从头逐条查询,为防止疏漏,要求每位工作人员都熟读合同。合同查询的困难也导致非商务类工作人员在工作中干脆不使用合同,甚至违反合同条款,导致总承包方的利益受损。

现在基于 BIM 技术的合同管理,通过将合同条款、招标文件、回标答疑及澄清、工料规范、图纸设计说明等相关内容进行拆分、归集,便于从线到面的全面查询及风险管控(便于施工部门、技术部门、商务部门、安全部门、质量部门、管理部门清晰掌握合同约定范围、约定标准、工作界面及责任划分等)。可将业主对应合同条款、分包合同条款、总承包合同三方合同条款,供货商合同条款,进行竖向到底的关联查询、责任追踪(付款及结算、工期要求、验收要求、安全要求、供货要求、设计要求、变更要求、签证要求)。

第 3 章 BIM 全生命周期应用

3.1 全生命周期 BIM 技术的应用理论

3.1.1 全生命周期 BIM 技术应用理论概念

全生命周期理念是一种管理策略而不是一种产品,这一策略服务于项目的总体目标的实现过程,利用人力和信息技术在建设工程项目全生命周期实现集中管理。Auto 公司对全生命周期进行了定义:建筑全生命周期管理过程中需要 BIM 技术为其提供相应的信息,能够有效地使信息集成管理深入到建筑全生命周期的每个阶段之内。

全生命周期的内涵主要为以下几方面:

(1)全生命周期实现的目标所在是使工程项目增值。

建立建筑全生命周期理念的首要目的就是在信息创建管理共享方面提供一种新的解决思路,使项目的各个参与方获得更加优质的服务,从而使节约综合成本、大幅缩减实施阶段工期、提升项目整体质量等目标在项目全过程中得以实现,达到增值这个最终目的。

(2)全生命周期是综合性管理概念,涉及建筑项目管理的方方面面。

工程项目全生命周期的各个阶段、各个项目参与方的实施过程均被涵盖于全生命周期理念管理的影响范围之内,另外如价值管理、流程管理、文档管理及信息管理等一系列类似的管理活动都能涉及,各方面的管理活动均能涉及。

(3)信息管理是理念的实现过程的核心。

建筑工程项目信息具相关性、多样性,且频繁变更,信息量巨大,项目参与方比较多,都直接影响着建筑项目信息管理的难度。这一系列的难题均可通过全生命周期理念解决,如信息创建、管理、共享方面的旧有难题也可以通过全生命周期理论进行解决。

(4)全生命周期可以借助 PIP(项目信息门户系统)技术实现统一共享平台。

全生命周期理念的信息共享环节的有效解决方案,即是将 PIP 技术与 BIM 技术进行高效的整合。PIP 以 BIM 模型作为数据的基础来源平台,能够替用户创造一个更加便捷的信息共享渠道,并且项目的各参与方均配置了适合的权限方便登录,整个共享访问过程清晰流畅。

全生命周期 BIM 技术应用是指,在项目的规划、设计、招标投标、施工、运维等

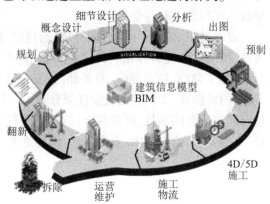

图 3-1 建筑全生命周期

各个阶段均应用 BIM 技术,并通过不同阶段各参与方之间的协同共享,不断完善 BIM 模型,从而解决各阶段及应用系统之间的信息断层。建筑全生命周期如图 3-1 所示。

3.1.2 全生命周期理念应用 BIM 的优势分析

建设项目全生命周期内各个工作环节的效率和质量通过对计算机数字化技术的运用来提高,减少项目各阶段的成本损失和风险承担。这是对全生命周期理念优势的总体概括。具体可通过以下三个方面分析全生命周期理念的优势。

(1)创建信息更加有效。

全生命周期理念对于信息的要求十分高,首先要保证信息在全生命周期过程中保持完整性和有效性。在传统建筑业,建设项目方案设计阶段,相关图纸设计仅仅停留在平面的水平上,而这种 2D 展示效果又相对有限,对于一些建筑物组成和设计信息,甚至几何关系都不能够达到直观反映的效果。同时,这些抽象的图例解释缺乏严谨性,产生分歧也使信息的交流不畅,且很难计算抽象的图例表达。而且 CAD 技术本身就具有一定的缺陷性,在数据集合方面存在先天的劣势,尽管是用计算机辅助,图形中各组成的单元构件间的复杂关系也无法表述。例如,在 CAD 图中,建筑构建的材料种类是不可能标示出的,也无法清楚、完全地描述相关材料所具备的独有特点,而对于构件连接描述的不到位往往会导致投入成本的增加。引入 BIM 技术之后,相关信息经过数字化加工会提高信息的整体质量,在信息得到优化的前提下,减少相关重复劳动,也能够提升信息的准确性和有用性。

(2)更好地管理信息。

更好地管理信息可通过全生命周期理念得以实现,主要表现在以下方面:①以数字化的形式创建和保存信息是全生命周期的实现过程。②数字化信息的跟踪过程可通过有效制度的建立来实现。③信息多方面关联的实现。④为项目相关用户提供合适的登录权限。

借助 PIP 技术引用 BIM 模型中的基础数据,是全生命周期理念信息管理过程的第一个步骤,这样就为项目参与各方提供了统一的信息共享平台,第二个步骤就是为项目参与方进行信息的筛选,PIP 技术在此阶段进行集中化管理,并经过系统来监控相关信息的使用和变更。

(3)更好地共享信息。

所有项目参与方均可在全生命周期理念的实现过程中获得能够有效满足企业对信息的要求,提供为企业创造利益所必需的信息。可以归纳为以下两个方面:

(1)由 PIP 技术进行集中化管理,项目的不同参与方通过自身的权限实现了不同信息的获取。

(2)项目各参与方之间通过有效的信息交换机制建立了良好的信息沟通渠道。

全生命周期理念的核心是关注项目信息集成的全过程,利用 BIM 技术,在整个项目全生命周期内达成 PIP 管理和信息共享,能够有效保证信息的完整性,对于参与方的沟通协调也起到积极的作用,最终实现工作效果的最优化。

3.1.3 建设全生命周期一体化管理模式

3.1.3.1 建设项目全生命周期一体化管理内涵及概念模型

建设项目全生命周期一体化管理(Project Lifecycle Integration Management,简称

PLIM)模式是指由业主方牵头,专业咨询方全面负责,从各主要参与方中分别选出1~2名专家一起组成全生命周期一体化项目管理组(Project Lifecycle Management Team,简称PLMT),将全生命周期中各主要参与方、各管理内容、各项目管理阶段有机结合起来,实现组织、资源、目标、责任和利益等一体化,相关参与方之间有效沟通和信息共享,以向业主方和其他利益相关方提供价值最大化的项目产品。

建设项目全生命周期一体化管理模式主要涵盖三个方面:参与方一体化、管理要素一体化、管理过程一体化。美国系统工程学者霍尔的三维结构模型,描绘了建设项目全生命周期的一体化管理模式,如图3-2所示。参与方一体化的实现,有利于各方打破服务时间、服务范围和服务内容上的界限,促进管理过程一体化和管理要素一体化;管理过程一体化的实现,又要求打破管理阶段界面,对管理要素一体化的实施起了一定的促进管理作用;而管理要素一体化的实施同时反过来促进管理过程的一体化。在这个基础上,运作流程、组织结构和信息平台是实现PLIM

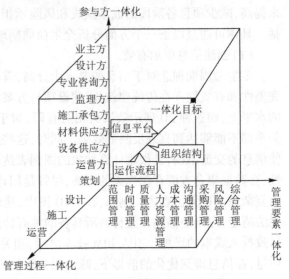

图 3-2 建设项目全生命周期一体化管理模式

模式的三个基本要素。同时,BIM技术协同、信息平台的特点,是PLIM模式下建设项目全生命周期一体化项目管理的技术手段,BIM技术与PLIM模式的结合造就了最佳项目管理模式。

3.1.3.2 PLIM 模式运作流程

每种管理模式都有其运作流程,建设项目全生命周期一体化管理模式下的项目运作流程与传统项目运作流程有一定的相似之处,但是建设项目全生命周期一体化管理模式相对于传统项目管理模式更加注重项目参与方目标的平衡、信息的有效流通和并行工程的应用。

1.建设项目决策阶段

建设项目决策阶段的运作流程如图3-3所示。建设项目决策阶段,PLMT为主要责任方和协调方,负责收集来自各方的信息,确定初步方案并反馈给业主方。业主方综合考虑自身资金实力、核心竞争力等情况,确定最优方案后,项目管理组对最优方案进行细化和论证,征求设计方意见,同时及时对各种信息进行分析和整理,最后提出项目建议书、项目可行性研究报告及项目评估报告。

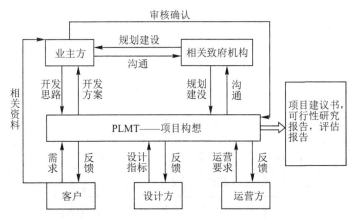

图 3-3　项目决策阶段运作流程

2.建设项目设计阶段

建设项目设计阶段的运作流程如图 3-4 所示。建设项目设计阶段,初步设计方和施工图设计方为主要责任方,初步设计方以可行性研究报告、概念设计、规划要求为主要设计依据,通过 PLMT 与其他各方就设计方案进行反复讨论,确定符合规划的设计方案和规划图,获得业主方的认可后,将规划图与设计方案交予施工图设计方,施工图设计方同样综合考虑各方意见后形成施工图。

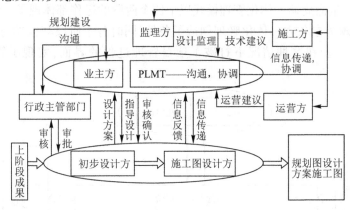

图 3-4　项目设计阶段运作流程

3.建设项目实施阶段

建设项目实施阶段的运作流程如图 3-5 所示。建设项目实施阶段,施工方为主要责任方和协调方,以施工图为主要施工依据,在施工过程中,综合考虑业主方、运营方、供应方和监理方等的意见,反复讨论给出反馈意见后执行;同时,若在施工过程中需进行变更,则需先做出汇总变更要求并提交设计方,在设计方做出设计变更后执行变更,最后完成项目的实体建设。

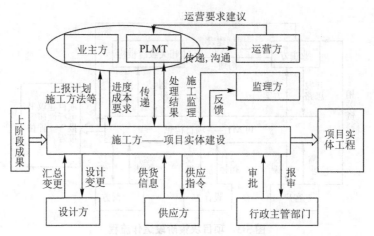

图 3-5　项目实施阶段运作流程

4.建设项目运营阶段

建设项目运营阶段的运作流程如图 3-6 所示。建设项目运营阶段,运营方为主要负责人,在收集前几个阶段项目资料的基础上,根据项目运营情况,结合物业管理及维修情况对项目进行综合后评价,并将评价结果反馈给设计方;同时,对于不符合要求的,通过施工方协调之后,由施工方整改,最后向顾客移交最终成果。

建设项目全生命周期一体化管理模式以上四个阶段的运作都体现了一体化的管理思想,PLMT 的实现为参与方一体化管理创造了条件,同时各个阶段其他参与方通过 PLMT 渗透进项目的实施,在这种情况下打破了项目管理过程的界面,实现了管理过程的一体化。

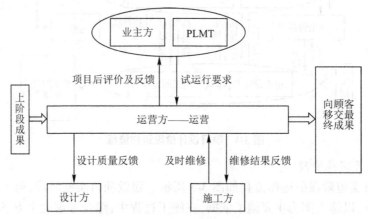

图 3-6　项目运营阶段运作流程

3.1.3.3　PLIM 组织

项目管理组织是参与项目管理工作,并且职责、权限分工和相互关系得到安排的一组人员及设施,包括业主方、咨询方、承包方和其他参与项目管理的单位针对项目管理工作而建立的管理组织。建设项目中常见的项目管理组织类型包括直线制、职能制和矩阵制等。PLIM 除具有一般项目管理的共性外,还具有其特性,决定了其特殊的组织结构。

1.一体化管理特点

（1）强调合作理念。各参与方不把对方视为对手，把工作重点放在如何保证和扩大共同利益上。

（2）强调各方提前参与。各参与方均提前参与项目，设计阶段向决策阶段渗透，施工阶段向设计阶段渗透，运营阶段向施工阶段渗透。

（3）以 PLMT 为主要管理方。PLMT 承担项目全生命周期目标、费用、进度管理，同时在各阶段沟通各方达到一体化管理目标。

（4）信息一体化为基础。一体化管理要求各方、各阶段信息透明、共享。各方能以非常小的信息成本获得所需的、足够的、透明的信息。

2.PLIM 组织结构

PLIM 模式可采用如图 3-7 所示的组织结构，业主作为项目的最高决策者，负责监督和管理 PLMT，对项目负有最终的决策控制权，最终决定项目实施方并签订合同，同时组织、领导和监管各项工作，履行业主方的审查、批准和授权等各项权力，制定项目目标等。PLMT 是受业主方委托的项目建设阶段的管理主体，同时负责、各方各阶段的协调，各实施方通过 PLMT 均提前介入项目，完成其任务。

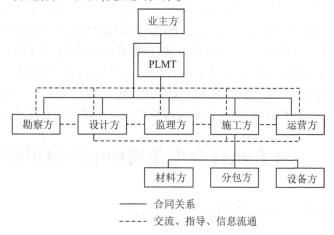

图 3-7　PLIM 模式下的项目组织结构

3.1.3.4　一体化信息平台的建立

据统计，在大型建设工程项目中，信息交流的问题导致工程变更和工程实施的错误占工程总成本的 3%～5%。建设项目管理的整个过程中，信息是其基础，信息在项目中的正常流动和正确处理是项目顺利实施的关键。要实现 PLIM 模式中各方、各阶段的信息有效沟通和共享，就要首先实现信息一体化。实现信息一体化可以使项目全生命周期的信息通畅、数据共享，信息及时、准确、完整地反映项目的实施情况，帮助项目决策者在掌握全面信息的前提下，做出科学的决策。项目信息一体化平台模型如图 3-8 所示。

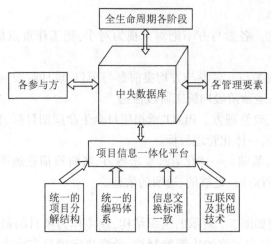

图 3-8　项目信息一体化平台模型

这个平台利用现代化的计算机和信息处理技术,通过构建统一的中央数据库和项目信息一体化平台,为项目各参与方在互联网上提供一个获取个性化信息的单一入口,实现包括建设项目各阶段、不同功能模块数据的信息一体化,使项目各参与方使用公共的、统一的管理语言和规则及一体化的管理信息平台,实现建设项目全生命周期目标。它的实施有利于项目各参与方信息共享、交流及传递,同时项目各参与方协同工作,使得项目各参与方杂乱无章的沟通方式变成有序作业。最后,此平台的利用还能使得项目资料的管理做到集中化、数字化、完整性和一致性。对于 PLIM 模式下的项目分解结构、编码体系和交换标准,以及如何应用现代信息技术实现信息一体化平台还有待进一步探讨。

3.2　BIM 在项目全生命周期中的应用框架

3.2.1　基于 BIM 服务器搭建 BIM 应用系统的框架

BIM 应用是与计算机和网络系统密切相关的,如何从软硬件的角度搭建起 BIM 应用系统的框架是 BIM 应用的必要条件。

BIM 的应用有很广泛的覆盖面。从纵向来说,BIM 的应用覆盖设施的全生命周期,这个全生命周期从设计前的策划、设计、施工一直延伸到运营,直到被拆除或者毁坏;从横向来说,BIM 的应用覆盖范围从业主、设计师、承包商到房地产经纪人、房屋估价师、抢险救援人员等各行各业的人员。因此,要搭建起 BIM 系统的应用框架,必须考虑其应用的广泛性。这种广泛性除包括应用人员、应用专业的广泛性外,还包括应用阶段、应用地域和应用软件的广泛性。

BIM 应用的广泛性就给 BIM 系统应用框架的搭建提出了很高的要求,必须保证在设施全生命周期中的 BIM 应用充分实现信息交换。

自从互联网问世后,网络的系统结构从局域网的客户机/服务器(Client/Server)结构发展到了浏览器/服务器(Browser/Server)结构,这两种系统的结构各有优缺点。在目前的 BIM 应用系统中,基本上还是属于这两种结构,或者是将两种结构混合使用。根据有关的研究分析,由于目前服务器的性能所限,目前在这些网络系统中实施 BIM 的各项应用时,信息交换主要以文件方式进行。

由于在计算机上应用的软件出自不同的计算机公司,不同品牌软件的文件格式各不相同,当在网上交换文件时,一般来说,使用 A 品牌软件的计算机用户很难打开 B 品牌软件生成的文件,除非交换文件的双方约定输出文件都使用相同的文件格式。事实上,目前很多 BIM 应用还是以各个品牌软件采用各自公司的文件格式为主。前文也曾提及,目前建筑业的信息表达与交换的国际技术标准是 IFC 标准,要求 BIM 应用的输出都按照 IFC 格式输出。虽然有些软件输出的文件格式中也有 IFC 格式的,但这些 IFC 格式还没有完全达到国际标准的要求,总之,目前信息交换的文件方式不管是 IFC 格式还是非 IFC 格式,信息交换都是打了折扣的。已经有研究指出,基于文件的 BIM 信息交换和管理具有如下不足:①无法形成完整的 BIM 模型。②变更传播困难。③无法实现对象级别(Object Level)的数据控制。④不支持协同工作和同步修改。⑤无法进行子模型的提取与集成。⑥信息交换速度和效率是瓶颈问题。⑦用户访问权限管理困难。

解决以上这些问题最好的办法是在系统中直接传递、交换 IFC 格式的数据,这样就可以减少数据转换的环节,避免数据丢失、信息传递缓慢等问题。为达到此目的就需要在 BIM 的应用系统中设置可以存储、交换 IFC 格式数据的服务器。这种服务器称为 BIM 服务器(BIM Server),BIM 服务器和 BIM 知识库(BIM Repository)一起,组成 BIM 应用的数据集成与管理平台。

而 BIM 服务器就是在现在普遍使用的服务器中安装上一类称为 BIM Server 的软件后就成为 BIM 服务器。在 BIM 服务器内部的所有数据都是直接以 IFC 格式保存,不需要另外进行解释或转换。这样,BIM 服务器就可以如图 3-9 所示进行 IFC 格式的数据交换。

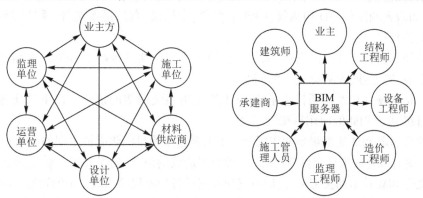

(a)项目主要参与方之间的信息流　　(b)基于 BIM 服务器的信息集成与共享

图 3-9　基于 BIM 服务器的数据交换

除 IFC 标准目前已经成为主导建筑产品信息表达与交换的国际技术标准外,国际标准化组织(ISO)就 BIM 应用中实现信息交换的问题已经发布了 ISO29481-1:2010 和 1SO29481-2:2012 两项标准,主要是有关信息传递手册(Infor mation Delivery Manual,简称 IDM)的相关规定,分别规定了 BIM 应用中信息交换的方法与格式及交互框架,这两个标准一般统称为 IDM 标准。IDM 标准规范了如何构建 IFC 格式的数据,这就为 IFC 格式数据的传递定下了规矩。

BIM 服务器的创建可以为执行以上的国际标准提供实现的手段。BIM 服务器采用安装在服务器端的中央数据库进行 IFC 数据存储与管理,用户可以通过系统网络上传 IFC 数据到 BIM 服务器,并将数据保存到数据库中。BIM 服务器能理解 IFC 结构,并支持用户使用 IFC 格式的 BIM 模型。

用户进行相关应用时,可通过 BIM 服务器提取所需的信息,同时也可以对模型中的信息进行扩展,然后将扩展的模型信息重新提交给服务器,这样就实现了 BIM 数据的存储管理、交换和应用。

再进一步,如果 BIM 服务器实现以集成 BIM 为基础,就可以实现对象级别的数据管理及权限配置,并能支持多用户协作和同步修改。目前就国内外来说,BIM 服务器的研究正在不断发展之中。一些现有的 BIM 服务器产品问世时间并不长,它们的系统架构和功能仍处于发展阶段。它们中的大多数尚不能满足 BIM 服务器要实现对象级管理的需求。虽然如此,这种 BIM 服务器却是未来 BIM 应用系统的发展方向。

3.2.2 项目决策、实施和运营过程中 BIM 的应用框架

BIM 的实施与传统的 CAD 应用有很大的区别,CAD 主要是在建筑设计阶段应用,而 BIM 的应用则涉及项目中各个阶段、多个企业、多个专业乃至整个团队。因此,凡是一个项目决定要应用 BIM,就应当首先通过确定其应用目标及实施计划,搭建起整个 BIM 的应用框架。

项目级基于 BIM 的应用系统首先要考虑跨企业、跨专业等的问题,项目级基于 BIM 的 IT 系统大多数都是采用局域网和互联网混合使用的模式。因此,需要配置强有力的中心服务器以应付日常各种运行的需要,要特别注意系统的安全性。

在项目的全生命周期中,基于 BIM 的应用系统还会接受多种数据采集设备采集的数据输入,如激光测距仪、3D 扫描仪、GPS 定位仪、全站仪、高清摄像机等,系统需要为这些设备预留各种接口。

目前随着云计算技术的发展,采用云计算技术构建项目级基于 BIM 的系统平台可以解决跨企业、跨专业、大数据量等的问题。

以上是从硬件角度谈项目级基于 BIM 的应用系统框架的搭建。以下从实施计划角度谈项目级基于 BIM 的应用框架的搭建。

为项目制定 BIM 实施规划的作用是为了加强整个项目团队成员之间的沟通与协作,更快、更好、更省地完成项目交付,减少因各种原因造成的浪费、延误和工程质量问题。同时,也可以规范 BIM 技术的实施流程、信息交换及支持各种流程的基础设施的管理与应用。

搭建项目级基于 BIM 的应用框架需要做好如下四方面的工作:前期准备工作、确定建模计划、制订沟通和协作计划、制订技术规划。

(1)前期准备工作。当一个要应用 BIM 的项目启动之时,需要建立起核心协作团队,做好项目的描述,明确项目宗旨及目标,制订好协作流程规划。同时,还需要做好项目阶段的划分,明确各个阶段的阶段性目标。

BIM 应用的核心协作团队,可以由业主、建筑师、总承包商、供应商、有关的分包方等项目的各个利益相关方各派出至少一名代表组成,负责完成本项目 BIM 应用的实施计

划、创建本项目同管理系统中有关的权限级别,监督整个计划的执行。

项目的目标可以确定为:根据项目和团队特点确定当前项目全生命周期中 BIM 的应用目标和具体应用,明确本项目是全过程都应用 BIM 技术,还是只在某一阶段或者某些范围内应用 BIM 技术。根据应用目标和具体应用范围,制订出针对本项目 BIM 应用的实际标准过程与步骤,还要通过研究和讨论,对标准过程与步骤的可行性进行验证。协作流程规划、规则与项目的管理模式有关。现在的管理模式有设计-招标-建造(Design-Bid-Build、DBB)模式、设计-建造(Design-Build, DB)模式、风险施工管理(Construction Management Risk,CMR)模式、IPD(Integrated Project Delivery)模式等多种管理模式。在不同的管理模式中,参与项目各方在不同阶段所承担的工作内容是不尽相同的,从而导致其协作流程计划也不同,所以在项目伊始,明确了采用哪一种管理模式之后,就要确定好协作流程规划。

(2)确定建模计划。应用 BIM 技术的过程是对一个 BIM 模型不断完善的过程,一个"Modeling"的过程,通过确定建模计划,也等于建立起整个项目 BIM 应用的实施流程。

①确定建模标准与细节。在制订建模计划之前,各个利益相关方要指定专人担任建模经理负责建模工作。建模经理负有许多责任,包括在各个阶段确认模型的内容、确认模型的技术细节、将模型的内容移交到另一方、参加设计审阅和模型协调会议、管理模型版本等。

为了把涉及多个专业、众多人员的 BIM 应用搞好,建模之前要明确建模标准和模型文档的交付要求,确定好模型组件的文件命名结构、精度和尺寸标注、建模对象要存储的属性、建模详细程度、模型的度量制等。

例如,在项目的设计过程中,建筑师及相关专业的设计师会在总的 BIM 模型下生成若干个子模型,描述各自专业的设计意图,总承包商则会制作施工子模型对施工过程进行模拟及对可施工性进行分析。施工方应对设计方的子模型提出意见,设计方也应对施工方的子模型提出意见。由于整个项目的建模工作量很大,因此有必要在建模前对相关的要求、细节计划好。

②建立详细建模计划。按照 BIM 应用的实际流程,根据不同阶段的要求建立起详细的建模计划。可以按照如下阶段进行划分:概念设计阶段、方案设计阶段、详细设计阶段、施工图阶段、招标投标阶段、施工阶段、物业管理阶段。详细的建模计划应当包括各个阶段的建模目标、所包含的模型及模型制作人员的角色与责任。

应用 BIM 模型进行相关分析是 BIM 技术的重要应用,也是提高工程质量、缩短工期、降低成本的关键步骤。通常是应用不同的子模型来进行相关的分析,如可视化分析、结构分析、能效分析、冲突检测分析、材料算量分析、进度分析、绿色建筑评估体系分析等。因此,在确定了详细的建模计划后,也需要制订详细的分析计划。列出分析所用到的模型、由谁负责分析、预计需要的分析工具、预计在项目的什么阶段进行等。

(3)制订沟通和协作计划。沟通与协作是 BIM 应用中的重要环节,制订详细的项目沟通计划和协作计划对于 BIM 技术的实施十分必要。

①沟通计划。沟通计划包括信息收发和通信协议、会议议程与记录、信函的使用等。

②协作计划。协作计划包括较为广泛的内容,大的分类包括文档管理、投标管理、施工管理、成本管理、项目竣工管理。

其中,文档管理包括批复和访问权限管理(确定拥有更新权、浏览权和无权限的范围)、文件夹维护、文件夹操作通知(对文件夹结构进行操作时,确定能接收相关通知的个人、群组或整个项目团队)、文件命名规则、设计审阅等。

投标管理的目标是怎样能够实现更快、更高效的投标流程。

施工管理则包括施工过程的协调与管理、质量管理、信息请求(Request For Information,简称 RFI)管理、提交的文件管理、日志管理、其他施工管理和业务流程管理等。

成本管理包括对预算、采购、变更单流程、支付申请等流程的管理,进而达到优化成本管理的目标。

而项目竣工管理则包括竣工模型和系统归档两项内容,其中竣工模型的详细程度应等同于建模的详细程度,并应列出竣工模型应包含的对象和不包含的对象。

(4)制订技术规划。为了项目 BIM 应用的实施,必须制订可行的项目技术规划。该规划涉及软件选择及系统要求和管理两个方面。

①软件选择。软件选择的原则是,能够最大限度地发挥基于 BIM 的软件工具的优越性。因此,应当注意软件的选择。以下介绍若干类软件的选择原则。

a.模型创建的软件:基于数据库平台,支持创建参数化的、包含丰富信息的对象,支持对象关联变化、自动更新,支持文件链接、共享和参照引用,支持 IFC 格式。

b.模型集成的软件:能够整合来自不同软件平台多种格式的设计文件,并可用于模型仿真。

c.碰撞检查/协调模型的软件:能够对一个或多个设计文件进行碰撞检查分析,能够生成碰撞检查报告(含碰撞列表和直接图示)。

d.模型可视化的软件:支持用户以环绕、缩放、平移、按轨迹、审核和飞行方式快速浏览模型。

e.模型进度审查的软件:支持用户输入进度信息,以可视化方式模拟施工流程。

f.模型算量的软件:能够从设计文件中自动提取材料的数量,并能与造价软件集成。

g.协同项目管理系统:应当能支持基于 Web 的远程访问,支持不同权限的访问,支持通过系统生成的邮件进行通信,支持在系统浏览器中查看多种不同格式的图形和文本文件,具有文档管理、施工管理、投标管理等功能,支持成本管理控制和根据系统信息生成报表等。

以上软件都需要具备能够直接从 BIM 模型中提取相关信息的能力。

②系统要求和管理。系统要求和管理则包括两个方面的计划:IT 工具计划及协同项目管理计划。

其中,IT 工具涉及模型创建、冲突检测、可视化、排序、仿真和材料算量等软件的选择,因此必须要做好安排,使硬件与上述所选择的软件相匹配。同时还要落实好资金来源、数据所有权、管理、用户要求等。

协同项目管理的计划包括协同项目管理系统的使用权限、资金来源、数据所有权、用户要求、安全要求等(异地储存镜像数据、每日备份保存信息、入侵检测系统、加密协议)。

3.2.3 企业级 BIM 的应用框架

企业级 BIM 的应用一般目标都比较长远,整个基于 BIM 的 IT 系统都比较大,终端机很多,而且系统还可能与企业的办公自动化系统连接起来,运行的数据量很大,在系统中有可能要遇到某些瓶颈问题,系统管理复杂,系统的安全性是重点要注意的问题。采用云计算技术构建企业级 BIM 的系统平台对解决跨部门、跨专业、大数据量、运行瓶颈等问题很有帮助。

企业级 BIM 应用框架的搭建应当与企业发展的长远目标密切相关,采用 BIM 技术将对企业的运营产生巨大的影响,大大提高企业的竞争实力,这将有助于企业为客户提供优质的服务,为企业在市场竞争中获取更大的利益。因此,在搭建应用框架的时候,要明确企业推行 BIM 的宗旨,明确自己的目的和要达到的目标。

为了搞好企业 BIM 的应用,企业应当在总经理的领导下,成立实施 BIM 的职能部门,各专业部门要指定专人负责本部门的 BIM 应用事宜,各专业部门 BIM 应用的负责人组成企业 BIM 应用的核心团队,领导和统筹 BIM 的应用工作,搭建整个企业级 BIM 应用框架需要做好如下五方面的工作:建模计划、人员计划、实施计划、公司协作计划、企业技术计划。下面分别进行介绍。

3.2.3.1　建模计划

1.制订详细的建模计划和建模标准

企业在项目实施过程中,会在总的 BIM 模型下生成若干个子模型,用于不同的用途。例如,施工子模型用于对施工过程进行模拟,并对可施工性进行分析。这时,BIM 应用的核心团队和协作单位的人员一起对施工子模型进行协调,提出修改意见。其他子模型也会有这样的应用和协调过程。

因此,企业要制订好建模计划和建模标准。在建模计划中,列出模型名称、模型内容、在项目的什么阶段创建及创建工具等,并在建模前对相关的要求、细节计划好。而建模标准则包括模型的精度和尺寸标注的要求、建模对象要具备的属性、建模详细程度、模型的度量制等。

2.制订详细的分析计划

在确定了详细的建模计划后,接着就需要制订详细的分析计划。通常是应用不同的子模型来进行相关的分析,例如可视化分析、结构分析、能效分析、冲突检测分析、材料算量分析、进度分析、绿色建筑评估体系分析等。这里,就有相应的分析子模型创建问题,同时也需要做好分析软件的计划,以便于配置好相应的分析软件。为了使分析能与设计无缝链接,初始建模人员需要根据分析计划在建模的过程中加入相关的属性信息。

3.2.3.2　人员计划

企业要把人员计划做好,因为人员对 BIM 应用水平的高低起了很关键的作用。人员计划包括对企业结构、员工技能、人员招聘和培训要求的分析。

由于企业应用了 BIM,原有的企业结构组成可能不适应了,一些专门服务于 BIM 应用的新部门、新岗位出现,改变了企业的结构,因此需要对企业的结构进行分析。这些分析应包含对当前企业结构的分析和对未来应用 BIM 技术后企业结构的建议。

然后是对员工技能的分析。应用 BIM 技术后,需要员工掌握新的技能,因此需要对企业当前员工已有的技能进行分析,并对所需技能及掌握此类技能的人数提出建议。有些岗位确实需要招聘新员工,因此也需要对所需新员工的类型和人数进行分析并做出招聘计划。

无论是新员工还是老员工,都需要参加 BIM 技术应用的培训,才能满足企业应用 BIM 的要求。培训计划需要列出要培训的技能类型、培训对象、培训人数和培训课时数。

3.2.3.3 实施计划

作为企业的实施计划,应当包括沟通计划、培训计划和支持计划。

(1)沟通计划。企业在实施 BIM 技术后会给企业结构、运营等方面带来一系列重大改变,这些改变也许会对尚未适应新变化的员工心理上造成一些误解或困惑。沟通计划是为了保证企业的平稳过渡,制订出根据企业的实际情况与员工进行有效沟通的计划。

(2)培训计划。BIM 技术是新的技术,必须对员工进行培训才能有效地实施 BIM 技术。培训计划要明确培训制度、培训课程、培训对象、培训课时数、待培训人数、培训日期等。培训对象除本企业员工外,还可以是合作伙伴。

(3)支持计划。企业在应用 BIM 技术的过程中涉及很多软硬件和技术装备,购买这些软硬件和技术装备时,软硬件厂商会承诺提供必要的支持。支持计划需要列出相关的支持方案,包括软硬件名称、支持类型、联系信息和支持时间等。

3.2.3.4 公司协作计划

公司协作计划是为本企业内部的员工在 BIM 应用的大环境下,实现高效的沟通、检索和共享用 BIM 技术创建的信息而制定的。应当充分评估企业原有的沟通与协作制度在 BIM 应用的大环境下的适应性,根据评估结果确定如何利用或提升原有的沟通与协作制度。在 BIM 应用中,沟通、检索和共享的主要问题是文档的管理,使员工能够根据所授予的权限,在指定的文件夹中上传、下载、查看、编辑、批注文档。

3.2.3.5 企业技术计划

企业的技术计划关系到实施 BIM 技术所需要的能力,包括软硬件和基础设施的情况。需要对企业的技术能力、软硬件和基础设施的情况进行评估,然后根据实际情况制订出企业的技术计划。该计划包括软件选择要求、硬件选择要求等。

1.软件选择要求

软件选择的原则是,能够最大限度地发挥 BIM 工具的优越性,因此应当注意软件的选择。这一点可参照前面项目级基于 BIM 的应用系统中的介绍。

2.硬件选择要求

根据企业当前的实力、硬件情况及要实施的 BIM 技术,确定企业的硬件计划。

3.3 BIM 技术在项目全生命周期中的应用实施

3.3.1 BIM 实施模式

BIM 在项目应用上有多种实施模式,从实施主体的角度,主要有业主主导管理模式、设计主导管理模式、施工主导管理模式等。但不管是业主主导管理模式、设计主导管理模式还是施工主导管理模式,常见的实施模式不外乎咨询实施、自行实施、组合实施 3 种方式。

(1)咨询实施是请 BIM 专业咨询公司指导项目 BIM 主导方实施 BIM 相关工作,咨询公司提交满足项目要求的成果,这种方式适用于对 BIM 技术完全不了解的项目团队。

(2)自行实施是项目 BIM 主导方自行组建 BIM 团队完成实施工作,适用于对 BIM 技术有深刻理解和应用经验的项目团队。

（3）组合实施是在项目 BIM 主导方统一管理下，部分 BIM 实施工作外包给第三方。在项目 BIM 实施工作中，项目 BIM 主导方作为 BIM 技术的实施者和应用者，对 BIM 技术应用工作应承担主导作用，由主导方提出 BIM 技术应用工作要求，接收 BIM 技术应用交付成果，并对 BIM 服务方和参与方进行管理，各参与方按照与施工项目的合同约定，完成自身实施工作并积极配合其他参与方，最终提交相应的 BIM 技术应用工作成果，此方式适用于对 BIM 技术有一定了解的项目团队。

3.3.2 BIM 实施策划

3.3.2.1 BIM 实施策划内容

BIM 实施策划的主要内容包括：

（1）BIM 规划概述。概述 BIM 策划制定的总体情况，以及 BIM 的应用效益目标。

（2）项目信息。概述项目的关键信息，如：项目位置、项目描述、关键的时间节点。

（3）关键人员信息。作为 BIM 策划制定的参考信息，应包含关键的工程人员信息。

（4）项目目标和 BIM 应用目标。详细论述应用 BIM 需要达到的目标和效益。

（5）各组织角色和人员配备。项目 BIM 策划的主要任务之一就是定义项目各阶段 BIM 策划的协调过程和人员责任，尤其是在 BIM 策划制定和最初的启动阶段。确定制订计划和执行计划的合适人选，是 BIM 策划成功的关键。

（6）BIM 应用流程设计。以流程图的形式清晰展示 BIM 的整个应用过程。

（7）BIM 信息交换。以信息交换需求的形式，详细描述支持 BIM 应用信息交换过程模型信息需要达到的要求。

（8）协作规程。详细描述项目团队协作的规程，主要包括：模型管理规程（如命名规则、模型结构、坐标系统、建模标准，以及文件结构和操作权限等）、关键的协作会议日程和议程。

（9）模型质量控制规程。详细描述为确保 BIM 应用需要达到的质量要求，以及对项目参与者的监控要求。

（10）基础技术条件需求。描述保证 BIM 策划实施所需硬件、软件、网络等基础条件。

（11）项目交付需求。描述对最终项目模型交付的需求。项目的运作模式如 DBB（Design-Bid-Build）设计招标建造、EPC（Engineering Procurement Construction）设计采购施工模式、DB（Design and Build）设计建造模式、EP（Engineering Procurement）设计采购模式、PC（Procurement-Construction）采购施工模式、BOT（Build-Operate-Transfer）建造运营-移交模式、BOOT（Build-Own-Operate-Transfer）建造拥有运营移交模式、TOT（Transfer-Operate-Transfer）转让运营移交模式等会影响模型交付的策略，所以需要结合项目运作模式描述模型交付需求。

3.3.2.2 BIM 实施目标

（1）BIM 策划制定的第一步，也是最重要的步骤，就是确定 BIM 应用的总体目标，以此明确 BIM 应用为项目带来的潜在价值。这些目标一般为提升项目施工效益，例如：缩短施工周期、提升工作效率、提升施工质量、减少工程变更等；BIM 应用目标也可以是提升项目团队技能，例如，通过示范项目提升施工各分包方之间，及与设计方之间信息交换的能力，一旦项目团队确定了可评价的目标,从公司和项目的角度,BIM 应用效益就可以进行评估。

(2)确定 BIM 应用目标之后,要筛选将要应用的 BIM,例如,深化设计建模、4D 进度管理、5D 成本管理、专业协调等。在项目的早期确定将要应用的 BIM,具有一定难度。项目团队要综合考虑项目特点、需求、团队能力、技术应用风险。

(3)一项 BIM 应用是一个独立的任务或流程,通过将它集成进项目日常管理中,而为项目带来收益。BIM 应用的范围和深度还在不断扩展,未来可能会有新的 BIM 应用出现。工程团队应该选择适合项目实际情况,并对项目工程效益提升有帮助的 BIM。

(4)项目团队可以用优先级(高、中、低)的形式标示每个 BIM 应用的价值,完成 BIM 筛选。BIM 筛选可由各专业负责人在项目经理的组织下完成,其一般过程如下:

①罗列备选 BIM 应用点。项目团队应认真筛选可能有价值的 BIM 应用点,并将其罗列出来,在罗列 BIM 应用点时,要注意其与 BIM 应用目标的关系。

②确定每项备选 BIM 应用点的责任方。为每项备选 BIM 应用点至少确定一个责任方,主要负责主体放在第一行。

③标示每项 BIM 应用点各责任方需要具备的条件。确定责任方应用 BIM 所需的条件,一般的条件包括:人员、软件、软件培训、硬件支持等。如果已有条件不足,需要额外补充时,应详细说明。例如,需要购买的软件、硬件等;确定责任方应用 BIM 所需的能力水平。项目团队需要知道 BIM 应用的细节,以及其在特定项目中实施的方法。如果已有能力不足,需要额外培训时,应详细说明;确定责任方是否具备应用 BIM 所需的经验。团队经验对于 BIM 应用的成功与否至关重要。如果已有经验不足,需要额外技术支持时,应详细说明。

④标示每项 BIM 应用的额外应用点价值和风险。项目 BIM 团队在清楚每项 BIM 应用点价值的同时,也要清楚可能产生的额外项目风险。这些额外应用价值和风险应该在表格的"备注"中说明。

⑤决定是否应用 BIM。项目 BIM 团队应该详细讨论每项 BIM 应用的可能性,确定某项 BIM 是否适合项目和团队的特点。这需要项目 BIM 团队确定潜在价值或效益的同时,均衡考虑需要投入的成本。项目 BIM 团队也需要考虑应用或不应用某项 BIM 对应的风险。例如,应用一些 BIM 会显著降低项目总体风险,然而它们也可能将风险从一方转移到另一方;应用 BIM 可能会增加个别团队完成本职工作任务的风险。在考虑所有因素之后,项目 BIM 团队需要做出是否应用各项备选 BIM 的决定。当项目团队决定应用某项 BIM 时,判断是否应用其他 BIM 就变得很容易,因为项目 BIM 团队成员可以利用已有的信息。例如,如果决定完成建筑、结构、机电的 BIM 建模,那么实现专业协调就变得简单。

3.3.2.3 BIM 实施流程

确定 BIM 应用目标和技术后,要设计 BIM 应用流程。应该从 BIM 应用的总体流程设计开始,定义 BIM 应用的总体顺序和信息交换过程全貌,如图 3-10 所示,这能使团队的所有成员清晰地了解 BIM 应用的整体情况,以及相互之间的配合关系。

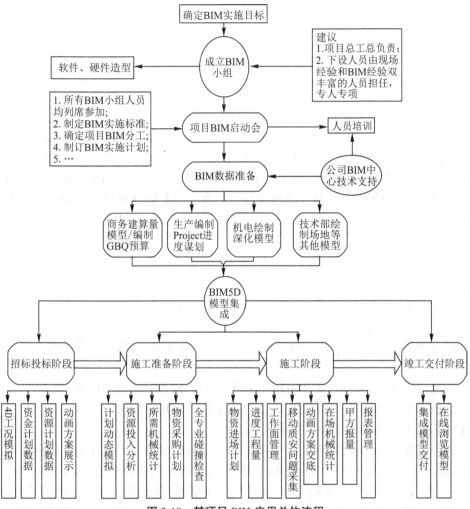

图 3-10　某项目 BIM 应用总体流程

总体流程确定后,各专业分包团队就可以设计二级(详细)流程。例如,总体流程图显示的是深化设计建模、成本估算和 4D 模拟等 BIM 应用的总体顺序和关联,而细化的 BIM 应用流程图显示的是某一专业分包团队(或几个专业分包团队)完成某一 BIM 应用(如深化设计建模)所需要完成的各项任务的流程图。详细的流程图也要确定每项任务的责任方、引用的信息内容,将创建的模型及与其他任务共享的信息;通过二级流程图制作,项目团队不仅可以快速完成流程设计,也可作为识别其他重要的 BIM 应用信息,包括合同结构、BIM 交付需求和信息技术基础架构等。

1.整体流程

BIM 应用流程总图的设计可参考如下过程。

(1)将所有应用的 BIM 加入总图。一旦项目确认了将要应用的 BIM 应用点,项目就应该开始设计 BIM 应用流程总图,将每项选定的 BIM 加入总图。如果某项 BIM 在项目的全生命周期多个阶段应用,则每处应用点都要表达。

(2)根据项目进度调整 BIM 应用顺序。项目团队建立了 BIM 应用总图后,应按照项目实施顺序调整 BIM 应用顺序。建立总图的目的之一就是标示项目每个阶段(施工深化、施工管理、竣工验收)应用的 BIM,使项目团队成员清晰每个阶段 BIM 应用的重点。在总图上,也应该简单地标示出 BIM 模型和成果交付的计划。

(3)确认各项 BIM 应用任务的责任方。为每项 BIM 应用任务确认一个责任方。对某些 BIM 应用,责任方很明确;对某些 BIM 应用,责任方并不容易判定。不管在哪种情况下,都应该考虑用最胜任的团队来完成相关任务。另外,有些任务可能需要多个团队配合完成,那么确认的责任方负责协调各方工作,明确完成 BIM 应用所需信息及 BIM 的成果。

(4)确定支持 BIM 应用的信息交换。BIM 策划总图应包含的关键内容是信息交换,这些信息交换有时是针对某项 BIM 应用内部的特定过程,有时是 BIM 应用之间不同责任方的信息共享。总的来说,将从一方传递给另一方的所有信息都标示出来非常重要。在当前的技术环境下,虽然也有共享数据库的方式,但更多的还是靠传递数据文件完成。

2.分项流程

BIM 应用流程总图创建后,应该为每项 BIM 应用创建二级流程图(流程详图),清晰地定义完成 BIM 应用的任务顺序。企业环境和项目环境的不同,导致具体实现每项 BIM 应用的方法不同,应根据项目的具体情况和企业的目标定制流程详图。流程详图涉及三类信息,即参考信息、流程任务、信息交换。

(1)参考信息:来自企业内部或外部的结构化信息资源,支持工程任务的开展和 BIM 应用。

(2)流程任务:完成某项 BIM 应用的多项流程任务,按照逻辑顺序展开。

(3)信息交换:BIM 应用的成果,作为资源支持后续 BIM 应用。

BIM 应用流程详图的制作可参考如下过程。

(1)以实际工程任务为基础,将 BIM 应用逐项分解成多个流程任务。根据工程任务的实际需求,将 BIM 应用分解成若干核心任务,按照相应顺序用矩形节点表达。

(2)定义各任务之间的依赖关系。通过连线和箭头,表达各项任务之间的依赖关系,表明各项任务的前置任务和后置任务。有些时候一项任务有多个前置任务或后置任务。

(3)补充其他信息。将支持 BIM 应用的信息资源作为参考信息加入流程图,例如,造价定额库、气象数据、产品目录数据等;补充所有的信息交换(外部、内部)内容;补充责任方信息,为每项任务指定负责人。

(4)添加关键的验证节点。验证节点用于控制 BIM 应用的工作质量,是质量保障体系的一部分。基于判定,指引流程的流转。验证节点也是项目团队决策的关键点。

(5)检查、精简流程图,以便 BIM 应用流程详图今后可以用于其他项目,所以在项目实施过程中,应该不断检查修改、精简和对比分析。

3.3.2.4 BIM 组织及工作职责

1.BIM 组织架构

项目初期可配备专门的团队完成 BIM 应用,以及对项目管理人员的 BIM 应用进行培训;后期可由项目管理人员自行进行 BIM 应用,BIM 团队负责人、各专业 BIM 负责人及 BIM 工程师可由项目管理人员专职或兼职,项目 BIM 中心(管理部)宜由 BIM 总牵头单位与分包方 BIM 小组共同组成,人员数量根据项目大小进行调整,各专业分包单位 BIM 小组在项目

BIM 团队负责人的统一管理和组织下开展 BIM 工作。BIM 组织架构如图 3-11 所示。

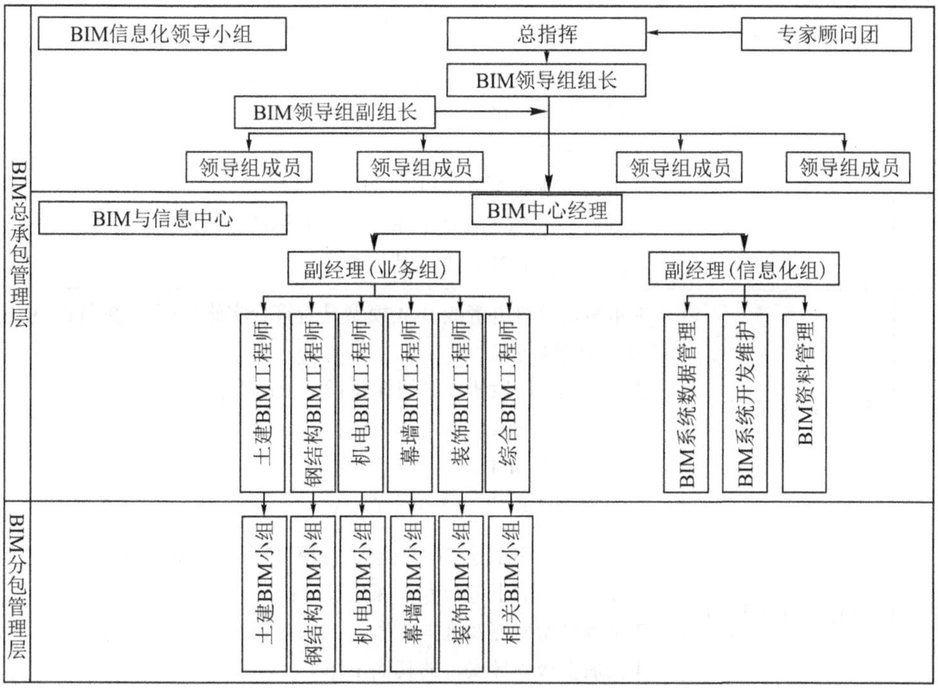

图 3-11　某项目 BIM 组织架构

2.BIM 工作职责

项目 BIM 团队及参与 BIM 应用的管理人员需明确自己的 BIM 工作职责,了解或掌握 BIM 知识和相关应用技术,在同一个框架内进行 BIM 的相关工作,共同进行项目管理。

(1)BIM 团队工作职责。BIM 团队工作职责如表 3-1 所示。

表 3-1　BIM 团队工作职责

序号	专业/岗位	BIM 工作职责
1	BIM 团队负责人	1.编制项目中的各类 BIM 标准及规范,如 BIM 实施方案、编制机电管线综合原则等; 2.负责对 BIM 工作进度进行管理与监控; 3.组织、协调人员进行各专业 BIM 模型的搭建、深化设计、二维出图等工作; 4.负责各专业的综合协调工作(阶段性管线综合控制、专业协调等); 5.统筹分包 BIM 管理工作开展; 6.负责 BIM 交付成果的质量管理,包括阶段性检查及交付检查等,组织解决存在的问题; 7.负责对外数据接收或交付,配合业主及其他相关合作方检验,并完成数据和文件的接收或交付

序号	专业/岗位	BIM 工作职责
2	土建 BIM 负责人	1.审核设计土建 BIM 模型是否符合要求； 2.组织专业深化设计； 3.负责模型应用工作； 4.协调专业间人员的沟通工作； 5.负责分包 BIM 管理工作(钢结构、幕墙、精装修等)； 6.配合项目 BIM 负责人其他工作
3	机电 BIM 负责人	1.审核设计机电管线 BIM 模型是否符合实施导则、实施标准、机电管线综合原则要求； 2.组织施工阶段机电管线深化设计及出图； 3.协调专业间人员的沟通工作； 4.负责分包 BIM 管理工作(机电)； 5.配合项目 BIM 负责人其他工作
4	土建 BIM 工程师	1.基于设计院土建 BIM 模型进行模型深化,添加 BIM 构件信息； 2.配合项目需求进行专业深化设计； 3.负责模型变更及维护工作； 4.完成上级领导安排的其他工作
5	机电 BIM 工程师	1.基于设计院机电管线 BIM 模型进行进一步模型深化,添加 BIM 构件信息； 2.机电管线深化出图； 3.负责项目 BIM 机电族库的构件模型建立,完善构件库的更新与维护； 4.完成上级领导安排的其他工作
6	幕墙 BIM 工程师	1.依据幕墙设计图纸等相关文件进行 BIM 深化设计,创建幕墙深化设计模型； 2.依据现场具体情况及进度进行幕墙安装模拟,将幕墙技术参数等信息输入模型
7	钢结构 BIM 工程师	1.依据钢结构设计图纸等相关文件进行 BIM 深化设计,创建钢结构深化设计模型； 2.依据现场具体情况及进度进行钢结构安装模拟,将钢结构技术参数等信息输入模型。
8	精装修 BIM 工程师	1.依据精装设计图纸等相关文件进行 BIM 深化设计,创建精装深化设计模型； 2.依据现场具体情况及进度进行精装修安装模拟,将精装修技术参数等信息输入模型
9	其他分包 BIM 工程师	配合总包 BIM 管理部进行模型的创建与信息的完善,为项目实施 BIM 应用提供支持,并定期参与 BIM 会议,听从总包 BIM 管理部安排

（2）项目管理人员 BIM 职责。项目管理人员 BIM 职责如表 3-2 所示。

表 3-2　项目管理人员 BIM 职责

序号	专业/职务	BIM 工作职责
1	项目经理	领导并审核 BIM 管理部的各项工作,掌握 BIM 工作的进展,及时获知 BIM 数据并进行判断,解决 BIM 管理部与外单位的协调事宜
2	项目总工	全面协调 BIM 工作各项事宜,协助 BIM 管理部收集项目各类 BIM 需求,对 BIM 以数据及成果进行分析判断,负责 BIM 在进度、平面、技术等各项管理中的工作开展
3	生产经理	协调 BIM 在现场、进度、平面管理中的各项事宜,收集现场管理中的 BIM 需求,学习并掌握 BIM 模型的使用方法,及时反馈 BIM 模型与现场的对比情况及 BIM 数据的正确性
4	商务部经理	全面学习 BIM 知识,熟悉 BIM 应用价值点,及时提出 BIM 工作需求,使用并分析 BIM 模型和相关数据,反馈现场数据与 BIM 管理部
5	其他管理人员	领导并审核 BIM 管理部的各项工作,掌握 BIM 工作的进展,及时获知 BIM 数据并进行判断,解决 BIM 管理部与外单位的协调事宜

3.3.2.5　BIM 实施保障措施

1.BIM 实施的组织保障

BIM 实施的目的是要为企业带来效益,提升管理水平和生产能力。从长远来看,要保证 BIM 实施工作的正常运转、支持业务工作、持续优化改进。建立起相应的组织保障体系是 BIM 成功实施的重要基础。

1）建立 BIM 中心

企业在 BIM 实施前需要建立企业级的 BIM 中心,其职能主要是负责企业 BIM 的整体实施规划、技术标准规范的制定、完善软硬件的选型和系统构建、BIM 技术应用的企业级基础数据库的建立、实施流程和相关制度的制定、人员培训考核等。

目前,国内许多施工企业已经开始筹建 BIM 中心,其主要构成为:

（1）管理组。其职责是以 BIM 实施管理为工作重心,特别是随着 BIM 实施的逐步深入,信息资源的不断积累,有责任制定相关的制度和政策对资源进行相应的管理、利用。

（2）业务组。各业务部门的业务专家需要担任诸如 BIM 项目经理一类的角色,因此,该团队是一个围绕业务为核心的组织,他们是最能准确提出 BIM 应用需求的人,最终对 BIM 实施效果也能做出有效的总结和评价。

（3）信息化组。职责包括 BIM 技术支持和 BIM 资源管理两方面。技术支持主要负责企业软硬件、网络资源的维护、BIM 技术的研究与应用开发;资源管理需要完成企业 BIM 资源的整体规划、数据管理与维护、权限管理等工作,以达到企业的 BIM 资源能高度共享和重用的目的。

BIM 中心的建立有助于全盘规划 BIM 技术的应用路线,有助于企业基础数据库的积累,形成基于 BIM 模型的协同和共享平台,解决上下游信息不对称的局面,解决企业内部管理系统缺少基础数据的困境,为企业各职能部门的管理提供数据支撑,让各项目在实施BIM的时候有标准可循,有方法可依,促进公司整体 BIM 技术应用水平和能力的提升。

2)培养 BIM 专业人才队伍

一个企业的 BIM 技术应用能力和生产力的高低,取决于 BIM 专业人才的完整性和胜任程度,BIM 技术相关应用需在相应的岗位上配置相应的 BIM 专业人才,从而应用 BIM 技术支持和完成工程项目全生命周期过程中各种专业任务。在施工企业中,BIM 专业应用人才包括项目管理、施工计划、施工技术、工程造价人员等。可以从职能上将施工企业 BIM 专业队伍划分为以下几类:

(1)BIM 战略总监。BIM 战略总监属于企业级的 BIM 管理岗位,其主要职责是负责企业 BIM 的总体发展战略和整体实施,对企业 BIM 规划和推进进行全盘把控。该职位需要对施工业务和技术有一定的管理经验,并对 BIM 技术的应用价值有系统了解和深入认识。BIM 战略总监不一定要求会操作 BIM 应用软件,但对 BIM 技术的基本原理和国内外应用现状、BIM 技术给建筑业带来的价值和影响、BIM 技术在施工行业的应用价值和实施方法、BIM 技术实施应用环境等知识需要有深刻的认识。可以结合企业自身条件和行业发展趋势规划适合企业的 BIM 发展战略。

(2)BIM 项目经理。BIM 项目经理是针对具体实施 BIM 项目的管理岗位,需要在每个实施的项目上,负责 BIM 项目的规划、管理和执行。该岗位通常由原施工项目的项目经理或项目技术总工担任,具有丰富的项目管理经验。但在 BIM 实施初期,他们对于BIM 技术的专业知识比较欠缺,需要对 BIM 技术的各个应用价值点和具体实施流程进行系统性的学习,能够自行或通过调动资源解决工程项目 BIM 应用中的技术和管理问题。

(3)BIM 模型工程师。BIM 模型工程师分为两类:一类任职于企业直属于 BIM 中心,职责主要是构建企业级的 BIM 建模规范和标准,包括标准构件库的开发和积累,让各个 BIM 实施项目可以直接复用这些建模规范和标准构件;另一类任职于项目部,其主要职责是建立项目实施过程中需要的各种 BIM 模型,根据项目需求通过 BIM 建模提供相应的模型数据和信息。由于建筑的专业性要求,通常每个建筑专业需要配备至少一名模型工程师,也可以依据项目的特点而定,针对一些大型项目,每个专业甚至可能需要两到三名模型工程师才能满足项目进度。但无论如何,土建、结构和机电专业的模型工程师是必不可少的,至于幕墙、精装等专业的建模,则视项目的具体需求而定。无论哪个专业的模型工程师,都需要对相应的专业设计规范和要求非常熟悉。初期他们可以通过各专业的设计软件供应商所提供的培训来迅速提升 BIM 建模能力。

(4)BIM 专业分析工程师。BIM 专业分析工程师的主要职责是利用 BIM 模型对工程项目的整体质量、效率、成本、安全等关键指标进行分析、模拟、优化,提出对该项目的 BIM模型进行调整的建议,从而实现高效、优质和低价的项目总体目标的实现和产品的交付。与模型工程师一样,企业级的 BIM 中心和项目上的 BIM 团队都需要这个职位。前者主要负责制定数据分析的关键指标和交付标准,后者负责实施项目的业务数据分析。这个岗位需要由业务经验非常丰富的工程师担任,因为他们的分析方法和输出的结果,会直接影响项目进度、质量、成本等核心问题

(5)BIM 信息应用工程师。BIM 信息应用工程师主要工作是基于 BIM 模型完成不同

业务管理的工作。他们主要任职于实施 BIM 的项目上。在实施 BIM 技术之前，他们需要的应用数据可能来自二维图纸、项目管理系统等不同信息源，有了 BIM 应用软件，就要求 BIM 信息应用工程师在统一的 BIM 模型里提取相关的业务数据，以支撑日常的项目管理。例如，负责施工进度的人员，需要从 BIM 模型中实时获取相关的施工进度、流水段信息、工作面交接信息等，而负责材料管理的人员则需要从 BIM 模型中提取相应的材料总量等信息。这类 BIM 应用人员是比较容易培养的，他们原本就在各自的业务岗位上担任相应的管理工作，实施 BIM 技术之后，区别就在于他们的业务数据和决策数据来源发生了变化。

3）选择好合作单位

目前大多数企业专业化的 BIM 人才紧缺，具有全面的 BIM 技术能力的人更少，能独立承担项目 BIM 实施工作的人才匮乏。因此，企业需要选择好的合作单位辅助 BIM 实施，主要包括专业的软件供应商和 BIM 咨询两类企业。前者主要解决软件的实际操作和应用过程中的技术服务问题，后者则从 BIM 技术实施规划、实施流程及数据分析等方面协助企业的 BIM 团队进行完整的实施，从理论和实践角度共同提升企业 BIM 的应用能力。

一方面，BIM 应用的落地需要有专业的软件供应商，结合企业自身的需求和目标合理选型。应选择专业强、综合实力强、技术能力强、产品链长、服务有保障的软件供应商建立长期合作伙伴关系。软件供应商的选择是一个系统的、全面的、科学的策划过程，需要在整体规划指导下，系统性地选择软件供应商，综合考虑供应商的价格、技术能力、开发能力、实施能力、服务保障等。另一方面，BIM 技术实施不仅包含应用软件，还需要先进的管理理念。施工企业需要转变意识，借助外部资源，选择适合的 BIM 技术服务单位或 BIM 咨询公司，充分利用他们的专业能力和经验，避免在实施过程中走弯路。

2.BIM 相关标准保障

在 BIM 实施的过程中，BIM 配套标准是有力的保障。主要包括 BIM 技术标准和 BIM 应用标准两大类。技术标准包括建模标准和数据交互标准；应用标准则指的是 BIM 技术全生命周期中各个环节的 BIM 技术应用流程规范和数据交付标准。通过标准的建设，能有效保障各个实施项目遵循统一的规则和标准，避免大家各自为政，以便普及应用。

目前，我国的 BIM 标准还在建立和完善过程中，比较缺乏可以直接借鉴的完整的 BIM 相关标准，企业可以通过两个途径逐步建立自己的 BIM 企业标准。一是借助有具体项目实施经验的 BIM 咨询公司，结合企业自身的技术情况和管理特点，一起编写相应的标准。二是可以参考目前已经颁布的一些 BIM 标准，例如北京市地方标准《北京市民用建筑信息模型设计标准》（DB11/T 1069—2014），这是我国第一部地方 BIM 技术应用标准。国家及地方标准也相继出台。由中国建筑标准设计研究院承担编制的 BIM 国家标准《建筑信息模型分类和编码标准》（GB/T 51269—2017）、《建筑信息模型设计交付标准》（GB/T 51301—2018）分别于 2018 年 5 月 1 日和 2019 年 6 月 1 日正式实施，这意味着我国 BIM 技术的发展逐渐正规化和标准化，为企业应用 BIM 技术提供了基础标准规范，使得企业后续推行 BIM 应用有章可循。

企业应通过不断的应用与实践来持续地完善和优化业务流程、标准和规范，逐步形成一套完整的企业 BIM 实施规范体系。

3.3.3　全生命周期不同阶段的 BIM 应用

（1）BIM 在项目前期策划阶段的应用。项目前期策划阶段对整个建筑工程项目的影响是很大的。前期做得好，随后进行的设计、施工就会进展顺利；而前期策划做得不好，将会对后序各个工程阶段造成不良的影响。美国 HOK 建筑师事务所总裁帕特里克·麦克利米（Patrick Macleamy）提出过一张具有广泛影响的麦克利米曲线（Macleamy Curve）（见图 3-12），清楚地说明了项目前期策划阶段的重要性及实施 BIM 对整个项目的积极影响。

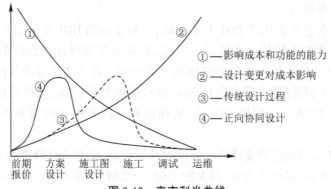

①——影响成本和功能的能力
②——设计变更对成本影响
③——传统设计过程
④——正向协同设计

前期　方案　施工图　施工　调试　运维
报价　设计　设计

图 3-12　麦克利米曲线

图 3-12 分析了项目的全生命周期进程中相关事物随时间的一些变化趋势。图中的曲线①代表了影响成本和功能特性的能力（Ability to Impact Cost and Functional Capabilities），它表明在项目前期阶段的工作对于成本、建筑物的功能影响力是最大的，越往后这种影响力就越小。而曲线②则代表了设计改变的费用（Cost of Design Changes），它的变化显示了在项目前期改变设计所花费的费用较低，越往后期费用就越高。这也与潜在的项目延误、浪费和增加交付成本有着直接的关联。

由于上述原因，在项目的前期就应当及早应用 BIM 技术，使项目所有利益相关者能够早一点在一起参与项目的前期策划，让每个参与方都可以及早发现各种问题并做好协调工作，以保证项目的设计、施工和交付能顺利进行，减少各种不必要的浪费和延误。

BIM 技术应用在项目前期的工作有很多，包括现状建模与模型维护、场地分析、成本估算、阶段规划、规划编制、建筑策划等。

现状建模包括根据现有的资料把现状图纸导入到基于 BIM 技术的软件中，创建出场地现状模型，包括道路、建筑物、河流、绿化及高程的变化起伏，并根据规划条件创建出本地块的用地红线及道路红线，并生成面积指标。

在现状模型的基础上根据容积率、绿化率、建筑密度等建筑控制条件创建工程的建筑体块各种方案，创建体量模型。做好总图规划、道路交通规划、绿地景观规划、竖向规划及管线综合规划。然后就可以在现状模型上进行概念设计，建立起建筑物初步的 BIM 模型。接着要根据项目的经纬度，借助相关的软件采集此地的太阳及气候数据，并基于 BIM 模型数据利用相关的分析软件进行气候分析，对方案进行环境影响评估，包括日照环境影响、风环境影响、热环境影响、声环境影响等的评估。对某些项目，还需要进行交通影响模拟。

在项目前期的策划阶段,不可忽略的一项工作就是投资估算。对于应用 BIM 技术的项目,由于 BIM 技术强大的信息统计功能,在方案阶段,可以获取较为准确的土建工程量,既可以直接计算本项目的土建造价,大大提高估算的准确性,同时还可提供对方案进行补充和修改后所产生的成本变化。这可用于不同方案的对比,可以快速得出成本的变动情况,权衡出不同方案的造价优劣,为项目决策提供重要而准确的依据。这个过程也使设计人员能够及时看到他们设计上的变化对于成本的影响,可以帮助抑制由于项目修改引起的预算超支。

由于 BIM 技术在投资估算中是通过计算机自动处理烦琐的数据计算工作的,这就大大减轻了造价工程师的计算工作量,造价工程师可以利用省下来的时间从事更具价值的工作,如确定施工方案、评估风险等,这些工作对于编制高质量的预算非常重要。专业的造价工程师能够细致考虑施工中许多节省成本的专业问题,从而编制出精确的成本预算。这些专业知识可以为造价工程师在成本预算中创造真正的价值。

最后就是阶段性实施规划和设计任务书的编制。设计任务书应当体现出应用 BIM 技术的设计成果,如 BIM 模型、漫游动画、管线碰撞报告、工程量及经济技术指标统计表等。

(2)BIM 在项目设计阶段的应用。从 BIM 的发展历史可以知道,BIM 最早的应用就是在建筑设计阶段,然后扩展到建筑工程的其他阶段。

BIM 在建筑设计阶段的应用范围很广,无论在设计方案论证方面,还是在设计创作、协同设计、建筑性能分析、结构分析,以及在绿色建筑评估、规范验证、工程量统计等许多方面都有广泛的应用。

BIM 为设计方案的论证带来了很多的便利。由于 BIM 的应用,传统的 2D 设计模式已被 3D 模型所取代,3D 模型所展示的设计效果十分方便评审人员、业主和用户对方案进行评估,甚至可以就当前的设计方案讨论可施工性的问题、削减成本和缩短工期等问题,经过审查最终为修改设计提供可行的方案。由于是用可视化方式进行的,可获得来自最终用户和业主的积极反馈,使决策的时间大大减少,促成了共识。

设计方案确定后就可深化设计,BIM 技术继续在后续的建筑设计中发挥作用。由于基于 BIM 的设计软件以 3D 的墙体、门、窗、楼梯等建筑构件作为构成 BIM 模型的基本图形元素。整个设计过程就是不断确定和修改各种建筑构件的参数,全面采用可视化的参数化设计方式进行设计的过程。而且这个 BIM 模型中的构件实现了数据关联、智能互动。

所有的数据都集成在 BIM 模型中,其交付的设计成果就是 BIM 模型。至于各种平、立、剖面 2D 图纸都可以根据模型随意生成,各种 3D 效果图、3D 动画的生成也是这样。这就为生成施工图和实现设计可视化提供了方便。由于生成的各种图纸都是来源于同一个建筑模型,因此所有的图纸和图表都是相互关联的,同时这种关联互动是实时的。在任何视图上对设计进行的任何更改,就等同对模型的修改,都马上可以在其他视图上关联的地方反映出来。这就从根本上避免了不同视图之间出现的不一致现象。

BIM 技术为实现协同设计开辟了广阔的前景,使不同专业甚至是身处异地的设计人员都能够通过网络在同一个 BIM 模型上展开协同设计,使设计能够协调地进行。

以往应用2D绘图软件进行建筑设计,平、立、剖面各种视图之间不协调的事情时有发生,即使花了大量人力、物力对图纸进行审查仍然未能把不协调的问题全部改正。有些问题到了施工过程才能发现,给材料、成本、工期造成了很大的损失。应用BIM技术后,通过协同设计和可视化分析就可以及时解决上述设计中的不协调问题,保证了施工的顺利进行。例如,应用BIM技术可以检查建筑、结构、设备平面图布置有没有冲突,楼层高度是否适宜;楼梯布置与其他设计布置是否协调;建筑物空调、给水排水等各种管道布置与梁柱位置有没有冲突和碰撞,所留的空间高度、宽度是否恰当……这就避免了使用2D的CAD软件进行建筑设计时容易出现的不同视图、不同专业设计图不一致的现象。

除了做好设计协调,BIM模型中包含的建筑构件的各种详细信息,可以为建筑性能分析(节能分析、采光分析、日照分析、通风分析等)提供条件,而且这些分析都是可视化的。这样,就为绿色建筑、低碳建筑的设计,乃至建成后进行的绿色建筑评估提供了便利。这是因为BIM模型中包含了用于建筑性能分析的各种数据,同时各种基于BIM的软件提供了良好的交换数据功能,只要将模型中的数据通过诸如IFC、GBXML等交换格式输入到相关的分析软件中,很快就能得到分析的结果,为设计方案的最后确定提供了保证。

BIM模型中信息的完备性也大大简化了设计阶段对工程量的统计工作。模型中每个构件都与BIM模型数据库中的成本项目是相关的,当设计师在BIM模型中对构件进行变更时,成本估算会实时更新,而设计师随时可看到更新的估算信息。

以前应用2D的CAD软件进行设计时,由于绘制施工图的工作量很大,建筑师无法花很多的时间对设计方案进行精心的推敲,因为绘制施工图及后期的调整也需要大量的时间。而应用时间BIM技术进行设计后,建筑师能够把主要的精力放在建筑设计的核心工作设计构思和相关的分析上。只要完成了设计构思,确定了BIM模型的最后构成,马上就可以根据模型生成各种施工图,只需用很少的时间就能完成施工图。由于BIM模型良好的协调性,因此在后期需要调整设计的工作量是很少的。这样建筑设计的质量就得到了保证。

应用BIM技术后,整个设计流程有别于传统的CAD设计流程,建筑师可以有更多的时间进行建筑设计构思和相关分析,只需要较少的时间就可以完成施工图及后期的调整,设计质量也得到明显的提高。

工程量统计以前是一个通过人工读图、逐项计算的体力活,需要大量的人员和时间。而应用BDM技术,通过计算软件可从BIM模型中快速、准确地提取数据,很快就能得到准确的工程量计算结果,能够提高工作效率。

(3)BIM在项目施工阶段的应用。在当前国内蓬勃发展的经济建设中,房地产是我国的支柱产业之一,房地产的速度发展也给房地产企业带来了丰厚利润,国务院发展研究中心在2012年出版的《中国住房市场发展趋势与政策研究》专门论述了房地产行业利率偏高的问题。据统计,2003年前后,我国房地产行业的毛利润率大致在20%左右,但随着房价的不断上涨,2007年之后年均达到30%左右,超出工业整体水平约10个百分点。

对照房地产业的高利润,我国建筑业产值利润却低得多,根据有关统计,2011年我国建筑业产值利润率仅为3.6%。其原因是多方面的,但其中的一个重要原因就是建筑业的企业管理落后,生产方式陈旧,导致错误浪费不断,返工与工期延误经常出现,劳动生产率低下。

从麦克利米曲线图也可以看出,到了施工阶段,对设计的任何改变,其成本是很高的。如果不在施工开始之前,把设计存在的问题找出来,就需要付出高昂的代价。如果没有科学、合理的施工计划和施工组织安排,也需要为造成的返工、延误、浪费付出额外的费用。

根据以上分析,施工企业对于应用新技术、新方法来减少错误、浪费,消除返工、延误,从而提高劳动生产率,带动利润上升的积极性是很高的。生产实践也证明,BIM 在施工中的应用可以为企业带来巨大收益。

事实上,伴随着 BIM 概念在我国建筑行业内不断被认知和认可,BIM 技术在施工实践中不断展现其优越性,使其对建筑业的生产活动产生极为重要和深刻的影响,而且应用的效果也是非常显著的。

BIM 技术在施工阶段可以有如下多个方面的应用:3D/管线综合、支持深化设计、场地使用规划、施工系统设计,施工进度模拟、施工组织模拟、数字化建造、施工质量与进度控制、物料跟踪等。

BIM 在施工阶段的这些应用,主要有赖于应用 BIM 技术建立起的 3D 模型。3D 模型提供了可视化的手段,为参加工程项目的各方展现了 2D 图纸所不能给予的视觉效果和认知角度,这就为碰撞检查和 3D 协调提供了良好的条件。同时,可以建立基于 BIM 的包含进度控制的 4D 的施工模型,实现虚拟施工;更进一步,还可以建立基于 BIM 的包含成本控制的 5D 模型。这样就能有效控制工期安排,减少返工,控制成本,为创造绿色、环保、低碳施工等提供有力的支持。

应用 BIM 技术可以为建筑施工带来新的面貌。

第一,可以应用 BIM 技术解决一直困扰施工的问题。在施工开始前,利用 BIM 模型的 3D 可视化特性对各个专业(建筑、结构、给水排水、机电、消防、电梯等)的设计进行空间协调,检查各个专业管道之间的碰撞及管道与房屋结构中的梁、柱的碰撞。如发现碰撞则及时调整,以较好地避免施工中管道发生碰撞和拆除重新安装的问题。

第二,施工企业可以在 BIM 模型上对施工计划和施工方案进行分析模拟,充分利用空间和资源,消除冲突,得到最优施工计划和方案。特别是在复杂区域应用 3D 的 BIM 模型,直接向施工人员进行施工交底和作业指导,使效果更加直观、方便。

第三,通过应用 BIM 模型对新形式、新结构、新工艺和复杂节点等施工难点进行分析模拟,可以改进设计方案实现设计方案的可施工性,使原本在施工现场才能发现的问题尽早在设计阶段就得到解决,以达到降低成本、缩短工期、减少错误和浪费的目的。

第四,BIM 技术还为数字化建造提供了坚实的基础。数字化建造的大前提是要有详尽的数字化信息,而 BIM 模型正是由数字化的构件组成,所有构件的详细信息都以数字化的形式存放在 BIM 模型的数据库中。而像数控机床这些用作数字化建造的设备需要的就是这些描述构件的数字化信息,这些数字化信息为数控机床提供了构件精确的定位信息,为数字化建造提供了必要条件。通常需要应用数控机床进行加工的构件大多数是一些具有自由曲面的构件,它们的几何尺寸信息和顶点位置的 3D 坐标都需要借助一些算法才能计算出来,这是 2D 的 CAD 软件难以完成的,而在基于 BIM 技术的设计软件中则没有这些问题。

其实,施工中应用 BIM 技术最为令人称道的一点就是对施工实行了科学管理。

通过 BIM 技术与 3D 激光扫描、视频、照相、GPS(Global Positioning System,全球定位系统)、移动通信、RFID(Radio Frequency Identification,射频识别)、互联网等技术的集成,可以实现对现场的构件、设备及施工进度和质量的实时跟踪。

通过 BIM 技术和管理信息系统集成,可以有效支持造价、采购、库存、财务等的动态和精确管理,减少库存开支,在竣工时可以生成项目施工模型和相关文档,有利于后续的运营管理。

BIM 技术的应用大大改善了施工方与其他各方的沟通,业主、设计方、预制厂商、材料及设备供应商、用户等可利用 BIM 模型的可视化特性与施工方进行沟通,提高效率,减少错误。

(4)BIM 在项目运营维护阶段的应用。建筑物的运营维护阶段,是建筑物全生命周期中最长的一个阶段,这个阶段的管理工作是很重要的。由于需要长期运营维护,对运营维护的科学安排能够使运营的质量提高,同时也会有效地降低运营成本,从而给管理工作带来全面的提升。

美国国家标准与技术研究院(National Institute of Standards and Technology,简称 NIST)在 2004 年进行了一次调查研究,目的是预估美国重要的设施行业(如商业建筑、公共设施建筑和工业设施)中的效率损失。研究报告指出:根据访谈和调查回复,在 2002 年不动产行业中每年的互用性成本量化为 158 亿美元。在这些费用中,三分之二是由业主和运营商承担,这些费用的大部分是在设施持续运营和维护中花费的。除了量化的成本,受访者还指出,还有其他显著的效率低下和失去机会的成本相关的互用性问题,超出了我们的分析范围。因此,价值 158 亿美元的成本估算在这项研究中很可能是一个保守的数字。

的确,在不少设施管理机构中每天仍然在重复低效率地工作:使用人工计算建筑管理的各种费用;在一大堆纸质文档中寻找有关设备的维护手册;花了很多时间搜索竣工平面图但是毫无结果,最后才发现他们从一开始就没收到该平面图。这正是前面说到的因为没有解决互用性问题造成的效率低下。

由此可以看出,提高设施在运营维护阶段的管理水平,降低运营和维护的成本问题亟须解决。

随着 BIM 的出现,设施管理者看到了希望的曙光,特别是一些应用 BIM 进行设施管理的成功案例使管理者们增强了信心。由于 BIM 中携带了建筑物全生命周期高质量的建筑信息,业主和运营商便可降低由于缺乏操作性而导致的成本损失。

在运营维护阶段,BIM 可以有如下这些方面的应用:竣工模型交付;维护计划;建筑系统分析;资产管理;空间管理与分析;防灾计划与灾害应急模拟。

将 BIM 应用到运营维护阶段后,运营维护管理工作将出现新的面貌。施工方交工后,应对建筑物进行必要的测试和调整,按照实际情况提交竣工模型。由于从施工方那里接收了用 BIM 技术建立的竣工模型,运营维护管理方就可以在这个基础上,根据运营维护管理工作的特点,对竣工模型进行充实、完善,然后以 BIM 模型为基础,建立起运营维护管理系统。

这样,运营维护管理方得到的不只是常规的设计图纸和竣工图纸,还能得到反映建筑物真实状况的 BIM 模型,里面包含施工过程记录、材料使用情况、设备的调试记录及状态等与运营维护相关的文档和资料。BIM 能将建筑物空间信息、设备信息和其他信息有机地整合起来,结合运营维护管理系统可以充分发挥空间定位和数据记录的优势,合理制订运营、管理、维护计划,尽可能降低运营过程中的突发事件。

BIM 可以帮助管理人员进行空间管理,科学地分析建筑物的空间现状,合理规划空间的安排,确保其充分利用。应用 BIM 可以处理各种空间变更的请求,合理安排各种应用的需求,并记录空间的使用、出租、退租的情况,还可以在出租合同到期日前设置到期自动提醒功能,实现空间的全过程管理。

应用 BIM 可以大大提高各种设施和设备的管理水平。可以通过 BIM 建立维护工作的历史记录,以便对设施和设备的状态进行跟踪,对一些重要设备的适用状态提前预判,并自动根据维护记录和保养计划提示到期需保养的设施和设备,对故障的设备从派工维修到完工验收、回访等均进行记录,实现过程化管理。此外,BIM 模型的信息还可以与停车场管理系统、智能监控系统、安全防护系统等系统进行连接,实行集中后台控制和管理很容易实现各个系统之间的互联互通和信息共享,有效地帮助进行更好的运营维护管理。

以上工作都属于资产管理工作,如果基于 BIM 的资产管理工作与物联网结合起来,将能很好地解决资产的实时监控、实时查询和实时定位问题

基于 BIM 模型丰富的信息,可以应用灾害分析模拟软件模拟建筑物可能遭遇的各种灾害发生与发展过程,分析灾害发生的原因,根据分析结果制定防止灾害发生的措施,以及制订各种人员疏散、救援支持的应急预案。灾害发生后,可以以可视化方式将受灾现场的信息提供给救援人员,让救援人员迅速找到通往灾害现场最合适的路线,采取合理的应对措施,提高救灾的成效。

3.4　BIM 技术质量管理与控制体系

3.4.1　基于 BIM 的质量控制要点确定

BIM 模型是建筑全生命周期中各相关方共享的工程信息资源,也是各相关方在不同阶段制定决策的重要依据。BIM 实施团队应该明确 BIM 应用的总体质量控制方法。确保每个阶段信息交换前的模型质量,所以在 BIM 应用流程中要加入模型质量控制的判定节点,在模型交付之前,应增加 BIM 模型检查的重要环节,以有效地保证 BIM 模型的交付质量。每个 BIM 模型在创建之前,应该预先计划模型创建的内容和细度、模型文件格式,以及模型更新的责任方和模型分发的范围。项目经理在质量控制过程中应该起到协调控制的作用,作为 BIM 应用的负责人应该参与所有主要 BIM 协调和质量控制活动,负责解决可能出现的问题,保持模型数据的及时更新、准确和完整。

但目前国内还没有建立起 BIM 模型检查的标准制度和规范,也没有模型检查的有效软件工具和方法,既缺乏有效的模型检查手段,也缺少可行的模型检查标准。这些问题带来的直接结果是,无论是设计单位还是业主方,都较难以评判 BIM 模型是否达到了质量要求。

所以,为了保证模型信息的准确、完整,应用企业在发布、使用模型前必须要先建立一

套模型质量控制规范和相关制度。在深化设计评审、协调会议或里程碑节点时,都要进行 BIM 应用的质量控制活动。在 BIM 策划中,要明确质量控制的标准,并在 BIM 团队内达成一致。国家的设计交付深度和项目制定的模型细度要求都可以作为质量控制的参考标准,质量控制标准也要考虑业主和施工方的需求。质量控制过程中发现的问题,应该深入跟踪,并应进一步研究和预防再次发生。

每个专业分包团队对各自专业的模型质量负责,在提交模型前检查模型和信息是否满足模型细度要求。每次模型质量控制检查都要有确认文档,记录做过的检查项目及检查结果,这将作为 BIM 应用报告的一部分存档。项目经理须对每一修正后再版的模型质量负责。

传统的二维图纸审查重点是图纸的完整性、准确性、合规性,采用 BIM 技术后,模型所承载的信息量更丰富,逻辑性与关联性更强。因此,对于 BIM 模型是否达到交付要求的检查也更加复杂,在制定模型检查规范的过程中,应考虑如下几方面的检查内容:

(1)模型与工程项目的符合性检查。指 BIM 交付物中所应包含的模型、构件等内容是否完整,BIM 模型所包含的内容及深度是否符合交付要求。

(2)不同模型元素之间的相互关系检查。指 BIM 交付物中模型及构件是否具有良好的协调关系,如专业内部及专业间模型是否存在直接的冲突,安全空间、操作空间是否合理等。

(3)模型与相应标准规定的符合性检查。指 BIM 交付物是否符合建模规范,如 BIM 模型的建模方法是否合理,模型构件及参数间的关联性是否正确,模型构件间的空间关系是否正确,语义属性信息是否完整,交付格式及版本是否正确等。

(4)模型信息的准确性和完整性检查。指 BIM 交付物中的具体设计内容、设计参数是否符合项目设计要求,是否符合国家和行业主管部门有关建筑设计的规范和条例,如 BIM 模型及构件的几何尺寸、空间位置、类型规格等是否符合合同及规范要求。

在实际的模型检查环节中,针对以上四个方面的模型检查内容,明确具体并可操作的模型检查指标,通过模型检查真正发现问题,保证设计质量。为此,企业可以首先制定模型检查的一般要求,并根据具体的工程项目要求筛选确定具体的模型检查要求。

3.4.2　质量管理制度与保障体系

BIM 质量管理相关的制度包括软硬件管理制度、项目实施管理制度、BIM 培训管理制度、BIM 交底制度、各专业动态管理制度、BIM 例会制度、绩效管理制度、数据维护制度等一系列保障措施。

(1)软硬件管理制度。硬件方面包括规范设备购置、管理、应用、维护、维修及报废等方面的工作;软件方面包括系统的采购、权限分配、运行信息系统安全等方面。需要注意的是,BIM 的应用系统往往对硬件系统有较高的要求,软硬件的配合需要提前做好分析准备。另外,BIM 软件种类繁多,需要根据 BIM 规划所提出的具体应用需求进行选型搭配,避免造成资金浪费。

(2)项目实施管理制度。该制度的主要内容是制定 BIM 项目管理的目标和应取得的项目成果,明确项目管理的任务、时间进度等内容,预计项目进行中可能发生的变更和风险,以及如何有效地管理、控制、处理项目进程等问题。

（3）BIM 培训管理制度。BIM 培训管理制度既要考虑到普及性，又要考虑到专业岗位的针对性。对于通用的 BIM 知识、BIM 实施流程、各个环节的交付标准等内容可以制定整个 BIM 实施团队的培训计划，而对于一些专职的岗位，例如 BIM 数据分析师，则需要制定专门的培训课程专项进行。完善的培训管理制度主要是需要保障在项目实施的推广普及阶段，各项目的 BIM 实施人员能及时到位展开工作。项目管理团队需在进场前进行 BIM 应用基础培训，掌握一定的软件操作及相应的模型应用能力。BIM 培训制度如表 3-3 所示。

表 3-3 BIM 培训制度

序号	培训人员	培训时间	课时	培训内容安排	备注
1	项目全体管理人员（包括劳务及各分包主要管理人员）	进场前 1 个月	1~2	BIM 普及知识、公司 BIM 发展状况及定位、项目 BIM 目标及策划	1 h/课时
2	项目全体管理人员	进场前半个月	4~10	BIM 软件介绍，结构、建筑、机电等模型的创建及常规 BIM 应用	1 h/课时
3	项目全体管理人员	进场前半个月	2~3	项目模型的熟悉及应用	1 h/课时

（4）BIM 交底制度。BIM 启动交底：由总包 BIM 负责人主持，项目经理牵头，项目部全体人员参与，针对 BIM 模型、BIM 系统平台的基本操作等入门级及相关业务内容进行交底，提高项目部各部门人员 BIM 使用水平。

BIM 日常交底：由 BIM 团队进行，BIM 相关管理人员参与，针对 BIM 模型维护、信息录入、阶段协调情况等进行工序交接。

（5）各专业动态管理制度。各专业 BIM 工程师按规划及计划完成本专业 BIM 模型后，交由总包单位进行整合，根据整合结果，定期或不定期进行审查。由审查结果反推至目标模型、图纸进行完善。施工时检查内容、要点及频率如表 3-4 所示。

表 3-4 施工时检查内容、要点及频率

检查内容	检查要点		检查频率
施工模型更新	是否按照进度进行模型更新	模型是否符合要求	每月
设计变更	设计变更是否得到确认	模型是否符合要求	每月
变更工程量计量	变更工程量是否正确	模型是否符合要求	每月
专业深化设计复核	深化设计模型是否符合要求	—	每月

各参与方依据管理体系、职责对信息模型进行必要的调整，并反馈最新的信息至 BIM 总包单位。

（6）总包与甲方、监理互动管理制度。

①甲方主导：若甲方对 BIM 应用有要求，则甲方可起主导作用，提出工作要求，总包 BIM 负责人协助其召集各方共同参与制定 BIM 实施标准，并共同制订 BIM 计划，接收成

果验收,并对参与方进行管理。

②总包负责:总包单位负责 BIM 实施的执行,按照相关要求,设立专门的 BIM 管理部,制定行之有效的工作制度,将各分包 BIM 工作人员纳入管理部,进行过程管理和操作,最终实现成果验收。

③监理监督:监理单位在 BIM 实施过程中,对总包单位的实施情况进行监督,并对模型信息进行实时监督管理。

(7)BIM 例会制度。

①与会人员要求:甲方、监理单位应各派遣至少一名技术代表参与,项目经理、项目总工、各专业分包代表及 BIM 管理部所有成员应到场。

②会议主要内容:总结上一阶段工作完成情况,各方对完成情况进行研讨,总包 BIM 负责人协调未解决问题,并制订下一阶段工作计划。

③会议原则:参会人员要本着发现问题、解决问题、杜绝问题的再度发生为原则。

(8)绩效管理制度。对于企业管理者来讲,如何提高项目实施 BIM 的积极性、树立实施 BIM 的信心至关重要。因此,企业有必要建立完善、科学的 BIM 实施绩效评估体系,并基于指标进行考核。例如对于建模人员,可以基于建模的面积与构件数量制定指标;对于分析工程师,可以基于提出的有效碰撞点制定指标;对于成本分析人员,可以基于 BIM 输出的成本数据准确度进行打分等。绩效指标和考核标准刚开始不能设得太高,应视现有人员的技术和应用水平而定,否则可能形成一个实施的障碍,适得其反。

(9)数据维护制度。BIM 的实施最终会形成一个庞大的数据共享和协同平台,因此一开始就设立好一个良好的数据维护制度至关重要,主要包括 BIM 模型数据标准、数据归档格式、访问权限等内容。该制度最重要的作用是保障能形成统一的 BIM 协同平台,避免数据在不同的工作流程中无法传递和运转的情况。

3.5 BIM 技术在全生命周期中的协同工作

3.5.1 BIM 多专业协同管理工作概述

所谓协同,是指协调两个或者两个以上的不同资源或者个体,共同完成某一目标的过程或能力。协同不仅包括人与人之间的工作协作,也包括不同业务之间、不同信息资源之间、不同技术之间、不同应用情景之间等全方位的协同。

(1)工程建设项目有着典型的协同工作特性,它具有周期长、资金投入大、项目地点分散、多专业、多系统、流动性强等特点。通常表现为"分散的市场、分散的生产、分散的管理",这就大大增加了管理与协同的难度。同时,每一个项目都存在生产现场的变化、人力资源的不同、气候条件、政府管制、社会环境、市场环境等方面的影响。因此、如何保证项目各参与方有效协同工作,对工程建设项目的成功与否至关重要。

(2)实践证明 BIM 技术的可视化、参数化、数字化特性为建筑设计和施工阶段的质量和高效提供了保障,其背后的根本原因是大大降低了沟通的成本,提高了沟通的有效性。BIM 技术的一个主要目标和核心功能就是为了促进建筑全生命周期中的协同工作,当前

BIM 技术的研究重心,已从单一的应用软件研发,逐步转移到基于 BIM 技术协同应用的研究上。只有深入理解 BIM 技术这个本质才能真正实现建筑领域中各参与方对建筑信息模型的共享与转换,才能实现对管理流程和管理模式的支持和创新,才能实现不同工作场景中基于同一模型的有效对接和移交,最终逐步消除精细化的分工带来的协同问题,实现真正意义上的协同工作。

(3)基于 BIM 的协同主要分为数据协同、工作协同、管理协同三个层次,其内容主要包括:通过 BIM 技术,提高建筑信息模型创建、共享与转换的效率和准确性;基于 BIM 提升施工过程的精细化管理和控制的水平,基于 BIM 降低不同工作界面之间交接和转换数据的误差和错误。

①BIM 技术不仅仅是信息技术,也是一种应用设计、建造、运营的数字化管理方法,这种方法支持建筑工程的集成管理环境,可以使建筑工程在其全生命周期中显著提高效率和大量减少风险。因此,BIM 技术的应用类似一个管理过程。同时,它与以往的工程项目管理过程不同,它的应用范围涉及了不同参与方、不同专业、不同业务、不同软件等多方的协同。而且,各个参建方对于 BIM 模型存在不同的需求、管理、使用、控制、协同的方式和方法。在施工过程中,需要以 BIM 模型为中心,在为各业务提供准确、高效的数据的同时,辅助施工管理过程完成管理和流程的协同。在管理协同过程中,核心是基于 BIM 平台强化项目运营管控。通过基于 BIM 的设计模型、工程量计算、工程计价、施工模拟、变更结算等专业化的过程控制,形成含丰富施工信息的 BIM 5D 模型,对招标投标、进度管理、成本管理、质量控制、结算变更等业务管理过程,形成数据来源和基础。

②在施工现场,大多需要不同专业之间必须进行实时的沟通和协调,这些沟通与协调往往体现为一个又一个的工作场景。保证这些工作点上的沟通顺畅、信息正确传达、行为协同一致对于避免后续工作的争论、纠纷、推诿及返工具有很强的现实意义。例如,在图纸审核或施工交底方面,图纸的会审应将各专业的交叉与协调工作列为重点,从图纸上解决问题;而施工交底是让施工队、班组充分理解设计意图,了解施工的各个环节,从而减少交叉协调问题。在这样的场景下,一个图形化的工作展示一定比表格更形象;一个 3D 的展示一定比 2D 更能说明问题;一个动态的 BIM 模型一定比图纸更能够传达意图和相互理解,并达成一致。所以,BIM 的可视化、参数化、模型化和动态化的特性,对不同人员在不同场景的沟通及信息传递方面具有不可比拟的优势。

3.5.2 基于 BIM 的建设项目 IPD 协同管理模式

传统的项目管理模式中,设计和施工处于相对独立的运作状态,项目各个参与方之间缺乏长期合作关系与意识。频繁的设计变更、错误误差、工期拖延、生产效率低、协调沟通缓慢、费用超支等问题困扰着工程项目的所有参与方(设计师、工程师、施工方和业主)。造成这一不良机制的主要原因是在一个项目中的各个参与方之间,存在着各种各样的利益冲突、文化差异和信息保护等问题,项目的各成员往往只关注个体自身利益的最大化,缺乏一种能够使各参与方协同决策的机制,往往造成项目中的局部最优化,而不是整体最优化。

基于以上原因,工程建设行业的专家们也开始研究和实践解决上述问题的技术和方法,并衍生出很多项目实施方法,包括 EPC(Engineering,Procur Irement and Construcion,工程总承包)、平行发包(Multi-prime)、设计投标施工(Design Bid-build)、设计施工或交钥匙(Design-Buid)和承担风险的 CM(Construction Management at Risk)等模式,这些方法的主要目的是解决建造过程的分工过于明显带来的沟通协同效率低下的问题。但是,这些方法都有一个天生的缺陷,就是把参与方置于对立的地位,即参与方的目标与项目总体的目标不一致。例如,经常出现项目的目标没有完成(例如造价超出预算),但某个参与方的目标却圆满完成(例如施工方实现盈利)。

因此,在上述项目管理和实施模式下,参与方以合同规定的自身的责权利作为努力目标,而不是将整个项目成功实施作为总目标。例如项目设计是设计方的工作,跟施工方无关,因此很多设计图纸中的问题直到施工现场才发现,从而影响项目工期、造价甚至质量。在这样的模式下,各参与方之间的集成化程度差,存在严重的信息不对称和利益冲突,导致建筑业的效率低、超预算和逾期完工等问题。根据相关资料,在建筑业中,超过70%的项目存在超预算和工期滞后现象。

目前,一种新的建设项目交付方法即集成项目交付方式(Integrated Project Delivery,简称IPD)应运而生。IPD是在理论研究和工程实践基础上总结出来的一种依托于一套完整的专属合同体系的项目管理实施模式。它最大限度地促使建设过程中各专业人员的整合,实现信息共享及跨职能、跨专业、跨团队的高效协作。其核心是组建一支由主要利益相关方组成的协同、一体化、高效的项目团队,所有项目参与者利益与项目总目标一致,以此保证各团队之间相互协作。

美国建筑师学会(AIA)将IPD定义为"一种项目交付方法,即将建设工程项目中的人员、系统、业务结构和事件全部集成到一个流程中。在该流程中,所有参与者将充分发挥自己的智慧和才华,在设计、制造和施工等所有阶段优化项目成效、为业主增加价值、减少浪费并最大限度提高效率"。IPD主要核心理念包括以下三点:

(1)强调合作与信任。IPD模式的核心理念是合作,要求在项目全生命周期内,项目各参与方密切合作,通过公开的信息共享渠道、风险的共同分担和利益的合理分配,最终得到最优的设计、建造方案,在满足业主对项目功能和使用价值需求的基础上,共同完成项目目标并使项目收益最大化(项目各参与方利益最大化)。

(2)强调各参与方早期介入。IPD模式要求项目关键参与方尽早地参与到项目中,进行密切的协作,并对工程项目承担责任,直至项目交付。各参与方不能只站在自己的角度参与项目,而是要着眼于工程项目的整体过程,运用专业技能,依照工程项目的价值利益做出决策。

(3)强调利益共同体。IPD模式要求项目各参与方合作和早期介入,因此也形成了与之相适应的报酬机制。把报酬机制与参与方对项目的贡献紧密相连,是使单方的成功和工程项目的成功成为一体的有利方法。在IPD模式中,个人的收益依赖于项目的成功,参建各方共同关注项目的整体成功。

IPD模式虽然已经建立起较为成熟的专属合同体系,但是当IPD模式应用于工程实践中时,发现很多技术问题还没有完美的解决方案。随着BIM技术的发展,将BIM与IPD模式集成应用成为一种趋势。BIM是一种项目管理信息化技术,它在项目中的实施需要上下游之间协同。IPD 模式是一套项目管理实施模式,它在技术上需要一种载体使各参与方的信息沟通和传递更加顺畅和正确。从这个意义上讲,二者的集成应用可以带来更大的价值。

首先,BIM 技术是 IPD 模式能够实现高度协同的重要基础支撑,是支持 IPD 模式成功高效实施的技术手段。IPD 模式需要从项目一开始就建立的由项目主要利益相关方参与的一体化项目团队,这个团队对项目的整体成功负责。这样的一个团队至少包括业主、设计总包和施工总包三方。与传统的项目管理模式相比,团队变大、变复杂,因此在任何时候都更需要一个合适的技术手段支持项目的表达、沟通、讨论、决策,这个手段就是 BIM 技术。

BIM 技术集成了建筑物的几何、物理、性能、空间关系、专业规则等一系列信息,它可以协助项目参与方从项目概念阶段就在 BIM 模型支持下进行项目的各类造型、分析、模拟工作,提高决策的科学性。这会促成两个结果:一是这样的 BIM 模型必须在各个参与方共同工作的情况下才能建立起来。而传统的项目实施模式中设计、施工等参与方分工明确,它们是分阶段介入项目,很难实现这个目标。其结果就是,设计阶段的 BIM 模型仅仅包括了设计方的知识和经验,很多施工问题还需留到工地现场才能解决。二是各个参与方对 BIM 模型的使用广度和深度必须有一个统一的规则和标准,才能避免错误使用和重复劳动等问题。

其次,IPD 模式是以信息及知识整合为基础,是信息技术、协同技术与业务流程创新相互融合所产生的新的项目组织及管理模式,也是一种使 BIM 价值最大化的项目管理实施模式,BIM 的有效应用离不开 IPD 模式。IPD 模式作为一种新的项目交付方法论,通过改变项目参与者之间的合作关系,从协同的角度,加大参与者之间的合作与创新,对协同的过程不断优化及持续性改进。而 BIM 技术应用需要不同参与者在项目全生命周期的不同阶段进行协作,持续的输入、提取、更新或修改 BIM 信息。IPD 的管理模式与 BIM 技术的应用模式天然相辅相成。

总之,BIM 技术是支持 IPD 模式的有效技术手段,IPD 模式也为更好地应用 BIM 技术提供了管理环境。BIM 技术与 IPD 模式协同管理和集成应用可较好地解决目前传统交付方式存在的众多问题,给建筑业带来前所未有的创新。同时,也应该看到,IPD 模式的优势是明显的,但是要真正实施起来,其挑战也是巨大的,这些挑战包括技术、行政、法律、文化等各个层面,还有很长的路要走。但是 IPD 模式的思想、原则和方法完全可以在现有的项目实施模式上逐步应用,从而提升项目的整体管理水平和运行效率。

第 4 章　BIM 技术在项目前期策划阶段的应用

项目前期策划是指在项目前期,通过收集资料和调查研究,在充分获得信息的基础上,针对项目的决策和实施,进行组织、管理、经济和技术等方面的科学分析和论证,以保障项目业主方工作有正确的方向和明确的目的,也能促使项目设计工作有明确的方向,并充分体现项目业主的意图。通过项目前期策划可以帮助项目业主进行科学决策,并使项目按最有利于经济效益和社会效益发挥的方向实施,主要反映在项目使用功能和质量的提高、实施成本和经营成本的降低、社会效益和经济效益的增长、实施周期缩短、实施过程的组织和协调强化,以及人们生活和工作的环境保护、环境美化等诸多方面。

项目的前期策划是项目的孕育阶段,对项目的整个生命周期,甚至对整个上层系统都有决定性的影响,所以项目管理者,特别是项目的决策者对这个阶段的工作都非常重视。根据策划目的、阶段和内容的不同,项目前期策划分为项目决策策划和项目实施策划。其中,项目决策策划和项目实施策划工作的首要任务都是项目的环境调查与分析。

4.1　BIM 技术在环境调查与分析中的应用

项目环境调查与分析是项目前期策划的基础,以建设工程项目环境调查为例,其任务既包括宏观经济与政策环境调查与分析、微观经济与政策环境调查与分析、项目市场环境调查与分析,以及项目所在地的建设环境、自然环境的调查与分析等。

(1)宏观经济与政策环境调查与分析。宏观经济与政策环境指的是国家层面的宏观经济与项目相关的行业经济发展现状与未来趋势的情况,以及国家为发展国民经济、促进行业发展所制定的有关法律、法规、规章等。通过对宏观经济与政策环境的调查与分析,确定拟建项目是否符合国家产业政策方向,以及在可预见的未来,国民经济和行业经济的发展是否为项目的实施带来利好。

(2)微观经济与政策环境调查与分析。微观经济与政策环境调查与分析是指项目所在地的国民经济发展,项目所在行业经济发展现状与未来趋势,以及当地政府为发展地方经济和行业经济所制定的管理办法和规定等。项目所在地的国民经济以及行业的发展状况,直接关系到项目是否能够产生赢利,因此对微观经济与政策环境的调查与分析工作显得尤为重要。

(3)项目市场环境调查与分析。项目市场环境调查与分析是指对项目所在地客户需求、市场供应状况的调查,以及项目的优劣分析,确定项目的客户定位、产品定位、形象定位,并提炼出项目的卖点,使项目在实施过程中保持自身的竞争性,以赢得市场的青睐。项目市场环境调查与分析的充分与否直接关系到项目的成败,是项目前期策划的核心。

(4)项目所在地的建设环境、自然环境的调查与分析。建设环境、自然环境指的是项目实施地周边的城市环境、建设条件及自然地理风貌。拟建的项目应与项目周边环境相适应,尽量保持项目实施地的自然地理风貌,避免大拆大建,破坏原有的城市及自然环境。通过对项目实施地建设环境、自然环境的调查与分析,为后来的项目规划和方案的设计提供依据。建设环境、自然环境的调查与分析做得充分,可以使项目更好地利用原有的城市环境和地理风貌,一方面可以适应环境的要求,另一方面可为项目节约大笔投资。

项目的环境调查与分析是一个由宏观到微观、由浅入深的具有层次性的分析过程。环境调查与分析的结果将直接关系到后续项目的决策,是项目策划非常重要的环节。

以下以我国当前城市建设中的新区开发项目为例,介绍 BIM 技术在环境调查与分析中的应用。

新区开发主要是通过对城市郊区的农地和荒地的改造,使之变成建设用地,并进行系列的房屋、市政与公用设施等方面的建造和铺设,成为新的城区。

(1)新区开发项目用地虚拟 3D 场景的构建。新区开发项目周边基本上是空地,即便有一些农村的建筑物、构筑物,也是属于要被拆除的范围,在构建虚拟场景时,不考虑它们的存在。这就给新区开发项目构建虚拟 3D 场景带来了极大的方便,不需要再对用地周边建筑进行数字化逆向工作。

一般来讲,新区开发项目用地的虚拟 3D 场景的构建,首先从构建建设用地自然地貌模型开始。新区开发项目用地是从农地、荒地改变性质而来,这些土地基本保持原有的地形、地貌。新区开发项目应尽量不破坏原有的地形地貌。如果原有地形地貌基本属于平地,那这个地形地貌的模型将变得非常简单,可以依照用地红线范围,在 3D 建模软件中,按 1:1 比例构建红线范围内的一个平面表示地形地貌或者为了更好地说明问题,可以把地形的范围再扩大,超出红线范围一定距离,这部分区域可以按照城市规划要求,做成规划道路、绿地、广场等,视城市规划具体要求而定。如果原地形地貌有起伏,并且高度差非常明显,那这个地形地貌的模型构建变得相对复杂些。常是利用大比例尺的大地测绘 CAD 图,导入到 3D 建模软件中,根据 CAD 图中的高差,建出用地的 3D 模型,但这种方式建出的地形模型,精度比较低。另外一种方法是将 CAD 图导入到 GIS 系统(Arc-GIS),生成 3D 地形,在 GIS 中进行地形的柔化处理,再导出 VRML 格式文件,导入 3DMax 中,进行纹理贴图,形成带有纹理贴图、三维真实的 3D 地形模型,这种方法建出的地形模型精度较高。目前,常用的 3D 建模软件都可以把 CAD 图导入,比如 3DMax、Sketchup 以及 Rhino 等。

经常会出现的问题是大地测绘 CAD 图中的等高线有断开的现象,那么在将 CAD 图导入建模软件之前,先要用 Auto CAD 软件将等高线补齐,这是一项比较烦琐的工作。但这个工作很有必要,Rhino 软件会将补齐的 CAD 图根据高差信息,自动转换成 3D 模型,建模工作量会大大降低。

有了这个建设用地的 3D 模型以后,就可以依据模型所表现出来的地形效果,进行下一步的项目规划工作。在用地模型上,建立路网模型,划分用地功能区,进行环境评价等。

(2)场景优化。对较为复杂的地形进行建模时,为了减少地形模型的面数,需要进行优化。一般常用的方法就是减少曲面,尽量使用多边形来代替曲面,这样数据量会显著减少。如果有重复的面,也要去掉。

(3)虚拟 3D 场景的展示。在 3D 建模软件中,将 3D 地形模型及其附带的路网,导出为 3D 引擎支持的文件格式,常用的文件格式有 OBJ 格式、FBX 格式、DAE 格式等。将 3D 地形文件导入到 3D 引擎软件中展开,如果在 3D 建模软件中已经对 3D 地形模型附着好了材质的话,此时材质信息也会被带入 3D 引擎所展开的虚拟场景中。

在 3D 引擎软件中,可以为虚拟场景配置天气系统、风系统、光系统(包括平行光和环境光)、重力系统等,另外可以增加植物、动物、车辆、行人等配景,形成较为贴近实际情况的虚拟环境。

(4)多方案的比选。有了新区开发项目的虚拟用地场景,则可以将规划的建筑方案模型导入到用地场景中,进行摆放。这个操作也是在 3D 引擎软件中完成的,一般的操作包括:

①打开虚拟用地场景的工程文件(注意,不是可执行文件)。

②把建筑方案的 3D 模型数据导入到该虚拟场景中,放置在适当位置。

③根据方案设计要求,为建筑方案外立面附着材质,比如:窗户附为玻璃材质,墙面可以附为石材,或者真石漆,或者玻璃幕墙,根据方案设计而定,窗框附为铝合金等。并根据效果图,选择材质的颜色。3D 引擎软件中包含一些材质,但如果觉得这些缺省的材质不够理想,可以事前制作更符合实际效果的材质导入到 3D 引擎软件中备用。

④在建筑方案周围再摆放一些配景,包括车辆、植物、人物和动物等。

上述工作完成后,可以将工程文件保存,并打包为一个新的可执行文件,这样带有设计方案的虚场景就做好了。决策者可以对方案结合地形状态,做出决策。如果有多种设计方案,可以分别制作多个可执行的虚拟场景文件,查看不同的方案在同样的地形模型下的不同效果,包括空间效果、环境效果、立面效果等。也可以把不同的方案封装在同一个可执行的虚拟场景文件中,通过按键切换不同的设计方案进行比较。后者需要有对 3D 引擎软件进行二次开发的能力,同时生成的可执行文件也比较大,但方案比选时更为直观和方便。

在环境调查与分析阶段,通过 BIM 技术的运用,将项目建设用地及其周边的城市环境或自然环境进行 3D 虚拟仿真,使决策者更加直观和形象地感受到项目方案的特点和效果,大大提高项目决策的效率和准确性,为后续项目进行决策策划、实施策划打下坚实基础。

4.2　BIM 技术在项目决策策划中的应用

项目决策策划最主要的任务是定义开发项目的类型及其经济效益和社会效益,其具体包括项目主要功能、建设规模和建设标准的明确,项目总投资和投资收益的估算,项目总进度规划的制订以及项目对周边环境影响和对社会发展的贡献等内容。

根据具体项目的不同情况,决策策划的形式可能有所不同,有的形成一份完整的策划文件,有的可能形成一系列策划文件。一般而言,项目决策策划的工作包括如下内容。

(1)项目产业策划。项目产业策划是指根据项目环境的分析,结合项目投资方的项目意图,对项目拟承载的产业方向、产业发展目标、产业功能和标准的确定和论证。根据对宏观、微观经济发展及产业政策的研究和分析,得出政府层面对拟建项目的产业发展的政策导向,结合拟建项目当地的社会与经济发展状况及未来趋势、市场竞争状态的分析,制订拟建项目的发展目标和主要的产品功能和建设标准。这是一个确定拟建项目建设总目标的过程。

（2）项目功能策划。项目功能策划的主要内容包括：项目目的、宗旨和指导思想的明确，项目建设规模、空间组成、主要功能和适用标准的确定等。在项目建设总目标的指导下，要对拟建项目的具体功能进行划分，包括主要建筑体量、主要功能空间的布局、各个功能空间的建设规模、各功能空间之间的交通流向、各功能空间建设的适用标准，以及建筑风格、外观等。

（3）项目经济策划。项目经济策划包括分析开发或建设成本和效益，制订融资方案和资金需求量计划等。针对项目功能策划的成果，对项目的建设成本进行分析，得出项目建设总投资规模，根据业主单位的自有资金能力，制订出项目建设的融资方案，包括融资渠道、融资金额、融资成本分析等。计算分析项目的盈利能力、偿债能力、抵抗风险能力等。

（4）项目技术策划。项目技术策划包括技术方案分析和论证、关键技术分析和论证、技术标准和规范的应用和制订等。采取不同的技术方案，会对项目的建设成本产生较大的影响，一般情况下，业主往往会采用相对成熟的技术方案和技术标准，这样可以降低项目建设的技术风险，但有时也会使项目变得平庸。现在很多项目都在各个环节上不断创新，大胆使用各种新技术、新工艺、新材料，这就要求在项目技术策划阶段针对不同的技术方案进行详细的论证和评价，在项目实施之前解决所有技术环节问题，使项目能够顺利推进。

项目决策策划的各项工作内容是紧密联系、互为依托的。要做好项目的决策策划，必须将上述四个环节的工作做扎实，为决策者决策提供依据。

决策策划指的是在确定建设意图之后，项目管理者需要通过收集各类项目资料，对各类情况进行调查，研究项目的组织、管理、经济和技术等，进而得出科学、合理的项目方案，为项目建设指明正确的方向和目标。

在决策策划过程中，信息是否准确、信息量是否充足成为管理者能否做出正确决策的关键。BIM 技术的引入，使方案阶段所遇到的问题得到了有效的解决。其在决策策划过程中的应用内容主要包括现状建模、成本核算、场地分析和优化总体规划。

（1）现状建模。利用 BIM 技术可为管理者提供概要的现状模型，以方便建设项目方案的分析、模拟，从而使整个项目的建设降低成本、缩短工期并提高质量。例如，在对周边环境进行建模（包括周边道路、已建和规划的建筑物、园林景观等）之后，将项目的概要模型放入环境模型中，以便于对项目进行场地分析和性能分析等工作。

（2）成本核算。项目成本核算是通过一定的方式方法对项目施工过程中发生的各种费用成本进行逐一统计考核的一种科学管理活动。

目前，市场上主流的工程量计算软件在逼真性及效率方面还存在一些不足，如用户需要将施工蓝图通过数据形式重新输入计算机，相当于人工在计算机上重新绘制一遍工程图纸。这种做法不仅增加了前期工作量，而且没有共享设计过程中的产品设计信息。

利用 BIM 技术提供的参数更改技术能够将针对建筑设计或文档任何部分所做的更改自动反映到其他位置，从而可以帮助工程师们提高工作效率、协同效率以及工作质量。BIM 技术具有强大的信息集成能力，和三维可视化图形展示能力，利用 BIM 技术建立起的三维模型可以极尽全面地加入工程建设的所有信息。根据模型能够自动生成符合国家工程量清单计价规范标准的工程量清单及报表，快速统计和查询各专业工程量，对材料计划、使用做精细化控制，避免材料浪费，如利用 BIM 信息化特征可以准确提取整个项目中的防火门数量,不同样式,材料的安装日期,出厂型号,尺寸大小等,甚至可以统计防火门的把手等细节。同时,基于 BIM 技术生成的工程量不是简单的长度和面积的统计,专业的 BIM 造价软件可以进行精确的 3D 布尔运算和实体减扣,从而获得更符合实际的工程量数据,并且可以自动形成电子文档进行交换、共享、远程传递和永久存档。准确率和速度上都较传统统计方法有很大的提高,有效降低了造价工程师的工作强度,提高了工作效率。

(3)场地分析。场地分析是对建筑物的定位、空间方位及外观、建筑物和周边环境的关系、建筑物将来的车流、物流、人流等各方面的因素进行集成数据分析的综合。在方案策划阶段,景观规划、环境现状、施工配套及建成后交通流量等与场地的地貌、植被、气候条件等关系较大,传统的场地分析存在诸如定量分析不足、主观因素过重、无法处理大量数据信息等弊端,通过 BIM 结合 GIS 进行场地分析模拟,得出较好的分析数据,能够为设计单位后期设计提供最理想的场地规划、交通流线组织关系、建筑布局等关键决策。

(4)优化总体规划。通过 BIM 建立模型能够更好地对项目做出总体规划,并得出大量的直观数据作为方案决策的支持。例如,在可行性研究阶段,管理者需要确定建设项目方案在满足类型、质量、功能等要求下是否具有技术上与经济上的可行性,而 BIM 能够帮助提高技术经济可行性论证结果的准确性和可靠性。通过对项目与周边环境的关系、朝向可视度、形体、色彩经济指标等进行分析对比,化解功能与投资之间的矛盾,使策划方案更加合理,为下一步的方案与设计提供直观、带有数据支撑的依据。

4.3　BIM 技术在项目实施策划中的应用

项目实施策划最重要的任务是定义如何组织项目的实施。由于策划所处的时期不同,项目实施策划任务的重点和工作重心及策划的深入程度与项目决策阶段的策划任务有所不同。一般而言,项目实施策划的工作包括以下内容。

(1)项目组织结构策划。项目组织结构策划包括项目的组织结构分析、任务分工以及管理职能分工、实施阶段的工作流程和项目的编码体系分析等。要使项目得以顺利实施,必须要有强有力的组织保证和制度安排,项目的组织策划工作的重点是对项目组织内部的职能设置、项目经理人选、核心组织成员的构成、技术要求、工作业务流程定义、项目工作包编码原则等的设计以及项目内部人员岗位制度、考核机制、激励策略等的安排。

(2)项目合同结构策划。项目合同结构策划指的是构建项目合同管理体系,哪些工作需以合同方式委托外部资源完成,哪些工作可以由内部项目管理组织完成,并且确定对外招标投标的工作安排,确定项目合同结构及各种合同类型和范本。

(3)项目信息流程策划。项目信息流程策划是为了明确项目信息的分类与编码、项目信息流程图、制订项目信息流程制度和会议制度等。项目信息分类与编码应与项目组织所在的组织内部信息管理系统的要求相一致、相兼容。项目组织的上一级组织存在 ERP 系统、项目管理系统,那么拟建项目的未来所产生的各类信息必须能便捷地转入上级组织的信息系统中,为此,必须按照上级组织的信息管理标准来规划项目信息编码及信息流程。

(4)项目实施技术策划。针对实施阶段的技术方案和关键技术进行深化分析和论证,明确技术标准和规范的应用与制定。针对重大技术攻关项目,可以组织外部的科研机构参与项目技术深化和论证。在技术标准的设定上按照有国家标准采用国家标准,没有国家标准采用行业标准,没有行业标准可以采用企业标准,或者借鉴国外标准的原则来进行策划。

项目前期策划是项目管理的一个重要的组成部分。国内外许多项目的成败经验与教训证明,项目前期的策划是项目成功的前提。在项目前期进行系统策划,就是要提前为项目实施形成良好的工作基础,创造完善的条件,使项目实施在定位上完整清晰,在技术上趋于合理,在资金和经济方面周密安排,在组织管理方面灵活计划并有一定的弹性,从而保证项目具有充分的可行性,能适应现代化的项目管理的要求。

传统的项目策划,一般采用分析和论证、科学实验、模型仿真、理论推导等手段来实施项目前期策划。项目决策者并非都是专业人士,对于策划方案中所采取的这些手段和方法,决策者很难完全理解和接受,这对其进行决策造成一定的困扰。

随着信息技术的不断发展,特别是计算机软硬件技术的快速提高,使得 BIM 技术在传统的建设工程领域逐步得到推广,尤其 BIM 技术的可视化及直观化为决策者的决策带来很大的辅助作用,大大提高了决策者决策的效率和准确性。但并不是说 BIM 技术可以解决一切问题,在不同的阶段,BIM 技术的侧重点并不同。

4.3.1　制定项目 BIM 实施目标

BIM 实施目标即在建设项目中将要实施的主要价值和相应的 BIM 应用(任务)。这些 BIM 目标必须是具体的、可衡量的,以及能够促进建设项目的规划、设计、施工和运营成功进行的。

BIM 目标可分为以下两大类。

(1)第一类项目目标。项目目标包括缩短工期、更高的现场生产效率、通过工厂制造提升质量、为项目运营获取重要信息等。项目目标又可细分为以下两类:

①与项目的整体表现有关,包括缩短项目工期、降低工程造价、提升项目质量等。例如关于提升质量的目标包括通过能量模型的快速模拟得到一个能源效率更高的设计、通过系统的 3D 协调得到一个安装质量更高的设计、通过开发一个精确的记录模型改善运营模型建立的质量等。

②与具体任务的效率有关,包括利用 BIM 模型更高效地绘制施工图、通过自动工程量统计更快做出工程预算、减少在物业运营系统中输入信息的时间等。

(2)第二类公司目标。公司目标包括业主通过样板项目描述设计、施工、运营之间的信息交换,设计机构获取高效使用数字化设计工具的经验等。

企业在应用 BIM 技术进行项目管理时,需明确自身在管理过程中的需求,并结合 BIM 本身特点来确定项目管理的服务目标。在定义 BIM 目标的过程中可以用优先级表示某个 BIM 目标对该建设项目设计、施工、运营成功的重要性,对每个 BIM 目标提出相应的 BIM 应用。BIM 目标可对应于某个或多个 BIM 应用,以某一建设项目定义 BIM 目标为例,如表 4-1 所示。

表 4-1　建设项目定义 BIM 目标

优先级(1~3,1 最重要)	BIM 目标描述	可能的 BIM 应用
2	提升现场生产效率	设计审查、3D 协调
3	提升设计效率	设计建模、设计审查、3D 协调
1	为物业运营准备精确的 3D 记录模型	记录模型,3D 协调
1	提升可持续目标的效率	工程分析,LEED 评估
2	施工进度跟踪	4D 模型
3	定义与阶段规划相关的问题	4D 模型
1	审查设计进度	设计审查
1	快速评估设计变更引起的成本变化	成本预算
2	消除现场冲突	3D 协调

为完成 BIM 应用目标,各企业应紧随建筑行业技术发展步伐,结合自身在建筑施工领域全产业链的资源优势,确立 BIM 技术应用的战略思想。如某施工企业根据其"提升建筑全整体建造水平、实现建筑全生命周期精细化动态管理、实现建筑全生命周期各阶段参与方效益最大化"的 BIM 应用目标,确立了"以 BIM 技术解决技术问题为先导、通过 BIM 技术实现流程再造为核心,全面提升精细化管理,促进企业发展"的 BIM 技术应用战略思想。公司如没有服务目标,盲从发展 BIM 技术,可能出现在弱势技术领域过度投入而产生不必要的资源浪费,只有结合自身建立有切实意义的服务目标,才能有效提升技术实力。

4.3.2　制订项目 BIM 实施计划

在整体项目目标明确后,即开始编制与之相符的 BIM 实施计划(本项目 BIM 重点应用点及与传统业务关系)。在 BIM 的重点应用中,目前主要有三个应用点:碰撞及管线综合、能耗分析、成本测算。整体来说,传统二维设计线中,分为方案设计、初步设计、招标图及施工图设计。在加入 BIM 这个手段之后,与二维设计线的三个阶段相对应,以设计线和 BIM 模型为主线,当管线综合、能耗、成本测算在各个不同阶段介入时,同时反馈相应的成果给模型。

总之,在加入 BIM 应用后,最大的不同在于,由原来的传统二维设计线(方案设计、初步设计、招标图及施工图设计),变成了以二维设计线+BIM 模型结合为主线,因模型的调整更新与二维图纸共同作用下指导后续施工。

因此,以下先论述在加入 BIM 后,应用点的介入时间、重要操作流程、关键点及与项目运营的时间关系。

BIM 应用的介入时间点:①BIM 碰撞及管线综合的介入时间:在初设阶段最优。②BIM 能耗的介入时间:在方案阶段最优。③BIM 成本的介入时间:在初设阶段最优。

BIM 在地产开发业务链中的切入点如图 4-1 所示。

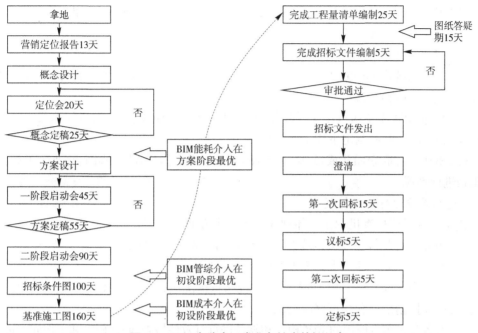

图 4-1 BIM 在地产开发业务链中的切入点

4.3.3 制定项目 BIM 实施保障措施

4.3.3.1 建立系统运行保障体系

建立系统运行保障体系主要包括组建系统人员配置保障体系、编制 BIM 系统运行工作计划、建立系统运行例会制度和建立系统运行检查机制等方面,从而保障项目 BIM 在实施阶段中整个项目系统能够高效准确运行,以实现项目实施目标。

1.组建系统人员配置保障体系

(1)按 BIM 组织架构表成立总包 BIM 系统执行小组,由 BIM 系统总监全权负责。经业主核批准,小组人员立刻进场,以最快速度投入系统的创建工作。

(2)成立 BIM 系统领导小组,小组成员由总包项目总经理、项目总工、设计及 BIM 系统总监、土建总监、钢结构总监、机电总监、装饰总监、幕墙总监组成,定期沟通,及时解决相关问题。

(3)总包各职能部门设专人对口 BIM 系统执行小组,根据团队需要,及时提供现场进展信息。

(4)成立 BIM 系统总分包联合团队,各分包派固定的专业人员参加,如果因故需要更换,必须有很好的交接,保持其工作的连续性。

2.编制 BIM 系统运行工作计划

编制 BIM 系统运行工作计划主要体现在以下两个方面:

(1)各分包单位、供应单位根据总工期及深化设计出图要求,编制 BIM 系统建模及分阶段 BIM 模型数据提交计划、四维进度模型提交计划等,由总包 BIM 系统执行小组审核,审核通过后由总包 BIM 系统执行小组正式发文,各分包单位参照执行。

(2)根据各分包单位的计划,编制各专业碰撞检查计划,修改后重新提交计划。

3.建立系统运行例会制度

建立系统运行例会制度主要体现在以下三个方面:

(1)BIM 系统联合团队成员,每周召开一次专题会议,汇报工作进展情况、遇到的难题及需要总包协调的问题。

(2)总包 BIM 系统执行小组,每周内部召开一次工作碰头会,针对本周本条线工作进展情况和遇到的问题,制定下周工作目标。

(3)BIM 系统联合团队成员,必须参加每周的工程例会和设计协调会,及时了解设计和工程进展情况。

4.建立系统运行检查机制

建立系统运行检查机制主要体现在以下三个方面:

(1)BIM 系统是一个庞大的操作运行系统,需要各方协同参与。由于参与的人员多且复杂,需要建立健全的检查制度来保证体系的正常运作。

(2)对各分包单位,每两周进行一次系统执行情况飞行检查,了解 BIM 系统执行的真实情况、过程控制情况和变更修改情况。

(3)对各分包单位使用的 BIM 模型和软件进行有效性检查,确保模型和工作同步进行。

4.3.3.2 建立模型维护与应用保障体系

建立模型维护与应用保障体系主要包括建立模型维护与应用机制、确定 BIM 模型的应用计划和实施全过程规划等方面,从而保障从模型创建到模型应用的全过程信息无损化传递和应用。

1.建立模型维护与应用机制

建立模型维护与应用机制主要体现在以下八个方面:

(1)督促各分包在施工过程中维护和应用 BIM 模型,按要求及时更新和深化 BIM 模型,并提交相应的 BIM 应用成果。如在机电管线综合设计的过程中,对综合后的管线进行碰撞校验,并生成检验报告。设计人员根据报告所显示的碰撞点与碰撞量调整管线布局,经过若干个检测与调整的循环后,可以获得一个较为精确的管线综合平衡设计。

(2)在得到管线布局最佳状态的三维模型后,按要求分别导出管线综合图、综合剖面图、支架布置图及各专业平面图,并生成机电设备及材料量化表。

(3)在管线综合过程中,建立精确的 BIM 模型,还可以采用相关软件制作管道预制加工图,从而大大提高本项目的管道加工预制化、安装工程的集成化程度,进一步提高施工质量,加快施工进度。

(4)运用相关进度模拟软件建立四维进度模型,在相应部位施工前 1 个月内进行施工模拟,及时优化工期计划,指导施工实施。同时,按业主所要求的时间节点提交与施工进度相一致的 BIM 模型。

(5)在相应部位施工前的 1 个月内,根据施工进度及时更新和集成 BIM 模型,进行碰撞检查,提供包括具体碰撞位置的检测报告。设计人员根据报告能很快找到碰撞点所在位置并进行逐一调整,为了避免在调整过程中有新的碰撞点产生,检测和调整会进行多次循环,直至碰撞报告显示为零碰撞点。

(6)对于施工变更引起的模型修改,在收到各方确认的变更单后的 14 天内完成。

(7)在出具完工证明以前,向业主提交真实准确的 BIM 完工模型、BIM 应用资料和设备信息等,确保业主和物业管理公司在运营阶段具备充足的信息。

(8)集成和验证最终的 BIM 完工模型,按要求提供给业主。

2.确定 BIM 模型的应用计划

确定 BIM 模型的应用计划主要体现在以下七个方面:

(1)根据施工进度和深化设计及时更新和集成 BIM 模型,进行碰撞检查,提供具体碰撞的检测报告,并提供相应的解决方案,及时协调解决碰撞问题。

(2)基于 BIM 模型,探讨短期及中期的施工方案。

(3)基于 BIM 模型,准备机电综合管道图及综合结构留洞图等施工深化图纸,及时发现管线与管线之间、管线与建筑结构之间的碰撞点。

(4)基于 BIM 模型,及时提供能快速浏览的如 DF 等格式的模型和图片,以便各方查看和审阅。

(5)在相应部位施工前的 1 个月内,按施工进度表进行 4D 施工模拟,提供图片和动画视频等文件,协调施工各方优化时间安排。

(6)应用网上文件管理协同平台,确保项目信息及时有效地传递。

(7)将视频监视系统与网上文件管理平台整合,实现施工现场的实时监控和管理。

3.实施全过程规划

为了在项目期间最有效地利用协同项目管理与 BIM 计划,先投入时间对项目各阶段中团队各利益相关方之间的协作方式进行规划。

(1)对项目实施流程进行确定,确保每项目任务能按照相应计划顺利完成。

(2)确保各人员团队在项目实施过程中能够明确各自相应的任务及要求。

(3)对整个项目实施时间进度进行规划,在此基础上确定每个阶段的时间进度,以保障项目如期完成。

4.4　BIM 技术在项目前期策划阶段应用案例分析

BIM 实施方案主要由三部分组成:BIM 应用业务目标、BIM 应用具体内容、BIM 应用技术路线(见图 4-2)。

图 4-2　BIM 实施规划流程

下面以某市政务服务中心项目为例对 BIM 实施规划做出具体分析。

（1）工程概况。

该工程总建筑面积 206 247 m^2，地下 3 层，地上最高 23 层，最大檐高为 100 m，结构形式为框架-剪力墙结构。

（2）BIM 辅助项目实施目标。

BIM 应用目标的制定是 BIM 工程应用中极为重要的一环，关系到 BIM 应用的全局和整体应用效果。考虑到该工程项目施工重点、难点及公司管理特点，结合以往 BIM 工程应用实践制定了 BIM 应用总体目标，即实现以 BIM 技术为基础的信息化手段对本项目的支撑，进而提高施工信息化水平和整体质量。BIM 辅助项目实施目标如图 4-3 所示。

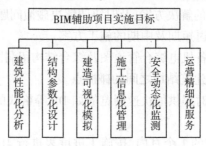

图 4-3　BIM 辅助项目实施目标

（3）BIM 应用内容。

结合 BIM 应用总体目标、项目实际工期要求、项目施工难点及特点，制定了本工程BIM 项目应用内容，如表 4-2 所示。

表 4-2　BIM 项目应用内容

项目名称	项目分层	项目内容
BIM 模型建立	（1）土建专业模型	按模型建立标准创建包含结构梁、板、柱截面信息、厂家信息、混凝土等级的 BIM 模型
	（2）钢结构专业模型	按模型建立标准创建钢结构 BIM 模型
	（3）机电专业模型	按模型建立标准创建机电专业 BIM 模型
深化设计	（1）管线综合深化设计	对全专业管线进行碰撞检查并提供优化方案
	（2）复杂节点深化设计	对复杂钢筋混凝土节点的配筋、钢结构节点的焊缝、螺栓等进行深化设计
	（3）幕墙深化设计	明确幕墙与结构连接节点做法、幕墙分块大小、缝隙处理、外观效果、安装方式
施工方案规划	（1）周边环境规划方案	对施工周边环境进行规划，合理安排办公区、休息区、加工区等的位置，减少噪声等环境污染
	（2）场地布置方案	解决现场场地划分问题，明确各项材料、机具等的位置堆放
	（3）专项施工方案	直观地对专项施工方案进行分析对比与优化，合理编排施工工序及安排劳动力组织

项目名称	项目分层	项目内容
4D 施工动态模拟	(1)土建施工动态模拟	给三维模型添加时间节点。对工程主体结构施工过程进行 4D 施工模拟
	(2)钢结构施工动态模拟管理	对钢结构部分安装过程进行模拟
	(3)关键工艺展示	制作复杂墙、板、配筋、关键节点的施工工艺展示动画,用于指导施工
施工管理平台开发	(1)平台开发准备	整合创建的全部 BIM 模型、深化设计、施工方案规划、施工进度安排等平台开发所需资料,建立施工项目数据库
	(2)平台架构制定	根据项目自身特点及总承包管理经验制定符合本项目的施工管理平台架构
	(3)平台开发关键技术	利用计算机编程技术开发相应的数据接口,结合以上数据库及平台架构,完成平台开发
总承包施工项目管理	(1)施工人员管理	将施工过程中的人员管理信息集成到 BIM 模型中,通过模型的信息化集成来分配任务
	(2)施工机具管理	包括机具管理和场地管理等,具体包括群塔防碰撞模拟、脚手架设计
	(3)施工材料管理	包括物料跟踪、算量统计等。用 BIM 模型自带的工程量统计功能实现算量统计
	(4)施工工法管理	将施工自然环境及社会环境通过集成的方式保存在模型中,对模型的规则进行制定,以实现对环境的管理
	(5)施工环境管理	包括施工进度模拟、工法演示、方案比选,利用数值模拟技术和施工模拟技术实现施工工法的标准化应用
施工风险管控	(1)施工成本预控	自动化工程量统计及变更修复,并指导采购,快速实行多维度(时间、空间、WBS)成本分析
	(2)施工进度预控	利用管理平台提高工作效率,施工进度模拟控制、校正施工进度安排
	(3)施工质量预控	复杂钢筋混凝土节点施工指导,移动终端现场管理
	(4)施工安全预控	施工动态监测、危险源识别

(4)BIM 技术路线。

在 BIM 应用内容计划的基础上,需要明确各计划实施的起始点及结束点,各应用计划间的相互关系,以确定工作程序、人员的安排。结合以往工程施工流程与 BIM 工作计划制定了符合 BIM 应用目标的 BIM 应用流程,如图 4-4 所示。同时,在 BIM 应用流程的基础上进一步确定实现每一流程所需要的技术手段和方法,如软件的选择,如表 4-3 所示。

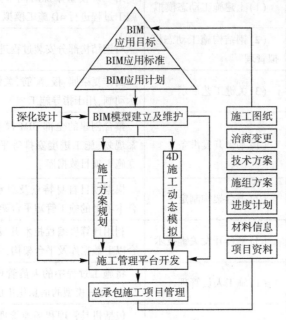

图 4-4 BIM 应用流程

表 4-3 BIM 应用软件选择举例

BIM 应用流程	BIM 应用内容	软件选择举例
1	BIM 模型建立	Revit
2	深化设计	Revit、navisworks
3	4D 施工模拟	navisworks
4	施工方案规划	Lumion

第 5 章　BIM 技术在项目设计阶段的应用

5.1　BIM 技术在设计阶段应用的主要内容

设计阶段是工程项目建设过程中非常重要的一个阶段,在设计阶段中将决策整个项目实施方案,确定整个项目信息的组成,对工程招标、设备采购、施工管理、运维等后续阶段具有决定性影响,尽管设计费在建设工程全过程费用中的比例不大,但资料显示,设计阶段对工程造价的影响可达 75% 以上。在 BIM 技术领域,设计阶段又是 BIM 模型发起和生成的一个重要阶段,所以无论从设计阶段对整体项目的重要性角度上看,还是 BIM 设计模型对于后续 BIM 技术应用的适用性角度,设计阶段的 BIM 技术应用都应成为重中之重。

一般而言,设计阶段可分为方案设计、初步设计(或扩大初步设计,简称扩初设计)和施工图设计三个阶段。在实际项目运用过程中,往往在施工图设计阶段后,还有专项深化设计阶段(一般包含钢结构、幕墙、机电深化等各专项设计)。

设计阶段的项目管理主要包含设计单位、业主单位和业主聘请的工程咨询单位等各参与方的组织、沟通和协调等管理工作。随着 BIM 技术在我国建筑领域的逐步发展和深入应用,设计阶段无疑将率先普及 BIM 技术应用,基于 BIM 技术的设计阶段项目管理将是大势所趋。掌握设计阶段如何运用 BIM 技术进行设计,如何对设计阶段的 BIM 技术应用进行管理,如何通过 BIM 技术从设计阶段进行项目建设全过程的精益化管理,降低项目成本,提高设计质量和整个工程项目的高完成度,降低项目能耗,将具有十分积极的意义。

在设计阶段,项目管理工作中应用 BIM 技术的最终目的是提高项目设计自身的效率,提高设计质量,强化前期决策的及时性和准度,减少后续施工期间的沟通障碍和返工,保障建设周期,降低项目总投资。同时,设计阶段的 BIM 技术应用也要兼顾后续施工阶段、运维阶段 BIM 技术应用的需要,为全过程 BIM 技术应用提供必要的基础。设计阶段BIM 技术应用的参与方主要有设计单位、业主单位、供货方和施工单位等,其中以设计单位和业主单位为主要参与方。

设计单位在此阶段利用 BIM 技术的协同技术,可提高专业内和专业间的设计协同质量,减少错漏碰缺,提高设计质量;利用 BIM 技术的参数化设计和性能模拟分析等各种功能,可提高建筑性能和设计质量,有助于及时优化设计方案、量化设计成果,实现绿色建筑设计;利用 BIM 技术的 3D 可视化技术,可提高和业主、供货方、施工等单位的沟通效率,帮助准确理解业主需求和开发意图,提前分析施工工艺和技术难度,降低图纸修改率,逐步消除设计变更,有助于后期施工阶段的绿色施工;便于设计安全管理、设计合同管理和设计信息管理,更好地进行设计成本控制、设计进度控制和设计质量控制,更有效地进行与设计有关的组织和协调。

业主单位在此阶段通过组织 BIM 技术应用，可以提前发现概念设计、方案设计中潜在的风险和问题，便于及时进行方案调整和决策；利用 BIM 技术与设计单位、施工单位进行快捷沟通，可提高沟通效率，减少沟通成本；利用 BIM 技术进行过程管理，监督设计过程，控制项目投资、控制设计进度、控制设计质量，更方便地对设计合同及工程信息进行管理，有效的组织和协调设计单位、施工单位及政府等相关方。通过业主组织，将设计阶段的 BIM 技术应用成果及时传递给施工单位，能够帮助施工单位迅速及时地开展施工阶段BIM 技术应用，为全过程 BIM 技术应用的开展奠定基础。在设计管理中的应用任务和各阶段具体应用点如表 5-1 所示。

表 5-1　BIM 在设计管理中的应用任务和各阶段具体应用点

设计阶段任务	各阶段的应用点	
1.质量控制 2.成本控制 3.进度控制 4.安全管理 5.合同管理 6.信息管理 7.组织协调等	方案设计阶段	概念设计 场地规划 方案比选
	初步设计阶段	结构分析 性能分析 工程算量 协同设计与碰撞检查
	施工图设计阶段	施工图纸生成 三维渲染出具

5.2　BIM 技术在方案设计阶段的应用

方案设计主要是指从建筑项目的需求出发，根据建筑项目的设计条件，研究分析满足建筑功能和性能的总体方案，提出空间架构设想、创意表达形式及结构方式的初步解决方法等，为项目设计后续若干阶段的工作提供依据及指导性的文件，并对建筑的总体方案进行初步的评价、优化和确定。

方案设计阶段的 BIM 应用主要是利用 BIM 技术对项目的可行性进行验证，对下一步深化工作进行推导和方案细化。利用 BIM 软件对建筑项目所处的场地环境进行必要的分析，如坡度、方向、高程、纵横断面、填挖方、等高线、流域等，作为方案设计的依据。

进一步利用 BIM 软件建立建筑模型，输入场地环境相应的信息，进而对建筑物的物理环境（如气候、风速、地表热辐射、采光、通风等）、出入口、人车流动、结构、节能排放等方面进行模拟分析，选择最优的工程设计方案。

方案设计阶段 BIM 应用主要包括利用 BIM 技术进行概念设计、场地规划和方案比选，该阶段的项目管理也将围绕上述应用开展和进行。

5.2.1　概念设计

概念设计即是利用设计概念并以其为主线贯穿全部设计过程的设计方法。它是完整而全面的设计过程,通过设计概念将设计者繁复的感性和瞬间思维上升到统一的理性思维上从而完成整个设计。概念设计阶段是整个设计阶段的开始,设计成果是否合理、是否满足业主要求对整个项目的余下阶段实施具有关键性作用。

基于 BIM 技术的高度可视化、协同性和参数化的特性,建筑师在概念设计阶段可在完成设计思路上快速精确表达的同时实现与各领域工程师无障碍信息交流与传递,从而实现设计初期的质量、信息管理的可视化和协同化。在业主要求或设计思路改变时,基于参数化操作可快速实现设计成果的更改,从而大大提高了方案阶段的设计进度。

BIM 技术在概念设计中应用主要体现在空间形式思考、饰面装饰及材料运用、室内装饰色彩选择等方面。为了更好地进行概念设计阶段的项目管理,业主应要求概念设计方积极采用 BIM 技术提供专业技术服务,以便于设计成果的检查和控制。

5.2.1.1　空间设计

空间形式及研究的初步阶段在概念设计中称其为区段划分,是设计概念运用中首要考虑的部分。

(1)空间造型。空间造型设计即对建筑进行空间流线的概念化设计,例如某设计是以创造海洋或海底世界的感觉为概念,则其空间流线将以曲线、弧线、波浪线的形式为主。当对形体结构复杂的建筑进行空间造型设计时,利用 BIM 技术的参数化设计可实现空间形体的基于变量的形体生成和调整,从而避免传统概念设计中的工作重复、设计表达不直观等问题。

(2)空间功能。空间功能设计即对各个空间组成部分的功能合理性进行分析设计,传统方式中可采用列表分析、图例比较的方法对空间进行分析,思考各空间的相互关系、人流量的大小、空间地位的主次、私密性的比较、相对空间的动静研究等。基于 BIM 技术可对建筑空间外部和内部进行仿真模拟,在符合建筑设计功能性规范要求的基础上,高度可视化模型可帮助建筑设计师更好地分析其空间功能是否合理,从而实现进一步的改进、完善。这样便有利于在平面布置上更有效、合理地运用现有空间,使空间的实用性充分发挥。

5.2.1.2　饰面装饰初步设计

饰面装饰设计来源于对设计概念及概念发散所产生的形的分解,对材料的选择是影响是否能准确有利地表达设计概念的重要因素。是选择具有人性化的带有民族风格的天然材料还是选择高科技的、现代感强烈的饰材,是由不同的设计概念而决定的。基于 BIM 技术,可对模型进行外部材质选择和渲染,甚至还可对建筑周边环境景观进行模拟,从而能够帮助建筑师能够高度仿真地置身于整体模型中,对饰面装修设计方案进行体验和修改。

5.2.1.3　室内装饰初步设计

色彩的选择往往决定了整个室内气氛,同时也是表达设计概念的重要组成部分。在室内设计中,设计概念即是设计思维的演变过程,也是设计得出所能表达概念的结果。基于 BIM 技术,可对建筑模型进行高度仿真性内部渲染,包括室内材质、色、质感甚至家具、设备的选择和布置,从而有利于建筑设计师更好地选择和优化室内装饰初步方案。

5.2.1.4 BIM 技术与项目管理

在概念设计阶段,设计和 BIM 技术应用的成果主要为生成三维 BIM 技术模型,同时基于三维 BIM 技术模型进行概念设计的推敲和完善。

此阶段 BIM 技术应用模型成果将作为后续设计深化应用的基础。该阶段 BIM 技术应用以三维空间形体为主,软件的选择建议兼顾后续设计应用的需要,同时要考虑与 3D 打印等结合应用,以虚拟的 BIM 模型和实际的 3D 模型相结合,共同展示和分析设计成果。

此阶段基于 BIM 技术应用的设计项目管理,既可以从空间形体的层面控制和管理,也可以要求基于 BIM 技术提供指标参数,如建筑面积、外表面尺寸、功能分区和面积等,通过指标参数的快速统计,为项目投资匡算提供更为接近的基础数据。同时,也建议和鼓励从概念设计阶段积极采用参数化设计技术,便于后续设计方案的快速调整。

5.2.2 场地规划

场地规划是指为了达到某种需求,人们对土地进行长时间的刻意的人工改造与利用。这其实是对所有和谐适应关系的一种图示,即分区与建筑,分区与分区。所有这些土地利用都与场地地形适应。

基于 BIM 技术的场地规划实施管理流程和内容如表 5-2 所示。

表 5-2　基于 BIM 技术的场地规划实施管理流程和内容

步骤	流程	实施管理内容
1	数据准备	1.地勘报告、工程水文资料、现有规划文件、建设地块信息。 2.电子地图(周边地形、建筑属性、道路用地性质等信息)、GIS 数据。
2	操作实施	1.建立相应的场地模型,借助软件模拟分析场地数据,如坡度、方向、高程、纵横断面、填挖方、等高线等。 2.根据场地分析结果,评估场地设计方案或工程设计方案的可行性,判断是否需要调整设计方案;模拟分析、设计方案调整是一个需多次推敲的过程,直到最终确定最佳场地设计方案或工程设计方案。
3	成果	1.场地模型。模型应体现场地边界(如用地红线、高程、正北向)、地形表面、建筑地坪、场地道路等。 2.场地分析报告。报告应体现三维场地模型图像、场地分析结果,以及对场地设计方案或工程设计方案的场地分析数据对比

BIM 技术在场地规划中的应用主要包括场地分析和整体规划。

5.2.2.1 场地分析

场地分析是对建筑物的定位、建筑物的空间方位及外观、建筑物和周边环境的关系、建筑物将来的车流、物流、人流等各方面的因素进行集成数据分析的综合。场地设计需要解决的问题主要有:建筑及周边的竖向设计确定、主出入口和次出入口的位置选择、考虑

图 5-1 场地分析图

景观和市政需要配合的各种条件。在方案策划阶段，景观规划、环境现状、施工配套及建成后交通流量等方面，与场地的地貌、植被、气候条件等因素关系较大。传统的场地分析存在诸如定量分析不足、主观因素过重、无法处理大量数据信息等弊端。通过 BIM 结合 GIS 进行场地分析模拟，得出较好的分析数据，能够为设计单位后期设计提供最理想的场地规划、交通流线组织关系、建筑布局等关键决策。如图 5-1 所示，利用相关软件对场地地形条件和日照阴影情况进行模拟分析，帮助管理者更好地进行项目的决策。

5.2.2.2 总体规划

通过 BIM 建立模型能够更好地对项目做出总体规划，并得出大量的直观数据作为方案决策的支撑。例如在可行性研究阶段，管理者需要确定出建设项目方案在满足类型、质量、功能等要求下是否具有技术与经济可行性，而 BIM 能够帮助提高技术经济可行性论证结果的准确性和可靠性。通过对项目与周边环境的关系、朝向可视度、形体、色彩、经济指标等进行分析对比，化解功能与投资之间的矛盾，使策划方案更加合理，为下一步的方案与设计提供直观、带有数据支撑的依据，如图 5-2 所示。

图 5-2 重庆市江北国际机场场地规划图

5.2.2.3 BIM 技术与项目管理

在场地规划设计阶段，相较概念设计阶段，设计更加深入，与实际地形地貌的契合度高，建议通过补充搭建场地 BIM 模型，与概念设计 BIM 技术成果进行整合分析，在此基础上进行场地规划设计。

此阶段，建议基于 BIM 技术引入一些定量的分析指标。比如分析土方平衡工程量等，通过大量的定量分析，来支持和铺垫定性分析，以提高场地和规划设计的高完成度和经济性，减少后续设计的往复，进而为整体的项目管理控制水平提升做出贡献。该阶段已开始多专业的协同，要关注软件的匹配性，要重视信息管理工作，要对图形文件与模型文件的版本管理高度重视。

5.2.3　方案比选

　　方案设计阶段是基于 BIM 技术进行设计多方案的比选应用,可以更充分和便捷地选出最佳的设计方案,同时为初步设计阶段提供对应的方案设计 BIM 模型。

　　具体应用是利用 BIM 软件,通过制作或局部的调整方式,形成多个备选的建筑或结构,或机电,或节点设计方案的 BIM 模型,进行比选,使建筑项目方案的沟通、讨论、决策在可视化的三维场景下进行,实现项目设计方案决策的直观和高效。

　　BIM 系列软件具有强大的建模、渲染和动画技术,持续运用 BIM 技术可以快速将专业、抽象的二维建筑描述得更加通俗化、三维直观化,使得其他参建单位技术和管理人员对项目功能性的判断更为明确、高效,决策更为准确。同时,可以基于 BIM 技术和虚拟现实技术对真实建筑及环境进行模拟,出具高度仿真的效果图和 VR 虚拟现实体验文件,设计者可以完全按照自己的构思去构建装饰"虚拟"的房间,并可以任意变换自己在房间中的位置,去观察设计的效果,至满意为止。这样就使设计者各设计意图能够更加直观、真实、详尽地展现出来,既能为项目的决策单位提供直观的感受,也能为后面的施工交付提供很好的依据。

　　以某建筑雨棚结构设计方案比选(见图 5-3)为例进行具体介绍。

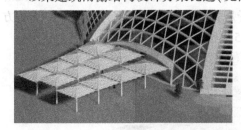
(a)方案一

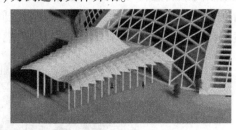
(b)方案二

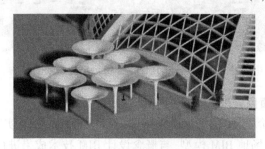
(c)方案三

图 5-3　某建筑雨棚结构设计方案比选

　　设计方案比选的主要目的是选出最佳的设计方案,为初步设计阶段提供对应的设计方案模型。基于 BIM 技术的方案设计是利用 BIM 软件,通过可视化等方式,直观观察,进行比选,使建筑项目方案的沟通、讨论、决策可以更容易地进行,实现项目设计方案决策的直观和高效。模型应体现建筑主体外观形状、建筑层数高度、基本功能分隔构件、基本面积等。报告应体现建筑项目的三维透视图、轴测图、剖切图等图片,平面、立面、剖面图等二维图,以及方案比选的对比说明。

5.3　BIM技术在初步设计阶段的应用

初步设计阶段是介于方案设计阶段和施工图设计阶段之间的过程,是对方案设计进行细化的阶段,根据项目的复杂程度,有时也增加扩大初步设计的阶段,本书中,将其归纳到初步设计阶段进行统一描述。初步设计阶段BIM应用主要包括结构分析、性能分析和工程算量。

5.3.1　结构分析

最早使用计算机进行的结构分析包括三个步骤,分别是前处理、内力分析、后处理。其中,前处理是通过人机交互式输入结构简图、荷载、材料参数及其他结构分析参数的过程,也是整个结构分析中的关键步骤,所以该过程也是比较耗费设计时间的过程。内力分析过程是结构分析软件的自动执行过程,其性能取决于软件和硬件,内力分析过程的结果是结构构件在不同工况下的位移和内力值。后处理过程是将内力值与材料的抗力值进行对比产生安全提示,或者按照相应的设计规范计算出满足内力承载能力要求的钢筋配置数据,这个过程人工干预程度也较低,主要由软件自动执行。在BIM模型支持下,结构分析的前处理过程也实现了自动化:BIM软件可以自动将真实的构件关联关系简化成结构分析所需的简化关联关系,能依据构件的属性自动区分结构构件和非结构构件,并将非结构构件转化成加载于结构构件上的荷载,从而实现了结构分析前处理的自动化。

基于BIM技术的结构分析主要体现在以下方面:

(1)通过IFC或Structure Model Center数据计算模型。

(2)开展抗震、抗风、抗火等结构性能设计。

(3)结构计算结果存储在BIM模型或信息管理平台中,便于后续应用。

5.3.2　性能分析

利用BIM技术,建筑师在设计过程中赋予所创建的虚拟建筑模型大量建筑信息(几何信息、材料性能、构件属性等)。只要将BIM模型导入相关性能分析软件就可得到相应分析结果,使得原本CAD时代需要专业人士花费大量时间输入大量专业数据的过程,如今可自动轻松完成,从而大大降低了工作周期,提高了设计质量,优化了服务质量。

性能分析主要包括以下几个方面:

(1)能耗分析:对建筑能耗进行计算、评估,进而开展能耗性能优化。

(2)光照分析:建筑、小区日照性能分析,室内光源、采光、景观可视度分析。

(3)设备分析:管道、通风、负荷等机电设计中的计算分析,模型输出,冷、热负荷计算分析,舒适度模拟,气流组织模拟。

(4)绿色评估:规划设计方案分析与优化、节能设计与数据分析、建筑遮阳与太阳能利用、建筑采光与照明分析、建筑室内自然通风分析、建筑室外绿化环境分析、建筑声环境分析和建筑小区雨水采集和利用。

5.3.3 工程算量统计

工程量的计算是工程造价中最烦琐、最复杂的部分,传统的造价模式占用了大量的人力资源去理解设计、读图识图和算量建模。

利用 BIM 技术辅助工程计算与造价控制,能大大加快工程量计算的速度。利用 BIM 技术建立起的三维模型可以全面地加入工程建设的所有信息。目前,部分国产软件已经能够根据模型自动生成符合国家工程量清单计价规范标准的工程量清单及报表等功能,未来,这样的功能将是行业主流。通过 BIM 技术应用,实现快速统计和查询各专业工程量,对材料计划、使用做精细化控制,避免材料浪费,如利用 BIM 信息化特征可以准确提取整个项目中防火门数量的准确数字、防火门的不同样式、材料的安装日期、出厂型号、尺寸大小等,甚至可以统计防火门的把手等细节。

国内主流的算量软件广联达发布的 BIM 5D 软件包,支持将 Revit 的模型直接导入广联达的算量软件中,进行算量。该系统主要实现了以下功能:

(1)实现 Revit 土建三维设计模型导入到造价算量软件,进而实现 BIM 的全过程应用。

对 Revit 土建模型导入算量插件(简称插件)实现了基于 Revit 创建的设计阶段三维模型直接导入专业算量软件(广联达系列算量软件),用于工程计量、计价,如图 5-4 所示。

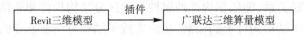

图 5-4   Revit 土建模型转广联达算量模型示意

(2)实现结构设计模型到三维设计模型再到造价算量模型的转换,进而实现 BIM 的全过程应用。

对于钢筋来说,广联达结构施工图设计软件 GICD 实现了将 PKPM 结构计算模型经过配筋设计后导入 Revit,形成基于 Revit 的设计阶段三维模型,并能直接导入专业算量软件(广联达系列算量软件),用于工程计量、计价。由结构计算模型转广联达三维算量模型示意如图 5-5 所示。

图 5-5   由结构计算模型转广联达三维算量模型示意

(3)在造价算量软件中,实现导入模型套取做法后快速提供工程造价,通过主流设计软件(Revit)与主流工程量计算软件(GCJ)的数据交互,直接将 Revit 设计模型导入算量软件,免去造价人员的二次重复建模,提高造价人员的工作效率。同时,支持主流结构计算软件(PKPM)和主流设计软件(Revit)与主流工程量计算软件(GCJ)的数据交互,直接将 Revit 设计模型导入算量软件,免去造价人员的二次重复建模,提高造价人员的工作效率。

这种方式,模型的转化率达到 98.7% 以上,工程量转化率达到 97.5% 以上,设计完成到统计清单时间缩短50%以上。

5.3.4 协同设计与冲突检查

在传统的设计项目中,各专业设计人员分别负责其专业内的设计工作,设计项目一般通过专业协调会议,以及相互提交设计资料实现专业设计之间的协调。在许多工程项目中,专业之间因协调不足出现冲突是非常突出的问题。这种协调不足造成了在施工过程中冲突不断、变更不断的常见现象。

BIM为工程设计的专业协调提供了两种途径,一种是在设计过程中通过有效、适时的专业间协同工作避免产生大量的专业冲突问题,即协同设计;另一种是通过对3D模型的冲突进行检查,查找并修改,即冲突检查。至今,冲突检查已成为人们认识BIM价值的代名词。实践证明,BIM的冲突检查已取得良好的效果。

5.3.4.1 协同设计

传统意义上的协同设计很大程度上是指基于网络的一种设计沟通交流手段,以及设计流程的组织管理形式。包括通过CAD文件、视频会议、通过建立网络资源库、借助网络管理软件等。

基于BIM技术的协同设计是指建立统一的设计标准,包括图层、颜色、线型、打印样式等。在此基础上,所有设计专业及人员在一个统一的平台上进行设计,从而减少现行各专业之间(以及专业内部)由于沟通不畅或沟通不及时导致的错、漏、碰、缺,真正实现所有图纸信息元的单一性,实现一处修改其他处自动修改,提升设计效率和设计质量。协同设计工作是以一种协作的方式,有效降低成本,在更快完成设计的同时,对设计项目的规范化管理也起到重要作用。

协同设计由流程、协作和管理三类模块构成。设计、校审和管理等不同角色人员利用该平台中的相关功能实现各自工作。

5.3.4.2 碰撞检查

二维图纸不能用于空间表达,使得图纸中存在许多意想不到的碰撞盲区。并且,目前的设计方式多为"隔断式"设计,各专业分工作业,依赖人工协调项目内容和分段,这也导致设计往往存在专业间碰撞。同时,在机电设备和管道线路的安装方面还存在软碰撞的问题(实际设备、管线间不存在实际的碰撞,但在安装方面会造成安装人员、机具不能到达安装位置的问题)。

基于BIM技术可将两个不同专业的模型集成为两个模型,通过软件提供的空间冲突检查功能找到两个专业构件之间的空间冲突可疑点,软件可以在发现可疑点时向操作者报警,经人工确认该冲突。冲突检查一般从初步设计后期开始进行,随着设计的进展,反复进行"冲突检查—确认修改—更新模型"的BIM设计过程,直到所有冲突都被检查出来并修正,最后一次检查所发现的冲突数为零,则标志着设计已达到100%的协调。一般情况下,由于不同专业是分别设计、分别建模,所以任何两个专业之间都可能产生冲突。因此,冲突检查的工作将覆盖任何两个专业之间的冲突关系。①建筑与结构专业,标高、剪力墙、柱等位置不一致,或梁与门冲突。②结构与设备专业,设备管道与梁柱冲突。③设备内部各专业,各专业与管线冲突。④设备与室内装修,管线末端与室内吊顶冲突。冲突检查过程是需要计划与组织管理的过程,冲突检查人员也被称作"BIM 协调工程师",他们将负责对检查结果进行记录、提交、跟踪提醒与覆盖确认。

5.4　BIM 技术在施工图设计阶段的应用

施工图设计是建筑项目设计的重要阶段,是项目设计和施工的桥梁。本阶段主要通过施工图纸,表达建筑项目的设计意图和设计结果,并作为项目现场施工制作的依据。

施工图设计阶段的 BIM 应用是各专业模型构建并进行优化设计的复杂过程。各专业信息模型包括建筑、结构、给排水、暖通、电气等专业。在此基础上,根据专业设计、施工等知识框架体系,进行冲突检测、三维管线综合等基本应用,完成对施工图设计的多次优化。针对某些会影响净高要求的重点部位,进行具体分析,优化机电系统空间走向排布和净空高度。

施工图设计阶段 BIM 应用主要包括各协同设计与碰撞检查、结构分析、工程量计算、施工图出具、三维渲染图出具。其中,结构分析和工程量计算是在初步设计的基础上进行进一步的深化,因此在此节不再重复。

5.4.1　施工图纸生成

设计成果中最重要的表现形式就是施工图,施工图是含有大量技术标注的图纸,在建筑工程的施工方法仍然以人工操作为主的技术条件下,施工图有其不可替代的作用。

CAD 的应用大幅度提升了设计人员绘制施工图的效率,但是,传统的方式存在的不足也是非常明显的:当产生了施工图之后,如果工程的某个局部发生设计更新,则会同时影响与该局部相关的多张图纸,如一个柱子的断面尺寸发生变化,则含有该柱的结构平面布置图、柱配筋图、建筑平面图、建筑详图等都需要再次修改,这种问题在一定程度上影响了设计质量的提高。模型是完整描述建筑空间与构件的模型,图纸可以看作模型在某一视角上的平行投影视图。基于模型自动生成图纸是一种理想的图纸产出方法,理论上,基于唯一的模型数据源,任何对工程设计的实质性修改都将反映在模型中,软件可以依据模型的修改信息自动更新所有与该修改相关的图纸,由模型到图纸的自动更新将为设计人员节省大量的图纸修改时间。施工图生成也是优秀建模软件多年来努力发展的主要功能之一,目前,软件的自动出图功能还在发展中,实际应用时还需人工干预,包括修正标注信息、整理图面等工作,其效率还不十分令人满意,相信随着软件的发展,该功能会逐步增强,工作效率会逐步提高。

5.4.2　三维渲染图出具

三维渲染图同施工图纸一样,都是建筑方案设计阶段重要的展示成果,既可以向业主展示建筑设计的仿真效果,也可以供团队交流、讨论使用,同时三维渲染图也是现阶段建筑方案设计阶段需要交付的重要成果之一。Revit Architecture 软件自带的渲染引擎,可以生成建筑模型各角度的渲染图,同时 Revit Architecture 软件具有 3Dmax 软件的软件接口,支持三维模型导出 Revit Architecture 软件的渲染步骤与目前建筑师常用的渲染软件大致相同,分别为:创建三维视图、配景设置、设置材质的渲染外观、设置照明条件、渲染参数设置、渲染并保存图像。

5.5 项目设计阶段 BIM 应用案例

5.5.1 南通市政务中心停车综合楼项目

5.5.1.1 项目概况

南通政务中心停车综合楼项目,位于南通市政务中心北侧地块。项目通过对预制构件进行标准化设计,对设计方案进行基于 BIM 技术的优化比选,以达到"少规格、多组合"的预制构件种类,从而降低建造成本。该装配式项目在结构上采用装配整体式框架——现浇核心筒结构体系,在结构设计过程中结合施工流程与特点,进行整合设计,从而使施工阶段实现了无外脚手架、无外模板、无抹灰、无现场砌筑的绿色施工,大大地加快了施工进程。该项目的预制率达到 53.3%,围护结构及栏杆等部品部件装配率达 93%。

5.5.1.2 BIM 应用

该项目在设计上基于绿色建筑被动式节能的设计理念,在车库楼设计中采用开敞式的方式,实现了自然采光、自然通风的节能效果,项目达到了65% 的节能标准,同时在办公楼部分采用铝合金活动外遮阳卷帘,可调节遮阳比例达到 28% 以上;屋面采用太阳能系统充分利用可再生能源;屋顶进行绿化处理,建筑车库楼层部分外侧采用垂直绿化,如图 5-6 所示。

图 5-6 效果图

本项目选用的建筑 BIM 软件为 Revit,以此为平台,搭建建筑 BIM 模型,并进行碰撞模拟、空间优化等应用,在预制构件连接节点的处理上,结合 Cartier 软件对节点进行精细化设计。对于 BIM 技术在设计阶段的应用主要有如下几点。

1.全专业 BIM 模型

对建筑、结构、MEP 进行 BIM 模型搭建,模型的精细度基本达到 LOD300(模型的细致程度,英文称作 Level Of Details,描述了一个 BIM 模型构件单元从最低级的近似概念化的程度发展到最高级的演示级精度的步骤),满足生成施工图的要求。

2.性能分析

基于 BIM 模型进行各种能耗模拟。在 Revit 的基础上,通过与其他软件的数据互通,将 BIM 模型导入到模拟分析软件中进行模拟分析。在采光分析中,选用 DALI 分析软件,对建筑室内、立面的自然采光情况进行计算分析,如图 5-7 所示。采用 PHOENICS 软件对本项目周边风环境、室内自然通风状况进行模拟。从项目周边的风速、流场、风压三个方面,进行风环境状况分析,为建筑的室内自然通风设计提供参考和依据,然后根据室内在开窗和关窗两种条件下进行自然通风分析评价,如图5-8所示。

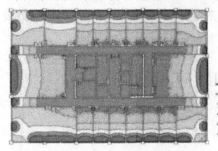

图5-7　采光分析图

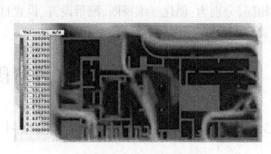

图5-8　风速云图

图5-9　可视化应用

3.可视化应用

结合FUZOR视频引擎,基于Revit平台,实现BIM模型与该引擎的双向无缝对接,从而对建筑进行可视化浏览。通过人行模拟对建筑空间进行体验和检测,发现了设计过程中存在的问题,帮助设计师进行决断,如图5-9所示。

4.碰撞检查

该项目的MEP采用Revit MEP软件进行建模,与建筑模型进行协同设计。在本项目的预制构件中,针对梁、楼板、花池等部位需要进行预留洞口设计,将MEP模型导入Naviworks软件进行碰撞检查,以发现彼此之间存在冲突的位置,从而进行有针对性的洞口设计,保证了在现场施工过程中的快速准确施工,避免了现场开洞等现象,如图5-10所示。

5.结构预制构件设计

本项目主要是针对结构专业,在装配式建筑结构设计过程中运用了BIM技术,因为Revit软件的自身限制,结构设计过程中采用了Cartier软件,该软件除了可以对结构构件进行可视化设计,还可以模拟构件的现场拼装过程,如图5-11所示。

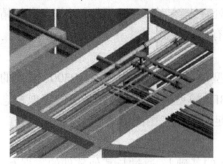

图5-10　管线碰撞分析

图5-11　预制构件设计

6.图纸生成

本项目的BIM模型建模精细度满足直接出图的标准,在图纸生成阶段,基于BIM模型实现施工图纸的一键生成,大大提高了该环节的工作效率,确保了图纸信息的准确性。

5.5.2 上海市宝山易通新城住宅项目

5.5.2.1 项目介绍

本工程位于上海市宝山区顾村镇,占地面积 27 598.72 m²,总建筑面积 71 389.87 m²,地上建筑面积 57 563.74 m²,地下建筑面积 13 826.13 m²。单体数量为 6 栋,建筑层数 9 层,建筑高度 27.7 m。建筑为钢筋混凝土装配式,如图 5-12 所示。

图 5-12 效果图

5.5.2.2 BIM 应用

(1)全专业 BIM 模型。运用 BIM 软件对建筑结构、水电、暖通等专业进行建模,同时在设计过程中依据模块化的设计概念在 BIM 软件平台进行空间的模块化设计,然后进一步细化,进行室内装饰、水电管线等布置,在设计初期就集合到模块化空间中去,尽可能地完成标准化地设计流程。

(2)碰撞检查及优化。基于 BIM 分析软件对 BIM 模型专业之间、构件之间进行碰撞检查分析,检测分为人为检测和 BIM 软件自动检测两种方式,共发现图纸问题 23 项,如图 5-13 所示。

(3)生产材料清单。根据 BIM 软件自动对项目的材料用量进行统计,对比分析不同设计方案下的造价差别,方便设计人员进行比选与优化。

(4)节点可视化设计。在 BIM 模型的基础上关联进度计划,形成 4D 施工模拟动画,通过模拟预演施工场景,形象直观地表达每个构件的施工工艺流程,并在 BIM 模型的基础上对复杂节点进行可视化交底,工人能清楚地理解构件的拼装顺序,以及构件钢筋与现浇部分钢筋穿筋节点的位置关系,从而能更好地指导构件现场拼装施工,提高构件安装质量。

(5)图纸生成。在该项目中,利用 Revit 软件对建筑的主要平、立、剖面,以及构配件的详图进行一键出图。但由于软件和操作人员本身的技术原因,出图的图纸有部分纰漏和错误,之后运用传统的制图方法,在相应的二维软件中进行细化和优化,以达到指导施工的要求,如图5-14所示。

图 5-13 管线碰撞分析

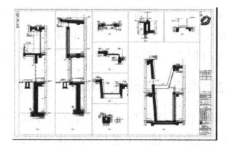

图 5-14 图纸生成

第6章 BIM技术在项目施工阶段的应用

6.1 概 述

6.1.1 项目施工阶段BIM应用意义

BIM模型是一个包含建筑所有信息的数据库,因此可以将3D建筑模型与时间、成本结合起来,从而对建设项目进行直观的施工管理。BIM技术具有模拟性的特征,不仅可以模拟设计出的建筑物模型,还可以模拟在真实世界中不能进行操作的事物,例如节能模拟、紧急疏散模拟、日照模拟、热能传导模拟等。在招标投标和施工阶段,利用BIM的模拟性可以进行4D模拟(三维模型加项目的进度),也就是根据施工的组织设计模拟实际施工,从而确定合理的施工方案来指导施工。同时,还可以进行5D模拟(基于4D模型的造价控制),来实现成本控制。

总之,在项目施工阶段应用BIM技术的意义重大,主要表现在以下方面:

(1)在施工阶段开展BIM技术的研究与应用,加速推进BIM技术从设计阶段向施工阶段的应用延伸,降低信息传递过程中的衰减。

(2)促进推广工程施工组织设计、施工过程变形监测、施工深化设计、大体积混凝土计算机测温等方面计算机应用系统在实践中的应用。

(3)促进推广虚拟现实和仿真模拟技术的应用,辅助大型复杂工程施工过程管理和控制,实现事前控制和动态管理。

(4)促进在工程项目现场管理中应用移动通信和射频技术,通过与工程项目管理信息系统结合,实现工程现场远程监控和管理。

(5)促进基于BIM技术的4D项目管理信息系统在大型复杂工程施工过程中的研究与运用,实现对建筑工程有效的可视化管理。

(6)促进工程测量与定位信息技术在大型复杂超高建筑工程以及隧道、深基坑施工中的应用实践,实现对工程施工进度、质量、安全的有效控制。

(7)促进工程结构健康监测技术在建筑物及构筑物建造与使用中的应用。

6.1.2 项目施工阶段BIM应用需求

BIM在项目施工阶段中的应用可以分为11个大模块,分别为投标应用、深化设计、图纸和变更管理、施工工艺模拟优化、可视化交流、预制加工、施工和总承包管理、工程量应用、竣工数字化集成交付、信息化管理及其他应用。项目实施阶段BIM应用需求清单如表6-1所示。

表 6-1　项目实施阶段 BIM 应用需求清单

应用模块	具体应用点
BIM 支持投标应用	技术标书精细化;提高技术标书表现形式;工程量计算及报价;投标演示视频制作
基于 BIM 深化设计	碰撞分析、管线综合;巨型及异型构件、钢筋复杂节点深化设计;钢结构连接处钢筋节点深化设计;机电穿结构预留洞口深化设计、砌体工程深化设计、样板展示、楼层装饰装修深化设计;综合空间优化;幕墙优化
支持图纸和变更管理	图纸检查;空间协调和专业冲突检查;设计变更评审与管理;BIM 模型出施工图;BIM 模型出工艺参考图
基于 BIM 施工工艺模拟优化	大体积混凝土浇筑施工模拟;基坑内支撑拆除施工模拟及验算;钢结构及机电工程大型构件吊装施工模拟;大型垂直运输设备的安拆及爬升模拟与辅助计算;施工现场安全防护设施施工模拟;设备安装模拟仿真演示;4D施工模拟;基于 BIM 的测量技术;模板、脚手架、高支撑 BIM 应用;装修阶段BIM 技术应用
基于 BIM 可视化交流	作为相关方技术交流平台;作为相关方管理工作平台;基于 BIM 的会议组织;漫游仿真展示;基于三维可视化的技术交底
BIM 支持预制加工	数字化加工 BIM 应用;混凝土构件预制加工;机电管道支架预制加工;机电管线预制加工;为构件预制加工提供模拟参数;预制构件的运输和安排
基于 BIM 施工和总承包管理	施工进度三维可视化演示;施工进度监控和优化;施工资源管理;施工工作面管理;平面布置协调管理;工程档案管理
基于 BIM 工程量应用	基于 BIM 技术的工程量测算;BIM 工程量与定额的对接应用;通过 BIM进行项目策划管理;5D 分析
竣工数字化集成交付	竣工验收管理 BIM 应用;物业管理信息化;设备设施运营和维护管理;数字化交付
基于 BIM 信息化管理	采购管理 BIM 应用;造价管理的 BIM 应用;BIM 数据库在生产和商务上的应用;质量管理 BIM 应用;安全管理 BIM 应用;绿色施工;BIM 协同平台的应用;基于 BIM 的管理流程再造
其他应用	三维激光扫描与 BIM 技术结合应用;GIS+BIM 技术的结合应用;物联网技术与 BIM 技术的结合应用

6.1.3　项目施工阶段 BIM 模型的建立与维护

在建设项目中,需要记录和处理大量的图形和文字信息。传统的数据集成是以二维图纸和书面文字进行记录的,但当引入 BIM 技术后,将原本的二维图形和书面信息进行了集中收录与管理。在 BIM 中"I"为 BIML 的核心理念,也就是"Information",它将工程中庞杂的数据进行了行之有效的分类与归总,使工程建设变得顺利,减少和消除了工程中出现的问题。但需要强调的是,在 BIM 的应用中,模型是信息的载体,没有模型的信息是不能反映工程项目内容的。所以 BIM 中"M"(Modeling)也具有相当的价值,应受到相应的重视。BIM 的模型建立的优劣,将会对将要实施的项目在进度、质量上产生很大的影响。BIM 是贯穿整个建筑全生命周期的,在初始阶段的问题,将会一直延续到工程结束。同时,失去模型这个信息的载体,数据本身的实用性与可信度将会大打折扣。所以,在建立 BIM 模型之前,一定要建立完备的流程,并在项目进行的过程中,对模型进行相应的维护,以确保建设项目能安全、准确、高效地进行。

在工程开始阶段,由设计单位向总承包单位提供设计图纸、设备信息和 BIM 创建所需数据,总承包单位对图纸进行仔细核对和完善,并建立 BIM 模型。在完成根据图纸创建的初步 BIM 模型后,总承包单位组织设计和业主代表召开 BIM 模型及相关资料法人交接会,对设计提供的数据进行核对,并根据设计和业主的补充信息,完善 BIM 模型。在整个 BIM 模型创建及项目运行期间,总承包单位将严格遵循经建设单位批准的 BIM 文件命名规则。

在施工阶段,总承包单位负责对 BIM 模型进行维护、实时更新,确保 BIM 模型中的信息正确无误,保证施工顺利进行。模型的维护主要包括以下几个方面:根据施工过程中的设计变更及深化设计,及时修改、完善 BIM 模型;根据施工现场的实际进度,及时修改、更新 BIM 模型;根据业主对工期节点的要求,上报业主与施工进度和设计变更相一致的 BIM 模型。在施工阶段,可以根据表 6-2 对 BIM 模型进行完善和维护相关资料。

表 6-2　BIM 模型管理协议和流程

序号	模型管理协议和规程	是否适用于本项目	详细描述
1	模型起源点坐标系统、精密、文件格式和单位	是/否	是/否
2	模型文件存储位置(年代)	是/否	是/否
3	流程传递和访问模型文件	是/否	是/否
4	命名约定	是/否	是/否
5	流程聚合模型文件从不同软件平台	是/否	是/否
6	模型访问权限	是/否	是/否
7	设计协调和冲突检测程序	是/否	是/否
8	模型安全需求	是/否	是/否

在 BIM 模型创建及维护的过程中,应保证 BIM 数据的安全性。建议采用以下数据安全管理措施:BIM 小组采用独立的内部局域网,阻断与因特网的连接;局域网内部采用真实身份验证,非 BIM 工作组成员无法登录该局域网,进而无法访问网站数据;BIM 小组进行严格分工,数据存储按照分工和不同用户等级设定访问和修改权限;全部 BIM 数据进行加密,设置内部交流平台,对平台数据进行加密,防止信息外漏;BIM 工作组的电脑全部安装密码锁进行保护,BIM 工作组单独安排办公室,无关人员不能入内。

6.2 BIM 技术在招标投标阶段的应用

基于 BIM 技术的信息化、参数化、可视化等特点,并结合网络技术、云技术、大数据、自动化设备等先进的软硬件设施,使 BIM 技术的特点得到充分的发挥,使其在招标投标阶段得到广泛的应用,大大提高招标投标工作的效率和质量。基于以上特点,BIM 技术在施工企业投标阶段的主要应用优势体现在以下几方面:

(1)通过可视化,可以使标书得到更好的展示和表达,提升标书的表现力。

(2)通过数据化,可以提高投标算量的速度和准确性,节省大量的人力物力。

(3)通过信息化,可以提升技术标、商务标编制的联动性,促进技术方案和商务报价的协调统一。

(4)通过 BIM 技术的综合应用,可以优化技术标方案选型,提升质量、安全、工期、文明施工等多方面的施工水平,进而提升履约品质、降低施工成本,提升竞标实力和中标率。

6.2.1 BIM 技术在商务标编制中的应用

从宏观上概括商务标的编制,可以总结为两方面的核心内容,其一,准确地计算工程量;其二,合理地进行清单项的报价,进而确定工程总价。由于市场竞争日趋透明、激烈,同时施工的不确定性因素日益增多,使得报价技巧在商务标编制中显得更加重要,投标人员必须将更多的时间花费在投标报价技巧上。这就给商务标编制提出了两方面要求,一方面是算量工作要更加快速;另一方面是投标报价要更加合理。

6.2.1.1 基于 BIM 技术的商务标算量

基于 BIM 模型可以快速地提取各类工程量,并且方便对各类工程量进行整理、合并和拆分,以满足投标中不同参与人员对工程量的不同需求。与传统的手动计算工程量相比,基于 BIM 技术的商务标算例具有以下明显的优势:

(1)算量效率大大提高:在模型精度能够满足投标需要的情况下,可通过软件自动提取各类工程量,整个工程量提取过程仅需数分钟,较手动算量节约大量的时间。同时 BIM 模式下,所有人的工程量提取均基于同一个模型,而不是每人进行一项算量工作,可明显降低人员投入。

(2)算量准确性提高:软件自动算量可以精准地计算到每个构件的工程量,既不会有重复,也不会出现遗漏,可达到与模型 100% 的吻合。同时,生成的工程量清单与模型存在内在的数据关系,当模型发生变化时,相应的工程量会随之改变,不会出现因更新不及时造成的工程量偏差情况。

但是,目前国内基于 BIM 的商务标算量往往也存在以下种种问题。

一是在投标阶段业主很少提供 BIM 模型给投标单位,投标单位需要基于二维图纸重新建模,在考虑到算量准确的基础上重新建模所花时间较长,从而影响投标效率。

二是,国内目前投标阶段 BIM 模型建立人员往往为技术人员或 BIM 专职人员,普遍缺乏商务知识,建模规则往往无法满足商务算量需求。

三是,国内目前商务算量普遍采用图形算量,以及根据二维图纸通过建立三维模型来得到工程算量。因此,商务系统在投标阶段通常会建立三维算量模型,但此三维模型仅具备算量所需的几何信息与材质信息,不能算作真正意义上的 BIM 模型。考虑到投标阶段的 BIM 工作以可视化为主,投标团队可使用商务算量模型作技术标的可视化展示用。所以,在使用 BIM 技术辅助商务标算量技术系统与商务系统时需进行协同,确定建模标准,避免重复建模的现象发生。

6.2.1.2　基于 BIM 技术的商务标报价

商务标报价是商务标编制中极为重要的工作内容,该报价将对投标结果起到决定性的影响,因此必须足够准确。同时,商务标报价也是体现施工企业技术水平、管理水平的重要指标,因此该报价数据更多地取决于企业自身。

传统的商务报价多是商务人员根据自身从业经验及对分包的询价进行填报,这种填报方法对投标人的经验有很大的依赖性,往往会因为从业人员经验的局限性不能真实体现企业的真实管理水平。而投标期间的频繁询价,也会对投标效率产生相应影响。

基于 BIM 技术的商务标报价是以大数据为核心的报价方式。以 VicoOffice 及 RibiTWO 等 5D 平台为例,介绍工程造价 BIM 平台。

企业首先根据在施工过程中真实成本情况收集各工程列项的大数据,通过统计分析的方法得到能够真实反映企业管理水平的报价,形成投标报价数据库,该数据库将随着大数据的不断丰富实时更新。商务标报价过程中,根据工程项直接在报价数据库中提取相应数据即可。这样的报价方式不仅节省大量的询价、组件的时间,同时填报的数据能够真实反映企业实际水平,是最准确、最有效的报价值。

6.2.2　BIM 技术在技术标编制中的应用

从宏观上概括技术标的编制,可以总结为两方面的核心内容,其一,根据招标图纸的内容和招标文件的要求选择合适的施工部署、工艺方案和管理方法;其二,将所选的施工部署、工艺方案和管理方法通过直观的、准确的、简明的方法表达给招标人。

在传统的施工单位投标过程中,受技术手段和表现方法的限制,这两方面工作始终面临很大的困难,尤其是在面对结构复杂、体量大、技术难度大的工程和业主对技术标的苛刻要求时,这种困难就更加明显。一方面,是施工工艺和管理方法更加复杂,难以攻破;另一方面,通过传统的文字和二维图纸也难以简明、清晰的对复杂工艺进行准确的表达。这就使得技术标编制的质量在很长一段时间内没有明显的改观。

而 BIM 技术的应用恰好能够帮助投标人员解决这两方面的问题:

首先,BIM 技术可视化能力能够方便帮助投标人员进行施工部署和方案选型工作,通过方法推敲、验证得到最优化的施工部署。

其次,BIM 技术的综合应用能为项目管理提供更有效的方法和更高效的协同机制,能够发挥各部门、各岗位人员的作用,通过协同和联动解决管理上的难题。

最后,BIM 技术能够进行直观、美观的可视化表达,方便生成有关的图表、数据,提高标书的表现力。

6.2.3 BIM 技术在招标投标阶段的应用效果分析

将 BIM 技术应用在工程项目的设计建模阶段及招标投标阶段,是应用 BIM 技术构建项目全生命周期信息平台的初步实践,为后期全面利用 BIM 平台实现项目全生命周期的集成管理铺路。

首先,BIM 技术应用在设计建模阶段时,打破传统二维呈现设计成果的方式,三维立体更为简单直观,使得识图过程更为方便快捷。从设计阶段的 BIM 技术应用开始构建项目信息模型,为实现全生命周期过程的集成管理打下基础。在设计阶段,BIM 技术辅助建立项目的模型,并在操作人员综合考虑现场诸多影响因素的情况下,快速地实现项目模型中场地布置的优化。同时,为避免因为设计原因造成的施工过程中返工、设计更改、再施工、遇见碰撞再返工等现象而实施碰撞检查,能够有效减少各专业、各部件的交错碰撞现象,降低返工和变更成本。

其次,BIM 技术应用在招标阶段时,需要利用插件将模型导入广联达算量软件中,做到一模多用,真正实现设计阶段与招标投标阶段的对接。在前面建模的基础之上,将模型导入广联达相关算量计价软件当中,能够十分高效地计算各部分的工程量,摆脱繁杂且容易出错的传统手工算量造成的延误和差错。以此为基础,利用广联达软件算量计价一体化的技术特点,在进行模型优化和计价完善之后,快速获得工程量清单及控制价,进而编制招标文件。这样在 BIM 信息模型的基础之上完成招标文件编制过程,既快速又高效,大大提高了工作效率。

最后,BIM 技术应用在投标阶段时,能够快速编制商务标和技术标。其中,商务标的重点是投标报价,技术标的重点是施工组织设计。因此,利用 BIM 平台能够直观呈现三维施工现场的合理有效布置,并且随着工程进行过程模拟实现动态管理。鉴于施工进度计划是建设方和施工方都极为关注的内容,可以利用 BIM 技术实现基于 BIM 5D 的虚拟施工,利用动画播放,形象直观,有助于项目相关参与人员掌握项目的整体进度、资金趋势等。同时,将建筑模型导入模板脚手架软件,完成创建案例工程的外脚手架和各类构件模板的模型,生成安全计算书,进而完成整个模板脚手架专项工程的方案编制。这样便完成了投标阶段编制商务标和技术标的工作,比传统过程更为快速有效。

总体而言,利用 BIM 平台实施招标投标过程,将业主方主导的招标和施工方积极参与的投标阶段紧密联系起来,招标方的信息能够导入施工方相关软件里,便于招标投标双方的信息沟通。同时,招标和投标阶段都是项目全生命周期的一个阶段,十分便利地就收集了全生命周期内的所有信息,以利于其他阶段的信息交流和沟通协商。由于 BIM 技术在设计建模阶段和招标投标阶段都具有得天独厚的优势,其最明显的应用效果就是又快、又好地完成各阶段的任务,因此具有很好的实践应用价值。

6.3   BIM 技术在深化设计阶段的应用

深化设计是指在业主或设计方提供的条件图或原理图的基础上,结合施工现场实际情况,对图纸进行细化、补充和完善。深化设计是为了将设计师的设计理念、设计意图在施工过程中得到充分体现,是为了在满足甲方需求的前提下,使施工图更加符合现场实际情况,是施工单位的施工理念在设计阶段的延伸,是为了更好地为甲方服务,满足现场不断变化的需求,是为了在满足功能的前提下降低成本,为企业创造更多利润。深化设计管理是总承包管理的核心责任之一,也是难点之一,例如机电安装专业的管线综合排布一直是困扰施工企业深化设计部门的一个难题。传统的二维 CAD 工具,仍然停留在平面重复翻图的层面,深化设计人员的工作负担大、精度低,且效率低下。利用 BIM 技术可以大幅提升深化设计的准确性,并且可以三维形式直观反映深化设计的美观程度,实现 3D 漫游与可视化设计。

基于 BIM 的深化设计可以笼统地分为以下两类:

(1)专业性深化设计。专业性深化设计的内容一般包括土建结构、钢结构、幕墙、电梯、机电各专业(暖通空调、给水排水、消防、强电、弱电等)、冰蓄冷系统、机械停车库、精装修、景观绿化深化设计等。这种类型的深化设计应该在建设单位提供的专业 BIM 模型上进行。

(2)综合性深化设计。对各专业性深化设计初步成果进行集成、协调、修订与校核,并形成综合平面图、综合管线图。这种类型的深化设计着重与各专业图纸协调一致,应该在建设单位提供的总体 BIM 模型上进行。

尽管不同类型的深化设计所需的 BIM 模型有所不同,但是从实际应用来讲,建设单位结合深化设计的类型,采用 BIM 技术进行深化设计应实现以下几个基本功能:

(1)能够反映深化设计的特殊需求,包括进行深化设计复核、末端定位与预留,加强设计对施工的控制和指导。

(2)能够对施工工艺,进度,现场,施工重点,难点进行模拟。

(3)能够实现对施工过程的控制。

(4)能够由 BIM 模型自动计算工程量。

(5)实现深化设计各个层次的全程可视化交流。

(6)形成竣工模型,集成建筑设施、设备信息,为后期运营提供服务。

以广州某文化旅游项目为例,介绍 BIM 技术在深化设计中的应用。该项目占地面积 18.1 万㎡,总建筑面积达 34.97 万 m²,其中地上 31.68 万 m²,地下 3.29 万 m²。规划有亚洲最大的第四代室内滑雪场、室内水乐园、体育乐园和大型商业。主要结构形式为巨型混凝土排柱+大跨度空间桁架结构。该项目地理位置三维鸟瞰图如图 6-1 所示。

图 6-1　广州某文化旅游项目地理位置三维鸟瞰图

广州某文化旅游项目包括了四个业态,除了大型商业,其他三个业态滑雪场、水乐园、体育乐园都是创新业态,四个业态的组合相互连接,但又相互独立。项目采用施工总承包形式,由中国建筑第八工程局负责施工。合同要求在施工阶段使用 BIM,并保证移交给后期运营单位时有符合要求的建筑信息模型,而施工阶段是 BIM 应用最薄弱的环节。

项目计划开工日期 2015 年 9 月 16 日,计划竣工日期 2018 年 8 月 12 日,合同工期1 062日历天,但是在实际施工中,由于业主对设计内容的变更,出现大的改动,将工期延期至 2019 年 6 月 15 日。工程范围包括以下方面,分别为总承包单位施工的工程、总承包管理、指定分包施工的工程和独立分包施工的工程,还包括业主指定供应的材料和设备,以及业主限价、承包商采购的材料和设备,规定项目条目繁杂详细。

国内总承包商对深化设计的管理主要有两方面:对初步设计和设计变更的管理,以及对设计的深化和协调管理。在万达茂项目的施工总承包管理中,由国外设计单位承担方案设计,国内设计单位承担建筑和结构设计,施工单位作为施工总承包商,为了利于施工承担了部分深化设计工作。在此过程中,以 BIM 标准为基础,应用 BIM 技术对各专业图纸进行了深化设计。

6.3.1 钢结构深化设计

广州某文化旅游项目有大量钢结构工程,除了钢管混凝土柱、混凝土劲性柱,钢筋桁架楼承板及其他零星钢结构工程等,所有屋盖结构和部分楼层板也都为钢结构,其中滑雪场钢屋盖设计施工难度最大,最高98 m,桁架最大跨度110 m,高度9 m,雪道层桁架高度约 10 m,分为高区、低区和乐园区三部分,为保证进度,分两个标段由两家钢结构分包单位施工。

钢结构工程 BIM 技术应用 Tekla Structures 软件建模,图 6-2 就是该软件设计的滑雪场总体结构三维钢示意。

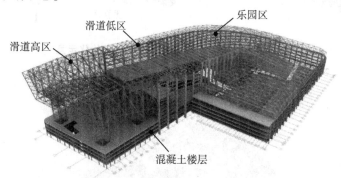

图 6-2　滑雪场总体结构三维示意

6.3.1.1　复杂节点的优化设计

本工程结构的构造形式复杂,结构类型样式较多,对加工制作等要求非常高,尤其是在雪道层部位,构建界面大,其节点受力复杂,主要上部荷载均通过雪道层传递到下部支撑筒柱上。深化设计过程中,结合截面的构造特点及加工制作工艺要求进行合理化设计。

解决措施:①针对特殊复杂造型的构造进行技术探讨。总工程师会同结构设计负责人及焊接工程师,进行相关技术探讨,考虑构件工厂加工、节点焊接和接头设置等进行集中讨论并深化设计。②采用先进的钢结构深化设计软件 TEKLA Stuctures 16.0 进行深化设计,利用软件的三维建模优势和碰撞校核等优势提高设计效率和准确性。③对节点进行有限元计算。在原设计单位计算模型的基础上深化节点,了解构件在各种工况下的工作状态,利用 MIDA SGEN 2014 有限元分析计算软件,同时对所有复杂节点进行有限元分析,确保节点受力满足设计要求,同时了解所有节点内部应力分布,在充分理解设计意图的基础上进行交底和宣贯。

图 6-3 和 6-4 所示的节点优化示意,即是通过项目技术团队优化后得到的优化图。

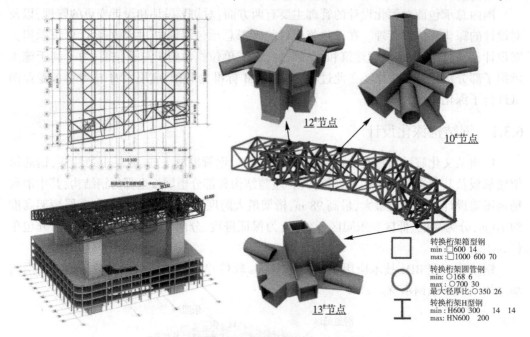

图 6-3　雪道转换桁架层示意及其节点优化示意

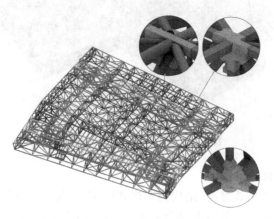

图 6-4　高区雪道层典型节点优化示意

136

6.3.1.2　大跨度结构预起拱与反变形设计

屋盖为组合桁架大跨度结构,单榀门拱式结构的最大跨度达110 m,整体构造及节点形式复杂,屋顶为金属屋面系统。在结构自重作用下,大跨度屋盖将产生一定的下挠变形,如果结构的变形过大,会影响到整个结构的外形、构件的几何尺寸和使用功能。产生变形的主要因素如下:

一方面,大跨度屋盖安装施工过程中需要设置大量的临时支撑,钢结构安装完成后的卸载变形会比较大;另一方面,金属屋面及保温系统安装完成后,其自重将导致钢结构的向下变形。因此,钢结构深化时必须综合考虑结构的预起拱和反变形,这也是非常重要的一项工作。

解决措施:屋盖桁架的反变形主要通过结构整体变形计算分析和施工过程计算分析的结果设置反变形量,在钢结构深化(特别是桁架)建模时,采用设计计算好的预起拱值,工厂按照深化设计好的预起拱后的构件几何尺寸进行加工。安装施工过程的变形分析相对更为复杂,它和结构支撑加载、卸载的方法与顺序直接相关。对此,将采用有限元分析计算软件 MIDAS Gen2014,通过多次迭代计算和模拟分析计算确定最终的反变形量和轴线模型,提交设计单位复核与认可后,将其作为本工程深化设计的基准模型。图6-5即为深化设计软件示意。

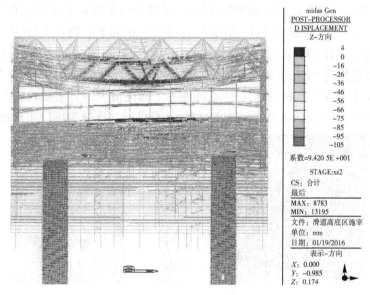

图6-5　深化设计软件示意

通过计算,按照规范要求的1/1 000的起拱率,110 m的桁架设计起拱值为110 mm,但是根据计算的下挠值可以看到,最大达到105 mm,虽然可以满足卸载后的下挠要求,但是一旦有外界其他因素的干扰,下挠值超过设计起拱值会对结构产生极大的危害。经过综合考虑,并同设计沟通,深化后按照1/600设计起拱值,即最大起拱值为180 mm,以确保最终结构的稳定性。

通过卸载前后实际变形监测结果显示,屋盖低区桁架最大下挠值为S8点的−132 mm,

屋盖高区桁架最大下挠值为 S13 点的-90 mm,满足修改后的设计要求。BIM 技术的应用避免了一次重大工程事故的发生,有效解决了工程实际问题。

6.3.2　幕墙深化设计

　　万达茂外立面主要由玻璃幕墙、铝板幕墙、直立锁金属屋面、玻璃采光顶、菱形铝板幕墙等组成。幕墙面积大(铝板幕墙 5 万 m^2,玻璃幕墙 1 万 m^2),其中异型不规则铝板(面积 4 万 m^2)、异型点式玻璃(面积 5 000 m^2),安装难度较大,质量要求高,菱形面板龙骨定位,点式玻璃支撑点定位要求高。幕墙上设计有以"舞动的丝带"为理念的不规则造型,需要通过深化设计将图案分配到每块铝板。CAD 制图无法对幕墙的深化设计细化到每块板件,且效率极低。BIM 技术可以解决该类问题,总包单位对幕墙专业单位提出 BIM 技术深化设计的要求,专业幕墙单位利用 Rhino 软件进行整体的深化设计。

　　根据上述问题,总结出需要深化的内容有两点:桁架找型;面板工艺设计。

　　(1)桁架找型。运用 Rhino 处理点、线、面的优势,结合本项目自身的特点:即无相同的剖面,每一剖面标高均在变化,部分剖面为斜向布置。整个项目东西侧剖面数量近500 个。

　　使用插件 Grasshopper,对每一步都可以记录并重复使用,按设计要求可随时调整优化,达到最优效果。结合此项目剖面设计特点,需要获得剖面的轮廓及定位线,获得大量的尺寸标注,获得剖面轮廓,对数据的图层进行控制,以利于后期在 CAD 中的整理,顶点坐标获取和面板龙骨支座定位点。获得的桁架基本数据如图 6-6 所示,并注意借助两点连线把多义线转换为直线,桁架内部支撑杆件的设计要有规律。近 500 榀桁架各不相同,每一根杆件尺寸都有微小的差异,每一根杆件手工标注量大而且重复性强。以提高施工班组效率为前提,借用 Rhino 软件的相关功能,按杆件的共性分类可以实现批量标注。

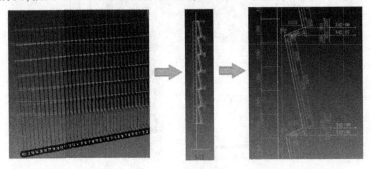

图 6-6　幕墙深化桁架基本数据图

　　(2)面板工艺设计。东西侧菱形铝板设计过程中,面临诸多问题。菱形为非规则四边形,且数量为上万件,铝板的编号控制极其重要,超宽板范围挑选和双色板边界线拍平处理也是深化工作的重点。

　　首先,对东西侧菱形铝板的编号及数据进行获取,A 方向采用流水编号 Xxx-A1,B 方向采用流水编号 X01-Ax,双色板及白板在原编号后面加备注字母"s""b",保证编号的规律性和唯一性,如图 6-7 所示。

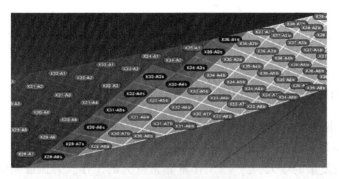

图 6-7　幕墙深化铝板编号图

对单块铝板顶点及边进行排序,分别获取四边形板和三角形板的加工工艺数据,用以指导工厂进行数字化加工。如图 6-8 所示。

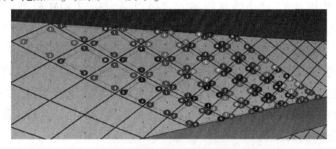

图 6-8　幕墙深化单块铝板顶点编号图

有近 6 000 m² 的铝板为双色板(银色和白色相间),规律不明显,差别极小,双色板的拍平及在平面的编号对应也为难点之一。群组原始铝板带和分格线、铝板缝等,使用犀牛 Squish 进行展平,展平后也可以对相关板进行二次编号(同空间编号规则相同),获得同三维空间相同的编号,如图 6-9 所示。

图 6-9　幕墙深化双色板拍平图

BIM 技术对幕墙的深化设计,利用其信息模型的信息化特点,结合插件,让更多异型结构和艺术设计概念得以实现,让建筑设计可以更多元化、更有艺术感,也直接影响了建筑施工技术的发展,让建筑施工技术有了更快的发展和提升。

6.4 BIM技术在施工管理阶段的应用

6.4.1 基于BIM的数字化加工

目前,国内建筑施工企业大多采用的是传统的加工技术,许多建筑构件以传统的二维CAD加工图为基础、设计师根据CAD模型手工画出或用一些详图软件画出加工详图,这在建筑项目日益复杂的今天,是一项工作量非常巨大的工作。为保证制造环节的顺利进行,加工详图设计师必须认真检查每一张原图纸,以确保加工详图与原设计图的一致性;再加上设计深度、生产制造、物流配送等流转环节,导致出错概率很大。

基于BIM的数字化加工将包含在BIM模型里的构件信息准确地、不遗漏地传递给构件加工单位进行构件加工,这个信息传递方式可以是直接以BIM模型传递的方式,也可以是BIM模型加上二维加工详图的方式,由于数据的准确性和不遗漏性,BIM模型的应用不仅解决了信息创建、管理与传递的问题,而且BIM模型、三维图纸、装配模拟、加工制造、运输、存放、测绘、安装的全程跟踪等手段为数字化建造奠定了坚实的基础。所以,基于BIM的数字化加工建造技术是一项能够帮助施工单位实现高质量、高精度、高效率安装完美结合的技术。通过发挥BIM数字化的更多优势,将大大提高建筑施工的生产效率,推动建筑行业的快速发展。

6.4.1.1 BIM与数字化技术集成原理

BIM技术集成了工程项目各相关信息,是设施物理和功能特性的数字化表达。数字化加工是利用生产设备对已经建立的数字模型进行产品加工。BIM与数字化加工的结合就是将BIM模型中的数据转换成数字化加工所需的数字模型,生产设备根据该模型进行数字化加工,其集成应用主要体现在BIM模型的深化设计和钢结

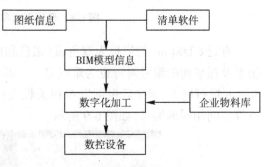

图6-10　BIM数字化加工原理

构数字化加工两个阶段,BIM数字化加工原理如图6-10所示。

BIM模型的深化设计阶段,要求数据达到标准化、多元化和关联化。标准化是模型深化设计的基本要求,能确保数据的有效性,主要对钢材牌号、截面、零构件属性及图纸的输出、存档进行标准化过程管理。多元化能提供查看多种信息的途径,如CAD图纸可提供构件的设计数据,材料清单可查看施工所需资源。BIM与数字化加工结合,通过BIM模型将安装图、制造图关联起来,各类数据的有机结合,突破了传统信息交流模式中信息传递的障碍,可以直观地向施工人员展示工程的相关信息。钢结构数字化加工阶段,可直接从BIM模型中提取零件的属性信息(材质、型号)、可加工信息(尺寸、孔洞)等原始数据信息,同时从企业物料数据库中提取所需的材料信息,通过二次开发链接企业的物料数据库,调用物料库存信息进行排版套料,并根据实际使用的数控设备选择不同的数控文件格

式,对结果进行输出。其加工的结果可以反馈到 BIM 模型中,对施工信息进行添加和更新操作。

6.4.1.2 BIM 与数字化技术在钢结构加工中的应用

1.应用阶段

BIM 与钢结构数字化加工技术集成应用主要体现在深化设计、材料管理、构件制造和现场安装 4 个阶段。

(1)深化设计阶段,先按照项目要求进行批次划分和工期计划编制,并据批次对图纸文件进行送审,审核合格后利用 Tekla Structures 和 AutoCAD 软件对钢构件进行三维实体建模,如图 6-11 所示。钢结构细部设计 3D 展示如图 6-12 所示。钢结构深化设计如图 6-13所示。

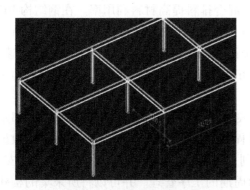
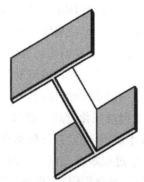

图 6-11　钢结构三维模型　　　　　图 6-12　钢结构细部设计 3D 展示

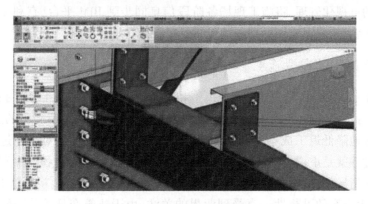

图 6-13　钢结构深化设计

(2)材料管理阶段。根据上述生成的清单文件编制材料采购计划,将计划文件导入施工过程管理软件中生成材料采购订单,进行订单发放并组织材料采购。材料进场后,对订单材料进行验收入库,并将材料检验文件上传到管理软件内,与原材料信息进行绑定。

(3)构件制造阶段。利用数字化加工软件 SionCAM 从 BIM 模型中提取原始加工数据信息,从企业物料数据库中提取所需的材料信息,根据实际使用的数控设备对构件进行生产加工。

（4）现场安装阶段。使用 BIM 模型对施工过程进行控制，从图纸文档管理模块中下载文档查看构件信息，并在生产管理模块中及时更新构件的发运和到场信息及在安装现场的最新施工状态，形成最终竣工模型。

2.具体应用点

（1）模型自动化处理。利用 Revit 软件对深化设计模型的结构节点、预留管洞等信息进行碰撞检查，根据检查结果进行模型二次优化与调整。例如，在桁架层位置建模时，应调整各杆件之间的碰撞，并对连接节点进行优化，保证安装施工的精确定位；在管线线路与钢梁的交叉位置，预留孔洞并保证安装精度。深化设计模型确定后，无损导入钢结构 BIM 平台丝线模型数据、清单、详图等文件，为后续施工管理提供精细化模型支持。

（2）资源集约化管理。所谓资源集约化管理，主要体现在材料快速盘点管理、建立常备材料库以缩短材料周转周期，以及使用混合排料提高材料利用率。在钢结构 BIM 数字化加工平台中，通过使用物联网无线射频识别技术（扫描材料二维码），实时检查和更新项目材料的精确位置和状态，减少人工统计工作量，避免人工统计误差，实现快速、准确、高效材料盘点管理，并将信息及时上传 BIM 数据系统，其可自动生成各类材料清单报表，提高材料使用的准确性和时效性。

（3）工程可视化管理。通过对施工人员、机械、材料的施工过程信息进行绑定，结合项目工期计划，形成全方位数据库，为过程管理提供数据支撑。用扫描机进行数据采集，实现建造全过程跟踪管理。同时，还可利用 BIM 平台的拓展功能，进行制造和安装阶段的工序拆分、细化编码，实现施工全生命周期的工序管理。并可以将所采集的构建加工、运输、安装情况等以不同的颜色在 BIM 模型上进行显示，使工程进度更加直观。通过对施工全过程的可视化管理，将施工现场各阶段信息同步到 BIM 平台，有利于管理者实时掌握项目施工状态，建立工期计划和过程纠偏机制，确保项目顺利实施。

6.4.2 基于 BIM 的虚拟施工

通过 BIM 技术结合施工方案、施工模拟和现场视频监测进行基于 BIM 技术的虚拟施工，其施工本身不消耗施工资源，却可以根据可视化效果看到并了解施工的过程和结果，可以较大程度地降低返工成本和管理成本，降低风险，增强管理者对施工过程的控制能力。建模的过程就是虚拟施工的过程，是先试后建的过程。施工过程的顺利实施是在有效的施工方案指导下进行的，施工方案的制订主要是根据项目经理、项目总工程师及项目部的经验，施工方案的可行性一直受到业界的关注，由于建筑产品的单一性和不可重复性，施工方案具有不可重复性。一般情况下，当某个工程即将结束时，一套完整的施工方案才展现于面前。虚拟施工技术不仅可以检测和比较施工方案，还可以优化施工方案。

基于 BIM 的虚拟施工管理能够达到以下目标：创建、分析和优化施工进度；针对具体项目，分析将要使用的施工方法的可行性；通过模拟可视化的施工过程，提早发现施工问题，消除施工隐患；形象化的交流工具，使项目参与者能更好地理解项目范围，提供形象的工作操作说明或技术交底可以更加有效地管理设计变更；全新的试错、纠错概念和方法。不仅如此，虚拟施工过程中建立好的 BIM 模型可以作为二次渲染开发的模型基础，大大提高了三维渲染效果的精度与效率,可以给业主更为直观的宣传介绍,也可以延伸应用至为房地产公司开发虚拟样板间等。虚拟施工给项目管理带来的好处可以总结为以下三点。

(1)施工方法可视化。虚拟施工使施工变得可视化,随时随地直观快速地将施工计划与实际进展进行对比,同时进行有效的协同,施工方、监理方,甚至非工程行业出身的业主都可对工程项目的各种问题和情况了如指掌。施工过程的可视化,使 BIM 成为一个便于施工方参与各方交流的沟通平台。通过这种可视化的模拟缩短了现场工作人员熟悉项目施工内容、方法的时间,减少了现场人员在工程施工初期因为错误施工而导致的时间和成本的浪费,还可以加快、加深对工程参与人员培训的速度及深度,真正做到质量、安全、进度、成本管理和控制的人人参与。

5D 全真模型平台虚拟原型工程施工,对施工过程进行可视化的模拟,包括工程设计、现场环境和资源使用状况,具有更大的可预见性,将改变传统的施工计划、组织模式。施工方法的可视化是使所有项目参与者在施工前就能清楚地知道所有施工内容及自己的工作职责,能促进施工过程中的有效交流。它是目前用于评估施工方法、发现施工问题、评估施工风险的最简单、经济、安全的方法。

(2)施工方法可验证。BIM 技术能全真模拟运行整个施工过程,使项目管理人员、工程技术人员和施工人员可以了解每一步施工活动。如果发现问题,工程技术人员和施工人员可以提出新的施工方法,并对新的施工方法进行模拟来验证,即判断施工过程,它能在工程施工前识别绝大多数的施工风险和问题,并有效地解决。

(3)施工组织可控制。施工组织是对施工活动实行科学管理的重要手段,它决定了各阶段的施工准备工作内容,协调施工过程中各施工单位、各施工工种及各项资源之间的相互关系。BIM 可以对施工的重点或难点部分进行可见性模拟,按网络时标进行施工方案的分析和优化。对某些重要的施工环节或采用施工工艺的关键部位、施工现场平面布置等施工指导措施进行模拟和分析,以提高计划的可执行性。利用 BIM 技术结合施工组织设计进行电脑预演,以提高复杂建筑体系的可施工性。借助 BIM 对施工组织的模拟,项目管理者能非常直观地理解间隔施工过程的时间节点和关键工序情况,并清晰地把握施工过程中的难点和要点,也可以进一步对施工方案进行优化完善,以提高施工效率和施工方案的安全性。可视化模型输出的施工图片,可作为可视化的工作操作说明或技术交底分发给施工人员,用于指导现场施工,方便现场施工管理人员对照图纸进行施工指导和现场管理。

采用 BIM 进行虚拟施工,需事先确定以下信息:设计和现场施工环境的五维模型;根据构件选择施工机械及机械的运行方式;确定施工的方式和顺序;确定所需临时设施及安装位置。BIM 在虚拟施工管理中的应用主要有场地布置方案、专项施工方案选择、关键工艺展示、施工模拟(土建主体及钢结构部分)、装修效果模拟等。

(1)基于 BIM 的场地平面布置方案。在项目开工进场后,首先需要做整个场地的平面布置策划。为保证现场施工顺利有序进行,需要从紧凑有序、节约施工用地、方便施工、减少材料周转、提高效率和符合卫生及安全技术要求等方面考虑,为项目节约材料运输费用并节省工期提供基础条件。场地平面布置的合理与否,直接关系到项目的成本和施工进度的快慢。按照常规方法,通过使用 CAD 制作平面布置图,见图6-14。该类CAD 图使用简单,显示较为明确,能够指导现场进行有序的施工场地布置,也是目前施工行业较为普遍的运用方式。

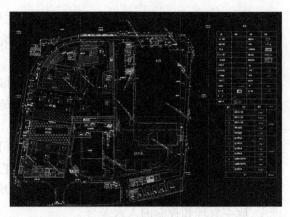

图 6-14　万达茂项目场地平面布置

通过 CAD 制作平面布置图的缺点也非常明显,主要体现在以下几个方面。

①平面布置图相对杂乱,缺乏立体感。由于建筑越来越复杂和场地的局限,施工场地布置需要考虑更多方面,传统 CAD 图为平面图,通过颜色和图例标注来表达场地内的布置情况和各自属性信息,标注属性信息过多和不同线条颜色使得画面杂乱,较难区分,画面缺乏立体感,容易产生误导,增加看图难度。

②场地布置标准化不标准。大型建筑企业存在盘子大、地域广、管理标准不一致的现象,本工程中场地布置采用《企业文化形象指导手册》《中建八局华南公司 CI 工作管理办法》中的标准进行定制生产,但是部分标准化细节信息不全面,信息化欠缺,各个项目 CI(Corporate Identity)标准化劳务单位通过简单平面图和标准化样板图进行施工,无法获取更多细节信息,会出现公司的每个项目标准化并不标准,甚至项目的不同阶段标准化也不同的情况,标准化效果不理想。

③CI 标准化工程验收标准不够细化,验收工作难操作。CAD 平面布置图无法呈现三维立体效果,所以标准化工程验收时,管理人员也仅能够通过 CAD 平面图和工程质量确认工程是否合格,验收过程不严谨。同样的成本投入却难出精品。在追求更高标准、更加精美的项目建设中,需要有更为直观且高品质的图像和设计,服务于施工生产活动,让施工更便捷,策划品质更高。

④信息化程度低,复用率低,大数据统计欠缺。没有统一的信息模型和平台,导致复用率低,对现场的临建投入和管控较为薄弱,获取各项目临建标准化费用数据效率低,没有形成大数据模式。

采用 BIM 技术之后,很好地解决了部分问题。

第一,BIM 模型的特点可以很好解决平面图杂乱的问题,更有空间视觉上的立体美感。以公司安全文明施工标准化样板和相关文件为依据,利用 Revit 建立场地布置模型,通过 Navisworks 进行漫游查看。BIM 模型的三维可视化能力,可模拟场地平面布置施工完成后的实际样貌,画面更清晰、有层次,设置也更合理。管理者和操作者识图更快,出错概率小,效率提高明显。

第二,BIM 模型全部是根据标准化手册中规定的信息建立的,其属性信息是一致的,在使用中可以根据需要随意提取,包括坐标、标高、材料、尺寸和颜色等。标准化构件都是向厂家订制生产,厂家根据模型进行统一配料生产,保障每个批次的构件都是统一标准,避免出现色差、尺寸偏差以及字体大小不一等情况的发生。

第三,施工人员按照模型的信息进行施工,管理者根据模型组织验收,既有抽象数据信息,又有具象模型展示,为场地平面布置、安全文明施工的 CI 标准化提供了很好的技术手段支持。

第四,CI 标准化构件的模型化。以公司标准化文件为依据,建立 CI 标准化构件模型,形成标准化构件的模型数据库,并建立一个公司级别的平台,实现信息化管理。

如图 6-15 和图 6-16 所示,可以看到项目前期部分场地布置图和现场实拍图的对比效果。

图 6-15 广州某文化旅游场地实拍图和
BIM 设计平面布置图对比

图 6-16 场地平面布置
——质量样板区模型和实景

目前,项目在以上几方面实现了标准化构件建立模型库、优化场地布置、项目标准化保持标准一致和标准化的验收,但还未升级到全生命周期管理。对 CI 标准化投入和使用情况及时更新,构件、采购、周转、报废等信息统一管理,对标准化构件实行全生命周期的动态实时管理方面没有达到理想状态,原因较多,但最重要的原因是资金和人才问题。

(2)基于 BIM 的专项施工方案选择。广州某文旅项目滑雪场钢结构屋盖为采用相贯焊接与插板连接组合节点的管桁架体系,屋盖最大标高为 98 m,桁架最大跨度为 110 m,屋盖桁架高 9 m,雪道层桁架高 10 m,为典型超高大跨度施工,这种超高兼大跨度的结构,施工难度系数高、风险大。根据方案策划对钢结构施工区域进行划分,示意如图 6-17 和图 6-18 所示。

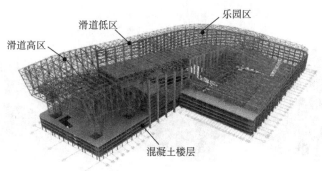

图 6-17 滑雪场总体结构三维示意

图 6-18　滑雪场总体结构立面示意

　　该项目钢结构施工工期为 180 天,预计从 3 月 1 日开始,到 8 月 31 日全部封顶移交。其间为广州的雨季、台风季,工期紧张,要综合考虑各项因素,保证在工期内顺利完成。

　　①滑雪场钢结构高区吊装方案讨论。本工程是超高、超大跨度、倾斜桁架在复杂条件下的施工,可用的主要安装施工方法分别为吊装法、提升法和滑移法,通过钢结构深化设计软件 TEKLA Stuctures16.0 进行深化设计和模拟施工,对比方案细节并进行分析。

　　第一种方案吊装法:由于构件重,吊装高度超过 74 m 甚至超过 100 m,跨外吊装半径达 50~60 m,BIM 模拟拼装和吊运过程,采用地面分区域集中拼装,然后调运至高区、低区东西两侧两台 1 000 t 履带吊作业范围内,在东西两侧进行跨外吊装安装。

　　第二种方案提升法:采用雪道层拼装,整体提升法。在高区、低区已有滑道结构上使用支撑胎架搭设拼装平台,桁架在拼装平台上焊接拼装成为整体后,进行整体提升。构件从地面吊至滑道上为跨外吊装,作业半径超过 50 m,需要 2 台 600 t 履带吊,还需配置 6 台辅助塔吊完成散件吊装工作。雪道层结构为坡面,拼装胎架上表面为同一平面,大部分桁架拼装需在高空作业,机械设备和操作人员工作难度增大,拼装效率降低。拼装胎架布置密集,施工机械行走困难,材料供应必须符合拼装顺序,存在提升作业技术难度大、安全风险高等问题。

　　第三种方案滑移法:桁架在地面进行分区分块拼装,大部分焊接作业在地面完成,地面分块拼好使用 400 t 履带吊运至高区南侧,使用 1 台 800 t 履带吊将分块吊至高区端部的总装平台进行总装,总装之后将低区和高区屋盖桁架累计滑移到位。图 6-19 为吊装法、提升法、滑移法 BIM 模拟施工演示,表 6-3 列出了三种方案的分析项,进行逐一对比分析。

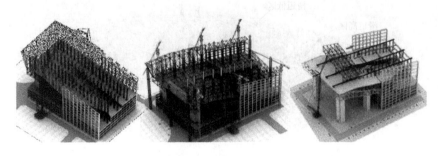

图 6-19　吊装法、提升法、滑移法 BIM 模拟施工演示

表 6-3　超高大跨度倾斜屋盖钢桁架施工最佳方案分析评价

分析项	吊装法	提升法	滑移法
技术分析	采用高空分段吊装。安装方便、灵活、快捷,但吊装高度过高。操作高空作业施工安全要求高。质量和安全把控难度大	整体提升施工技术含量高,整体性效果好,组织协调要求高,施工难度较大	滑移法施工技术含量相对较高。但施工技术成熟可靠,技术安全性好
主要大型施工机械	最少需要配置两台 1 000 t 以上大型履带吊	两台 600 t 履带吊,用于桁架平面分段拼装,6 台固定式塔吊用于嵌补杆件吊运和拼装	配置 1 台 800 t 履带吊、1台 400 t 履带吊,完成结构高空吊装。250 t 履带吊 1 台,完成支撑拆除
工期分析	雪道低区受下部混凝土施工周期制约较大,不易于保障整体工期。高空作业量大,施工效率低,且高空嵌补工作量大,工期相对较长	雪道低区受下部混凝土施工周期制约较大,调运频次密、效率低,群塔交叉作业影响因素多,不易于保障整体工期	滑道低区屋盖施工不受下部混凝土施工工期影响。屋盖桁架及檩条等拼装工作均在地面进行,高空作业量较小,滑移占用工期节点时间少
施工条件	结构东西两侧需配置必要的屋盖桁架立分段体吊装拼装场地和通道。吊机选型大。吊运通道硬化加固处理要求高	为了减小吊机选型,满足楼层板承受压力,采取平面小单元楼面拼装。楼面拼装工作量大,地面需材料堆放场地。吊机选型大,两侧需满足重型吊车通道行走要求	结构主要拼装焊接工作在地面拼装完成。高空作业量大大减少。高区端部周边需配置集中分区平面分段及立体分段拼装场地
施工成本	大型吊机配置数量多、型号高、成本较高	吊机数量最多,成本最高	吊机数量相对少,型号中等,机械成本低

②滑雪场钢结构高区吊装方案选择。综上所述,通过技术分析、机械选型、工期分析、施工条件、施工成本几方面,最终确定滑移方案为本工程钢屋架安装的最佳方案。在解决高低区屋盖滑移问题的具体方案中,有五个问题需要研究并解决,以 BIM 技术作为辅助手段,制定对策并有效解决。屋盖滑移问题解决方案关联见图 6-20。

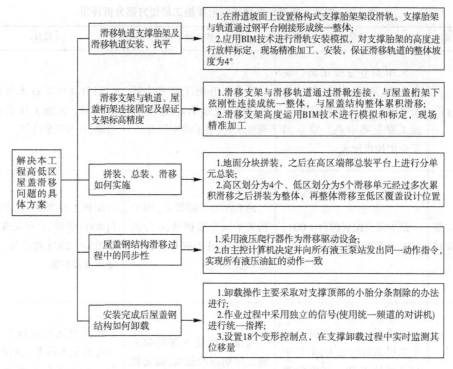

滑移轨道支撑胎架及滑移轨道安装、找平	1.在滑道坡面上设置格构式支撑胎架架设滑轨。支撑胎架与轨道通过钢平台刚接形成统一整体; 2.应用BIM技术进行滑轨安装模拟,对支撑胎架的高度进行放样标定,现场精准加工、安装,保证滑移轨道的整体坡度为4°
滑移支架与轨道、屋盖桁架连接固定及保证支架标高精度	1.滑移支架与滑移轨道通过滑靴连接,与屋盖桁架下弦刚性连接成统一整体,与屋盖结构整体累积滑移; 2.滑移支架高度运用BIM技术进行模拟和标定,现场精准加工
拼装、总装、滑移如何实施	1.地面分块拼装,之后在高区端部总装平台上进行分单元总装; 2.高区划分为4个、低区划分为5个滑移单元经过多次累积滑移之后拼装为整体,再整体滑移至低区覆盖设计位置
屋盖钢结构滑移过程中的同步性	1.采用液压爬行器作为滑移驱动设备; 2.由主控计算机决定并向所有液玉泵站发出同一动作指令,实现所有液压油缸的动作一致
安装完成后屋盖钢结构如何卸载	1.卸载操作主要采取对支撑顶部的小胎分条割除的办法进行; 2.作业过程中采用独立的信号(使用统一频道的对讲机)进行统一指挥; 3.设置18个变形控制点,在支撑卸载过程中实时监测其位移量

解决本工程高低区屋盖滑移问题的具体方案

图 6-20   屋盖滑移问题解决方案关联

方案确定后,利用 BIM 技术进行滑雪场钢结构模拟施工。模拟从轨道支撑及轨道的安装、低区钢屋盖吊装和滑移,低区钢屋盖卸载,高区钢屋盖桁架滑移,高区侧面桁架安装、钢屋盖滑移到位卸载完成等所有施工过程工况,完成钢结构屋盖施工全过程的模拟,模拟过程部分截图如图 6-21 所示。

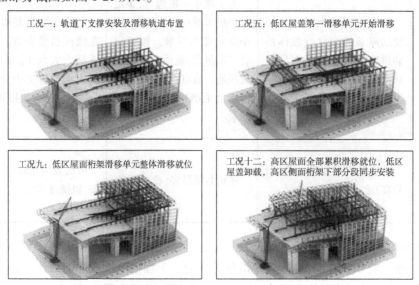

图 6-21   滑雪场钢结构模拟某工况

现场施工也完全按照预计的施工方案进行，最终，滑雪场高低区屋面钢结构施工采取同步累积滑移方案。在确保完成施工节点的同时，至少可节约可量化的机械投入 345 万元。实际施工时间从 2016 年 3 月 13 日开始，至 2016 年 8 月 13 日全部完成，共 153 天，比预计工期 180 天减少 27 天，比业主要求工期节点 8 月 30 日提前了 18 天。

6.4.3 基于 BIM 的进度管理

6.4.3.1 进度计划概述

1.项目进度管理的定义

项目进度管理是指对项目实施过程中各个阶段的进度和项目最终完成的最后期限的管理，是在规定的时间内制定合理、经济的进度计划（包括多级管理子计划）。在执行计划期间，经常需要检查实际进展是否符合计划。如果有偏差，及时找出原因，采取必要的补救措施或进行调整，修改原计划，直到项目完成。其目的是确保项目能够在满足时间限制的条件下实现其总体目标。英国皇家特许建造师学会在《建设工程项目管理实践指南》中对其定义为，项目管理是贯穿于项目开始至完成的一系列计划、协调和控制工作，其目的是在功能与财务方面都能满足客户的需求。

施工进度是建设项目管理的三大目标之一，对业主方和总承包方都极其重要。进度滞后所带来的后果，使施工单位一系列人、机、材的投入成本增加，同时质量也难以保证。

因此，在项目进度管理方面，采取科学有效的方式，提升项目进度管理的能力，是非常有必要的。

2.项目进度管理现存问题

国内施工进度计划通常采用 P6、梦龙、project 等软件，根据项目进度计划，从活动定义、活动排序、活动资源估算、活动时间估算、进度计划编制、进度计划控制几方面，制作横道图（又称甘特图，Gantt chart）或者网络图。该方法运用多年，使用广泛，但由于项目越来越复杂多变，影响因素多，导致目前的项目管理方式存在一定的局限性，主要体现在以下几个方面。

（1）进度管理涉及影响因素较多，管理存在不足。工程建设项目具有唯一性、一次性，导致不能完全按照已有项目经验照搬计划。工程项目的地理位置、周边环境、劳动力质量、材料设备、施工机具等因素，都能影响项目的实际进度情况，施工管理人员的施工技术水平、道德素养和管理能力，以及政治、经济、自然环境等风险因素，都会对项目的进度造成影响，在综合因素的影响下，如果管理不到位，应急策划不足，对进度的影响将是极大的。

（2）进度计划编制依据合理性。进度计划由总包单位按照业主提供的工期节点编制，再由业主和监理单位审批监督，但是面对复杂项目，业主的节点要求不一定合理，存在总包和各个专业分包的计划冲突的情况，导致施工工期和顺序出现各种更改和变化。

（3）进度计划表现形式单一抽象。对于横道图或者网络图，都存在一定的表达局限，通过简洁的时间节点和工序链接，能够简单表达项目的进度计划和实施情况，但是需要使用者对项目的熟悉和具有全局观，这样限制了进度计划的使用效果，可能出现理解不全面、不到位的情况，缺乏理性判断导致工期延误。

(4)图纸精细度不足,变更导致影响工期。对于常规住宅项目,目前设计经验成熟,对于图纸的精细度可以较好地把握,但是对于大型复杂结构工程,设计经验和设计考虑无法全面,实施建设过程中设计变更比较常见,直接导致现场进度滞后等。

(5)工程进度和质量、成本关系难平衡。施工中质量、成本、进度都是项目建设的重要因素,相互牵制、相互影响,任何一方发生改变,会导致其他两方面的变化。理想状态是工期最短、成本最低、质量最好,但是在施工过程中,抢工期、保质量、争利润是很难同时存在的,抢工期随之带来成本的增加,质量也难以得到保障。

(6)传统进度管理属于事后控制。通过网络图或者甘特图编制进度计划,是通过现有掌握的项目情况,编制计划。在实施建设过程中,可能因为种种无法预料因素的影响,导致工期提前或者延迟,在时间上属于事后控制。项目管理人员往往在实际进度已经偏离计划进度的情况下,才制定各种纠偏措施,且从发现到制定纠偏措施,再到执行,时间过去几天甚至更长,对控制工程进度不利。

以上进度管理方面的问题,可通过引入 BIM 技术模拟建筑和实时动态控制模式,施工之前考虑清楚所有影响因素,最大限度减小对进度计划安排的影响,即使出现影响因素导致工期滞后,也可以及时发现并响应,迅速解决,降低影响范围,达到进度管理的优化。通过 BIM 技术实现进度管理信息化,提高管理效率。

3.进度计划的划分

按照编制对象来划分,施工进度计划分为施工总进度计划、单位工程施工进度计划、分阶段工程施工进度计划、分部分项工程施工进度计划四种。按照时间划分,进度计划分为施工总进度计划、年进度计划、月进度计划、周进度计划(可增加季度计划和旬计划);按照关键节点划分,有一级节点计划、二级节点计划、三级节点计划。可以按照实际情况选择符合项目需求的进度计划划分方式。

6.4.3.2 基于 BIM 的进度计划编制

项目进度计划以业主制订的总节点计划为基准,制订项目总节点计划,然后根据总节点计划,制订工程部位分项工程计划,形成甘特图与网络图,如图 6-22 所示。内容包括工程部位施工项目、开始时间、持续时间、完成时间、劳动力安排、责任人。根据这份详细的进度计划,每周进行检查和考核完成

图 6-22 甘特图与网络图

情况,形成自上而下的管理。同时,项目基层员工也根据现场的实际进度情况,上报各自负责区域的未来一周的进度计划,形成自下而上的进度计划的编制情况反馈。

基于 BIM 三维模型发展出的 4D(3D+时间或进度)模拟建造功能,让项目相关施工管理人员能够轻松快速地预见项目施工的进度计划。目前欧特克公司出品的 BIM 软件使用较为广泛,其中 Autodesk Navisworks 支持将 Microsoft Project 编制好的施工进度计划导入软件中。Autodesk Navisworks 通过软件中的功能选择集(每一项分项施工可以选择

相应模型构件)将 Project 的施工计划与 BIM 模型关联起来,再调整软件内的构件与 Microsoft Project 编制好的施工进度计划相关任务,通过导出 Project 文件,可以自动将其与 BIM 软件关联。施工进度图调整后,进度也会自动改变,最后通过 Navisworks 软件的 TimeLiner 功能,进行施工进度模拟演示。

基于 BIM 施工模拟的应用方式:

(1)构建基于 BIM 的 4D 模型。在 BIM 软件中导入已建立完成的 Revit 模型,并以其作为 BIM 模型信息的基础。作为一种基本的信息模型,它主要依赖于建筑物的几何尺寸、空间位置和构件实体的空间关系等三维几何信息,还包括工程项目的类型、名称、用途、施工单位和建设单位等基础工程信息。

4D 虚拟建造技术,其原理是为 3D 建筑信息模型增加时间维度,从而形成一个 4D 模拟动画,通过在计算机上连接各种可视化设备,对施工进度进行模拟。

(2)4D 施工模拟中的进度管理。4D 施工模拟的应用,为管理者提供了相关管理操作界面与工具层。利用该软件,操作人员可制订相应的施工进度计划,进行施工现场布置、资源配置等,从而实现施工进展、施工现场布置的可视化模拟,以及对项目进度、综合资源的动态控制和管理。4D 施工进度管理使用以下方法实现:

利用进度管理软件管理界面,可以控制并调整进度计划。如果平台中的进度计划被修改,4D 施工模型也会随之自动调整,不仅能够用横道图、网络图等二维平面图来表示,还可以运用三维模型方式进行动态呈现。

在 BIM 软件操作界面中,可实现 4D 的施工动态管理,对未能按工期完成的工序使用不同的颜色来标注,从而实时监督任意起止时间、时间段或工程段的施工进度,查看任意构件、构件单元或工程段等的施工状态与工程属性,进行适当的修改,系统即会自动调整进度数据库和进度计划。

该模型在项目建设的前期可以形成可视化的进度信息、可视化的施工组织方案及可视化的施工过程模拟,在建设过程中可将工程风险进行模拟。传统施工进度计划的编制和应用大多适用于项目技术和管理人员,项目其他各级相关人员理解和接受广泛度不够,但 4D 模型把每一个工作状态以可视化形象用虚拟建造过程来显示,使建筑工程的信息交流门槛降低了。

6.4.3.3　基于 BIM 的进度监测

BIM 三维模型包含构件尺寸、数量和材质等建筑信息,在此基础上添加时间信息形成 4D 模型,可以更深一步分析,理解设计图纸和施工方案,并对施工中可能出现的情况和对进度产生影响的因素进行评估,从而制定应对措施,并深度优化施工方案。进度管理流程如图 6-23 所示。

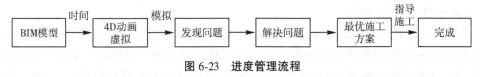

图 6-23　进度管理流程

基于 BIM 的进度管理是以传统进度管理理论、技术方法为基础,结合 BIM 相关技术及工程进度信息化管理平台,实现项目进度的施工模拟。基于 BIM 的进度管理主要的方式是构建基于 BIM 的进度管理平台,以 BIM 信息平台为核心,建立 BIM 模型、WBS 和进度信息之间的关联,最终实现项目进度实时监控和动态模拟,以及工程量动态管控等。该方法有利于进度的调整和优化,大大改进了进度管理流程。

本项目采用 Navisworks Management 和广联达 BIM 5D 软件作为应用整合云平台。Navisworks 软件能够直接导入 Revit 或 AutoCAD 图纸中的信息,不仅拥有 Revit 软件的基本三维定义和展示功能,而且可以将三维信息与进度信息相结合,这就完美地解决了三维模型软件同进度计划软件之间的接口问题。除了通过外部进度信息导入 Microsoft Project 编好的施工进度计划,也可以直接利用 Navisworks 软件中 Timeliner 模块对所有构件进度信息进行编辑,并进行三维动态播放,如图 6-24 所示。通过动态方式对项目进度进行三维模拟,项目管理人员能够有更加清晰的认识,包括各不同阶段项目的整体情况,以及施工工序之间的搭接关系,然后对进度计划进行检查和优化,在工程实际进度和计划进度进行对比过程中,实时监控工程的进度。

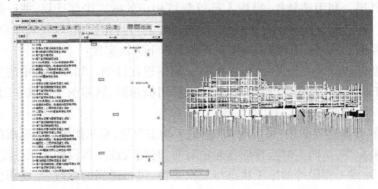

图 6-24　Navisworks 软件中通过 Timeliner 模块编辑

6.4.3.4 基于 BIM 的进度纠偏

1.基于模型的构件查询

把进度计划工作分解分项,按照工程计划分施工段进行划分,划分之后的子任务与模型一一对应关联。单击模型即可直接查看其任务状态、计划开始时间、计划结束时间、实际开始时间和实际结束时间。

工程的实际进度与计划进度模型可以在时间维度上进行对比。输入一项任务的实际开始时间和结束时间,进度模型就会以不同颜色来显示该任务的进度状态。所以,在某项任务工期出现延误时,管理者可以迅速察觉,并及时进行施工现场的人力和物力资源的调整,保证进度在可控范围内。

2.基于模型的 4D 模拟

采取进度计划和实际动态模拟与 BIM 模型相关联的方式,在经过模型的建立、审核与验收后,形成可以用于指导现场施工的 BIM 总体信息模型。根据施工单位提供的工期计划方案,为模型中的构件添加相应的时间属性,让计划方案与模型紧密结合,施工顺序、步骤会以三维形式呈现出来。通过 BIM 平台,能够直接观察到相应工程计划下的施工和安装顺序,检查、验证计划的合理性和可实施性,以及在交叉作业情况下的可行性,更有利于精确地进行施工筹划安排,减少工期的浪费。

在工程建设中,4D 模型能够让所有参与方快速理解进度计划的重要节点。与此同时,进度计划可以用实体模型对应表示,有助于发现施工偏差,及时采取措施纠偏调整;即使出现设计变更和施工图更改等情况,也可快速联动修改进度计划。此外,在项目评标过程中,该模型可以使评审专家很快从模型中了解投标单位对项目施工组织设计的编排情况、主要施工方法及总体计划等,从而对投标单位在施工经验和技术实力上做出初步评估。

特别强调的是,4D 软件所做出的分析推理工作需要使用者的介入,这就要求操作者具有一定的操作经验和完备的专业知识,因此在设计阶段就应有施工人员的介入,才能更好地依据 4D 模型来适当调整方案,进行合理的进度编排。

4D 模型可以应用于施工过程中的进度管理和施工现场管理多个方面,主要表现在进度管理可视化功能、施工现场管理策划可视化功能、进度状态查询功能及辅助施工总平面管理功能等。

通过 4D 模型的有效应用,可以在项目的整个施工建设过程中实现工程信息的高度共享,从而提高信息的利用价值,提高管理和施工水平。可视化不仅减少了进度计划编制人员翻阅图纸的工作量,也缩短了施工早期的技术筹备时间,提高了编制计划的效率和准确性。另外,帮助施工人员深入理解设计意图和施工方案,大大减少因信息传达错误而给现场施工带来的不必要问题,提质提效,保证项目决策尽快执行。

6.4.4 基于 BIM 的质量管理

6.4.4.1 影响质量管理的因素

在工程建设中,无论是勘察、设计、施工还是机电设备的安装,影响工程质量的因素主要有"人、机、料、法、环"五大方面,即人工、机械、材料、工法、环境。所以,工程项目的质量管理主要是对这 5 个方面进行控制。

(1)人工的控制。人工是指直接参与工程建设的决策者、组织者、指挥者和操作者。人工是影响工程质量的五大因素中的首要因素。在某种程度上,它决定了其他因素。很多质量管理过程中出现的问题归根结底都是人工的问题。项目参与者的素质、技术水平、管理水平、操作水平最终都影响了工程建设项目的最终质量。

(2)机械的控制。施工机械设备是工程建设不可或缺的设施,对施工项目的施工质量有着直接影响。有些大型、新型的施工机械可以使工程项目的施工效率大大提高,而有些工程内容或者施工工作必须依靠施工机械才能保证工程项目的施工质量,如混凝土,特别是大型混凝土的振捣机械、道路地基的碾压机械等。如果靠人工来完成这些工作,往往很难保证工程质量。但是施工机械体积庞大、结构复杂,而且往往需要有效的组合和配合才能收到事半功倍的效果。

(3)材料的控制。材料是建设工程实体组成的基本单元,是工程施工的物质条件,工程项目所用材料的质量直接影响着工程项目的实体质量。因此,每一个单元的材料质量都应该符合设计和规范的要求,以保证工程项目实体的质量。在项目建设中使用不合格的材料和构配件,就会造成工程项目的质量不合格。所以,在质量管理过程中,一定要把好材料、构配件关,打牢质量根基。

（4）工法的控制。工程项目施工方法的选择也对工程项目的质量有着重要影响。对一个工程项目而言，施工方法和组织方案的选择正确与否直接影响整个项目的建设能否顺利进行，关系到工程项目的质量目标能否顺利实现，甚至关系到整个项目的成败。但是，施工方法的选择往往是根据项目管理者的经验进行的，有些方法在实际操作中并不一定可行。如预应力混凝土的先拉法和后拉法，需要根据实际的施工情况和施工条件来确定。工法的选择对于预应力混凝土的质量也有一定影响。

（5）环境的控制。工程项目在建设过程中面临很多环境因素的影响，主要有社会环境、经济环境和自然环境等。通常对工程项目的质量产生影响较大的是自然环境，其中又有气候、地质、水文等细部的影响因素。例如，冬季施工对混凝土质量的影响，风化地质或者地下溶洞对建筑基础的影响等。因此，在质量管理过程中，管理人员应该尽可能地考虑环境因素对工程质量产生的影响，并且努力去优化施工环境，对于不利因素严加管控，避免其对工程项目的质量产生影响。

6.4.4.2 BIM 技术质量管理优势

BIM 技术的引入不仅提供一种"可视化"的管理模式，也能够充分发挥传统技术的潜在能量，使其更充分、有效地为工程项目质量管理工作服务。传统的二维管控质量的方法是将各专业平面图叠加，结合局部剖面图，设计、审核、校对人员凭经验发现错误，难以全面，而三维参数化的质量控制，是利用三维模型，通过计算机自动实时检测管线碰撞，精确性高。

6.4.4.3 BIM 技术质量管理的应用

基于 BIM 的工程项目质量管理包括产品质量管理及技术质量管理。

产品质量管理：BIM 模型储存了大量的建筑构件和设备信息。通过软件平台，可快速查找所需的材料及构配件信息，如规格、材质、尺寸要求等，并可根据 BIM 设计模型，对现场施工作业产品进行追踪、记录、分析，掌握现场施工的不确定因素，避免不良后果出现，监控施工质量。

技术质量管理：通过 BIM 的软件平台动态模拟施工技术流程，再由施工人员按照仿真施工流程施工，确保施工技术信息的传递不会出现偏差，避免实际做法与计划做法出现偏差，减少不可预见情况的发生，监控施工质量。

下面仅对 BIM 在工程项目质量管理中的关键应用点进行具体介绍。

1.建模前期协同设计

在建模前期，需要建筑专业和结构专业的设计人员大致确定吊顶高度及结构梁高度。对于净高要求严格的区域，提前告知机电专业。建模前期协同设计的目的是在建模前期就解决部分潜在的管线碰撞问题，对潜在质量问题进行预知。

2.碰撞检查

传统二维图纸设计中，在结构、水暖电等各专业设计图纸汇总后，由总工程师人工发现和解决不协调问题。人为的失误在所难免，使施工中出现很多冲突，造成建设投资巨大浪费，并且还会影响施工进度。另外，由于各专业承包单位实际施工过程中对其他专业或者工种、工序间的不了解，甚至是漠视，产生的冲突与碰撞也比比皆是。但在施工过程中，这些碰撞的解决方案，往往受限于现场已完成部分的局限，大多只能牺牲某部分利益、效能，而被动地变更。调查表明，施工过程中相关各方有时需要付出几十万元、几百万元，甚至上千万元的代价来弥补由设备管线碰撞引起的拆装、返工和浪费。

目前，BIM 技术在三维碰撞检查中的应用已经比较成熟，依靠其特有的直观性及精确性，于设计建模阶段就可一目了然地发现各种冲突与碰撞。在水、暖、电建模阶段，利用 BIM 随时自动检测及解决管线设计初级碰撞，其效果相当于将校审部分工作提前进行，这样可大大提高成图质量。碰撞检查的实现主要依托于虚拟碰撞软件，其实质为 BIM 可视化技术，施工设计人员在建造之前就可以对项目进行碰撞检查，不但能够彻底消除碰撞，优化工程设计，减少在建筑施工阶段可能存在的错误损失和返工的可能性，而且能够优化净空和管线排布方案。最后施工人员可以利用碰撞优化后的三维方案，进行施工交底、施工模拟，提高了施工质量，同时也提高了与业主沟通的主动权。

碰撞检查可以分为专业间碰撞检查及管线综合的碰撞检查。专业间碰撞检查主要包括土建专业之间（如检查标高、剪力墙、柱等位置是否一致，梁与门是否冲突）、土建专业与机电专业之间（如检查设备管道与梁柱是否发生冲突）、机电各专业间（如检查管线末端与室内吊顶是否冲突）。管线综合的碰撞检查主要包括管道专业、暖通专业、电气专业内部检查以及管道、暖通、电气、结构专业之间的碰撞检查等。另外，解决管线空间布局问题，如机房过道狭小等问题也是常见碰撞检查的内容之一。

在对项目进行碰撞检查时，要遵循如下检测优先级顺序：第一，进行土建碰撞检查；第二，进行设备内部各专业碰撞检查；第三，进行结构与给水排水、电专业碰撞检查等；第四，解决各管线之间交叉问题。其中，全专业碰撞检查的方法如下：将完成各专业的精确三维模型建立后，选定一个主文件，以该文件轴网坐标为基准，将其他专业模型链接到该主模型中，最终得到一个包括土建、管线、工艺设备等全专业的综合模型。该综合模型真正为设计提供了模拟现场施工碰撞检查的平台，在这个平台上完成仿真模式现场碰撞检查，并根据检测报告及修改意见对设计方案进行合理评估并进行设计优化决策，然后再次进行碰撞检查……如此循环，直至解决所有的硬碰撞与软碰撞。

显而易见，常见碰撞内容复杂、种类较多，且碰撞点很多，甚至高达上万个，对碰撞点进行有效标识与识别需要采用轻量化模型技术，把各专业三维模型数据以直观的模式，存储于展示模型中。模型碰撞信息采用"碰撞点"和"标识签"进行有序标识，通过结构树形式的"标识签"可直接定位到碰撞位置。

碰撞检查完毕后，在计算机上以该命名规则出具碰撞检查报告，方便快速读出碰撞点的具体位置与碰撞信息。例如 0 014-PIP&HVAC-ZP&PF，表示该碰撞点是管道专业与暖通专业碰撞的第 14 个点，为管道专业的自动喷。

在读取并定位碰撞点后，为了更加快速地给出针对碰撞检查中出现的"软""硬"碰撞点的解决方案，可以将碰撞问题划分为以下几类：①重大问题，需要业主协调各方共同解决。②由设计方解决的问题。③由施工现场解决的问题。④因未定因素（如设备）而遗留的问题。⑤因需求变化而带来的新问题。

针对由设计方解决的问题，可以通过多次召集各专业主要骨干参加三维可视化协调会议的办法，把复杂的问题简单化，同时将责任明确到个人，从而顺利地完成管线综合设计、优化设计，并得到业主的认可。针对其他问题，则可以通过三维模型截图、漫游文件等协助业主解决。另外，管线优化设计应遵循以下原则：

（1）在非管线穿梁、碰柱、穿吊顶等必要情况下，尽量不要改动。

（2）只需调整管线安装方向即可避免的碰撞，属于软碰撞，可以不修改，以减少设计人员的工作量。

（3）需满足业主要求，对没有碰撞，但不满足净高要求的空间，也需要进行优化设计。

（4）管线优化设计时，应预留安装、检修空间。

（5）管线避让原则如下：有压管让无压管；小管线让大管线；施工简单管让施工复杂管；冷水管道避让热水管道；附件少的管道避让附件多的管道；临时管道避让永久管道。

3.大体积混凝土测温

使用自动化监测管理软件进行大体积混凝土温度的监测，将测温数据无线自动传输汇总到分析平台上，通过对各个测温点的分析，形成动态监测管理。电子传感器按照测温点布置要求，自动直接将温度变化情况输出到计算机，形成温度变化曲线图，随时可以远程动态监测基础大体积混凝土的温度变化，根据温度变化情况，随时加强养护措施，确保大体积混凝土的施工质量，确保在工程基础板混凝土浇筑后不出现由于温度变化剧烈引起的温度裂缝。

4.施工工序中的管理

工序质量控制就是对工序活动条件即工序活动投入的质量和工序活动效果的质量及分项工程质量的控制。在利用BIM技术进行工序质量控制时，应着重于以下几方面的工作：

（1）利用BIM技术能够更好地确定工序质量控制工作计划。一方面，要求对不同的工序活动制定专门的保证质量的技术措施，进行物料投入及活动顺序的专门规定；另一方面，要规定质量控制工作流程、质量检验制度。

（2）利用BIM技术主动控制工序活动条件的质量。工序活动条件主要指影响质量的五大因素，即人工、材料、机械、方法和环境等。

（3）能够及时检验工序活动效果的质量。主要是实行班组自检、互检、上下道工序交接检，特别是对隐蔽工程和分项（部）工程的质量检验。

（4）利用BIM技术设置工序质量控制点（工序管理点），对其实行重点控制。工序质量控制点是针对影响质量的关键部位或薄弱环节确定的重点控制对象。正确设置控制点并严格实施是进行工序质量控制的重点。

6.4.5 基于BIM的安全管理

建筑行业越来越多地意识到建筑施工安全管理的重要性，开展建筑施工安全管理不仅能保障施工安全，也能保障建筑的质量和延长建筑使用年限。同时，开展建筑施工安全管理是国家要求，也是对建筑行业负责。但是，即使越来越多的建筑企业意识到建筑施工安全管理的重要性，仍有部分建筑企业片面追求经济效益和节约成本，不顾施工安全和施工质量，导致了建筑施工事故的发生，这些事故给人民生命财产造成重大损失，产生了不良的社会影响，也阻碍了企业的经营和发展。将BIM技术运用于建筑工程中，不仅能保障施工安全，更能保障建筑质量。

6.4.5.1 BIM技术安全管理优势

基于BIM的管理模式是创建信息、管理信息、共享信息的数字化方式，在工程安全管理方面具有很多优势,如基于 BIM 的项目管理,工程基础数据如量、价等,数据准确、透明、共享,能完全实现短周期、全过程对资金安全的控制;基于 BIM 技术可以提供施工合同、支付凭证、施工变更等工程附件管理,并可对成本测算、招标投标、签证管理、支付等全过程造价进行管理;BIM 数据模型保证了各项目的数据动态调整,可以方便统计,追溯各个项目的现金流和资金状况;基于 BIM 的 4D 虚拟建造技术能提前发现在施工阶段可能出现的问题,并逐一修改,提前制定应对措施;采用 BIM 技术,可实现虚拟现实和资产、空间等管理、建筑系统分析等技术内容,从而便于运营维护阶段的管理应用;运用 BIM 技术,可以对火灾等安全隐患进行及时处理,从而减少不必要的损失,对突发事件进行快速应变和处理,快速准确掌握建筑物的运营情况。

6.4.5.2 基于 BIM 的安全管理体系

保证施工安全的关键是在施工作业前能够正确地识别所有可能导致安全事故发生的危险因素,并有针对性地制定相应的安全防范措施。充分利用 BIM 的数字化、空间化、定量化、全面化、可操作化、持久化等特点,结合相关信息技术,使项目参与者在施工前先进行三维交互式建设施工全过程模拟。在结构清晰,易于使用,通用和项目特有信息兼顾的模拟平台上,项目参与者可以更为准确地辨识潜在的安全隐患,更为直观地分析评估现场施工条件和风险,制定更为合理的安全防范措施,从而改善和提高决策水平。同时,利用 BIM 技术在施工过程中还可以动态识别现场安全隐患,并及时调整施工方案。基于 BIM 的建筑施工安全管理体系分为 3 大模块,即资料基础模块、BIM 虚拟施工模块和安全管理模块,基于 BIM 的建筑施工安全管理体系如图 6-25 所示。

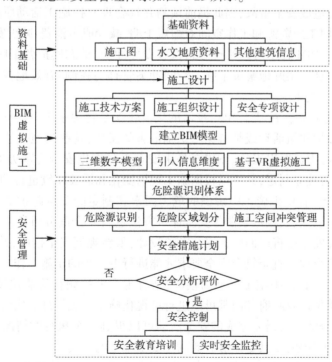

图 6-25　基于 BIM 的建筑施工安全管理体系

基于 BIM 的建筑施工安全管理体系的实现要点主要有以下几方面。其中,应用的 BIM 技术是数字化基础,还有虚拟原型技术(VP)、虚拟现实技术(VR),并结合智能监控技术等,这些都是全新的信息化技术手段。

(1)危害因素识别。BIM 系统中包含建筑各构件的信息及施工进度计划,而进度计划包含一切活动的信息,形成 4D 模型,可以非常有效地识别潜在的施工现场危害因素。

(2)危险区域划分。在动态施工模拟过程中,根据危险源辨识结果,在工程的不同阶段利用可视化模型对区域的危险程度进行划分管理,并将相应评价结果(包括影响区域和影响程度)反馈到模型界面,以红、橙、黄、绿 4 种颜色来描述区域危险程度以指导施工,并指定每种安全等级下禁止的施工活动,这样可以有效地减少由于危险区域不明确导致的安全事故。例如,在施工过程中针对每级挖土规定出相应级别的影响区域及禁止进行的工序和行为,如不可堆载、不可站人、不可停放机械等,图 6-26 为基坑周边危险区域分级及其对应的禁止行为。

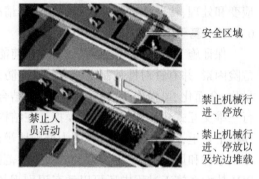

图 6-26　基坑周边危险区域分级及其对应的禁止行为

(3)施工空间冲突管理。在施工现场的有限空间里集中了大量的机械、设施、材料和人,同时由于建筑工程的复杂性,在相同的工作空间内经常会发生不同工种之间的工作冲突,造成安全事故,因此提前预测并且合理安排施工活动所占据的空间,制订计划有效地运用工地资源和工作空间对缩短工期、减少成本浪费、减少安全事故都具有非常重要的意义。BIM 技术可以实现静态检查设计冲突,动态模拟各工序随进度变化的空间需求和边界范围,很好地解决了施工空间冲突管理与控制,有效地减少了物体打击、机械伤害等事故的发生。

(4)安全措施制定。在基于 BIM 技术的集成化安全管理系统中,可以自动地提出安全措施,以用来保护建筑活动或是避免已识别危害的发生,这些措施是从 SOPS(Safe Operating Procedures)中提取出来的。SOPS 是由安全人员根据安全专项方案,通过 BIM 制定的安全管理平台独立制定,并可以根据施工现场变化和需要持续进行动态更新。

(5)安全评价。在虚拟施工中辨识的危害因素和制定的安全防护措施,可以利用层次分析法、蒙特卡罗法、模糊数学法等安全评价方法进行安全度分析评价,如果可靠则可以执行,如果超过安全度将返回施工安全专项设计,重新规划安全措施,并调整 BIM 施工模型,再次进行安全评价直至符合安全要求才能进行下一步的实施工作。

(6)安全监控。以虚拟施工模型为核心,结合现有的视频智能监控技术,施工单位、监理单位、建设单位以及政府部门都可以进行可视化施工组织管理。实时监控中,通过对比实际完成的安全活动与需要完成的安全活动可以得到安全执行的情况,并以此来进一步调整建筑的施工计划,使其更能够有效满足安全施工的需要。

(7)基于 BIM 的数字化安全培训。BIM 提供的信息不仅可以帮助施工管理者解决项目实施中可能出现的问题,而且由于 BIM 具有信息完备性和可视化的特点,将其作为数字化安全培训的数据库,施工人员在这种多维数值模拟环境中认识、学习、掌握特种工序施工方法、现场用电安全培训以及建筑项目中大型机械使用等,实现不同于传统方式的数字化安全培训。这不仅会提高安全培训的效果,还会提高安全培训的效率,减少因培训低效所产生的不必要的时间成本和资金成本,对于一些复杂的现场施工效果更为显著。

6.4.5.3 BIM 技术在施工阶段安全管理的应用

1.现场安全技术交底和安全教育培训

凭借 BIM 技术的 3D 漫游动画,4D 虚拟建造等可视化手段,解决施工阶段建筑、结构、水电气暖等交叉作业带来的安全隐患,使施工现场的人、材、机、场地等聚集在一起。按时间进度有序进行,将施工技术方案和安全管理措施以放视频的方式讲解给大家,让现场人员一目了然,规避现场可能发生的安全事故,提高安全技术交底的效率和效果,避免了以前死气沉沉、不求甚解的背书式安全技术交底。

图 6-27　VR 安全体验模拟视角截图

基于 BIM 技术的安全教育培训,通过虚拟现场工作环境、演示动画等,使现场人员熟悉自己的工作岗位,使工人明白自己在哪儿干、干什么、怎么干的问题,帮助新进场工人进行入场教育熟悉工作环境,避免了枯燥无味走过场的教育方式,使安全教育的目的真正落到实处。令人耳目一新有针对性的安全教育模式,使施工现场人员强化安全意识,熟悉现场安全隐患和安全注意事项,明白现场安全生产的技术措施和处理突发事件的应对办法。

结合工地场景制作逼真的安全体验动画视频,使用高配置的电脑和 VR 体验设备,体验者头戴 VR 眼睛,手持控制器手柄,按照模拟视频中的提示,进行相应的操作,让体验者在虚拟工地中体验可能遇到的多种危险情况,如火灾、电击、高处坠落、基坑坍塌、塔吊倾倒等。如图 6-27 所示为 VR 安全体验模拟视角截图。

与常规安全管理方式相比,VR 体验增强了人的实体感受,让危险因素可能导致的危险情景发生在体验者身上,感受这种真实的发生,从理论层面提升到感受层面,是传统安全管理方式很好的补充和加强。常规文字交底、安全体验馆等优秀的安全管理方式不是因为BIM 技术的介入而废弃不用,而是以此为基础再进行融合,效果会非常好。安全无小事,利用高科技来提高工程从业人员的安全意识,势在必行。

2.机械设备模拟、临边防护、安全色标管理

利用 BIM 技术可以在建筑模型中演示机械设备的实际运行状况。比如,对进场车辆进行模拟,验证道路宽度和转弯半径是否满足安全间距的要求;还可以对塔吊进行模拟,

验证塔吊与塔吊、塔吊和建筑物间的距离是否满足安全要求，避免使用过程中发生碰撞。提前在 BIM 模型中对施工现场的基坑周边、尚未安装栏杆的阳台、料台与各种平台周边、雨篷与挑檐边、无外脚手架的屋面和楼层边、楼梯口和梯段边、垂直设备与建筑物相连接的通道两侧边及水箱周边等处，按照规定需要安装防护栏杆、张挂安全网、摆放警示标牌的地方进行三维漫游，检查安全防护措施是否落实到位，现场安全色标管理是否符合规范要求等。工程技术人员依据 BIM 模型提前制订临边防护方案，给出三维效果图和平面尺寸图，直观方便地对机械设备、临边防护和安全色标等进行管理。

3.现场安全检查、突发紧急情况预演

施工现场安全检查方面，现场安全管理人员可以通过 BIM 移动终端，对现场的生产情况、设备设施状况、安全不文明行为、安全隐患等问题进行视频拍照上传，有疑问的地方可以立即关联 BIM 模型进行准确核对，安全问题检查有理有据、一目了然，信息的协同共享可使公司管理者足不出户远程了解现场安全情况，便于安全问题的及时反馈和快速解决，大大提升工作的成效。运用 BIM 技术，还可以有针对性地对项目周围路况信息、季节性施工、消防疏散演练、恶劣极端气候等情况进行模拟预演，制定相对应的预防措施，便于项目安全工作的顺利开展和有效执行，公司安全管理部门可以对遍布世界各地的项目进行更加高效的管理，做到对项目安全状况了如指掌使安全工作万无一失。

6.4.6 基于 BIM 的成本管理

6.4.6.1 成本管理概述

成本管理是指通过控制手段，在达到建筑物预定功能和工期要求的前提下优化成本开支，将施工总成本控制在施工合同或设计规定的预算范围内。成本控制通过成本计划、成本监督、成本跟踪、成本诊断等措施来实现在施工中通过对人、机、材费用，及工程分包费用进行控制。在传统的成本管理方式下由于建筑信息化水平落后，致使缺乏纵向链式管理结构，割裂开了各个阶段信息和目标的联系，传统成本管理的局限性，在 BIM 技术的引入后得到有效解决，一方面使项目成本管理减少了横向信息流失，另一方面减少纵向交流障碍。

BIM 技术在成本在成本控制方面的应用主要包括两方面：①结合挣得值分析法对工程项目成本进行动态监控；②优化设计方案降低工程项目成本。在施工阶段的成本控制中依靠 BIM 技术的优势，发现并修改图纸中存在的问题，减少因图纸问题引起的成本费用，同时还可以科学的布置场地，减少不必要的二次搬运，减少安全隐患，降低成本。通过对 BIM 成本控制模型中包含的各种数据信息进行系统的分析，可以提取任意时间或不同时间段的工程量数据，对比施工成本计划和进度计划，即可获得一个动态的成本控制模型。

要改善传统工程项目成本控制体系，就要对传统成本控制方式进行改变，传统成本控制中对项目的管理较为单一，成本控制效果不明显，需要采取动态的成本控制模式来对工程项目的成本进行把控。动态的成本控制模式可以根据某一时间段来对工程项目成本进行控制，使该阶段的实际成本值与计划成本值相匹配。基于 BIM 的施工成本控制模型以挣值分析法为研究工具，利用 BIM 技术提供数据，获得一个施工阶段的成本控制动态模

型,根据该模型的功能,首先收集成本计划及实际数据,然后计算出挣值分析法的相关参数,最后根据挣值分析法的相关参数进行分析,对工程项目的成本状况进行分析。

利用 BIM 施工成本控制模型自身的优势,可以加快工程量计算的速度,提高准确性,BIM 技术的 3D 模型可以"一键算量"快速而高效地完成工程量的计算,既能降低算量人员的工作强度,又能提高其工作效率。

(1)资源控制优势。在施工过程中合理安排资源,实时掌控进度及成本的状况,监督项目施工现场构件成本。同时利用碰撞检查的功能,通过 BIM 技术实时变换角度、多方位查找碰撞构件,做到及时发现及时解决,避免出现在施工过程中因构件碰撞无法施工而造成的成本损失。

(2)工程变更控制优势。工程变更是工程项目进行过程中影响较大的因素之一,往往伴随着返工滞工等情况的发生,返工次数过多或滞工时间过长都容易造成总工期的延长,同时也会对工程质量和产生一定的影响。

BIM 施工成本控制模型还能将设计变更内容关联到模型中去,相关工程量就会自动反映出来,并反馈至各专业管理人员,使他们了解设计方案的变化对成本的影响。

(3)成本监控优势。成本监控及分析主要依据的是挣值分析法与 BIM 技术相结合,在施工阶段的某个时间段或时间点均可以对施工工序、资源消耗、计划成本及实际成本进行精细化管理,对复杂的节点或进展不顺利的工作进行实时反馈,利用 BIM 技术与挣值分析法相结合的成本监控分析制订出解决方案,以确保工程项目施工阶段的成本控制在合理的范围内。

6.4.6.2 BIM 施工成本控制主要内容

为了提升施工阶段成本控制的能力,加强成本控制动态管理,进一步提升企业的竞争能力,提出了 BIM 施工成本控制模型。BIM 施工成本控制模型的功能主要分为三部分,分别是施工成本控制体系、BIM 5D 模型和挣值分析法原理。其中施工成本控制体系包含四个部分,即制订前期成本计划、成本动态监测、成本纠偏措施和成本预测,BIM 5D 模型的主要作用是为施工成本控制体系提供精准的数据支撑,挣值分析法是分析数据的重要理论依据。

1.BIM 5D 模型的理念

随着 BIM 技术的不断发展,已经由原本的 BIM 3D 模型发展至 BIM 5D 模型。BIM 5D 模型,顾名思义,就是在 BIM 3D 模型的基础上增加时间轴和成本轴之后组成的动态模型。BIM 5D 模型以 BIM 3D 模型作为基础框架,整合了每个构件几何数据、时间数据及成本数据,利用 BIM 5D 模型可以将任意时间点、任意工序的预算成本和实际成本进行分析,形象而直观地展示项目的成本现状,即盈利或亏损,为实现工程项目精细化运行提供有力的数据支撑。

以 BIM 5D 为基础的 BIM 施工成本控制模型是一个集工程量、施工进度、施工成本等诸多管理数据于一体的系统,能实现实际成本的实时监控,其主要特点有:

(1)BIM 5D 模型可实现施工过程的可视化,即利用施工计划及设计单位提供的图纸对整个工程进行虚拟施工,可以直观地发现施工组织设计工序、搭接等步骤中存在的问题,有利于将施工中产生的问题提前暴露出来,减少返工等现象。同时可以将施工计划的进度及成本与实际施工的进度及成本进行比较,从中发现工期及成本的差距,为后续的纠偏及优化工作提供依据。

(2)BIM 5D 模型还可以实现综合信息查询功能,工程项目成本部门能够轻松实现对成本的实时监控及动态查询、为工程项目施工阶段成本动态控制提供技术支持。

(3)传统成本控制人员根据施工进度计划,将工程分解后才能获取各阶段的工程量,工作复杂,效率不高。利用 BIM 5D 模型提供的施工时间、流水段、工程量等信息,为成本控制人员后续的成本管理工作提供数据基础,提高管理效率。

2.BIM 5D 模型构建方式

BIM 5D 模型=BIM 3D 模型+时间信息(Time)+成本信息(Cost),即 3D+1D+1D=5D 的 BIM 概念信息模型。BIM 3D 模型与时间及成本两个维度有着较好的拟合性,所以在 3D 模型不变的基础上,以增加构件属性的方式,结合施工组织设计的时间和成本信息来实现它们之间的关联性。

根据工程项目的设计方式不同,BIM 5D 模型的形成大致可以分为以下两种:

第一种为 2D CAD 图纸翻模形式。这种形式是传统的 BIM 模型建立形式,一般是由设计院将图纸以 CAD 电子版形式提供该施工企业,再由施工企业的专业建模师利用 CAD 图纸进行二次加工翻模,依靠人工对每个构件添加空间坐标和一些其他信息,构建可视化 3D 模型,而后在 3D 模型的基础上,添加进度和成本信息。这种形式不仅效率低下,而且往往会因为大量的人工翻模而产生一些人为错误,导致 3D 模型尺寸、构建位置与设计图纸不符等问题。但因我国 BIM 技术仍处于初级阶段,这种 2D CAD 图纸翻模形式作为一种 2D 向 3D 过渡的形式,仍会存在一段时间。

第二种为直接 3D 建模形式,这种形式是由设计方直接提供 3D 模型,建筑、结构等不同专业设计人员按照相关标准,将构件的相关属性如截面尺寸、坐标材料等信息在 BIM 模型中进行集中标注。当 BIM 3D 模型传递至施工企业时,再由相关专业人员根据施工组织设计的内容要求,在构建中添加进度及成本维度的信息,用于工程项目的投标及施工现场管理工作。这种方式与第一种方式相比从设计的源头便采用了 3D 模型,保证了构件信息的完整性及准确性,避免了因人工翻模而产生的人为错误,同时也节省了人工二次翻模带来的复杂工序及时间消耗。

根据对以上两种 3D 建模形式的描述,第二种直接 3D 建模形式在各方面的优势均大于第一种,因此将第二种建模形式应用到工程项目施工阶段成本控制中去,可为施工企业节约成本、提升利润,符合我国对建筑行业 BIM 技术精细化和信息化的发展规划。

3.BIM 施工方案优化

1)利用 BIM 模型优化幕墙结构下料

幕墙工程是由支撑结构体系与面板构成,是现代建筑工程中常用的一种外墙装饰方式,其不仅可以对建筑物的外墙起到美化装饰的作用,还具有一定的环保效益,为用户提供更加舒适的环境。现代的公共项目越来越多地采用幕墙作为外墙装饰,同时工程建筑的外观造型越来越趋于复杂化,幕墙工程的施工面临的难度越来越大、测量越来越复杂化等问题。利用 BIM 技术的精细化、信息化的特点可将建筑的结构模型与幕墙模型相整合,根据合成后的模型进行幕墙工程的结构深化设计。

利用 BIM 模型优化幕墙结构设计,首先要创建幕墙结构的 BIM 模型,确定幕墙板块及支撑结构的定位控制点,并针对该幕墙工程的结构特点对节点进行深化设计,对幕墙板块及支撑结构的材料进行选用及下料优化,以达到节约成本的目的。

2)利用碰撞检查优化结构及管线成本

在建筑工程施工阶段,因各专业设计之间缺乏必要的沟通,而造成了一些设计遗留问题,易产生构件碰撞问题。从大量的数据统计来看,因设计缺陷产生的问题,往往是施工过程中产生变更、签证和索赔的根源。构件碰撞问题的产生,对建筑工程的施工有着或多或少的影响,如何解决设计阶段产生的各专业、构件之间不合理的碰撞问题是优化施工成本设计的一个重要问题。

所谓的碰撞检查,就是指通过 BIM 5D 技术对施工建筑、结构、安装等专业模型进行合并,然后利用 Navisworks 中的"碰撞检查"模块对各专业之间的冲突行为进行检查。构件或图元之间的碰撞分为两种:一种是硬碰撞,是指构件或图元之间有实际的交叉,大部分是因设计标高错误造成的;另一种为软碰撞,是对构件或图元之间的特点距离进行检查,为了符合施工规范,也会对这种碰撞进行标注和优化。碰撞检查是深化设计中的重要部分,使用 Navisworks 的碰撞检查功能,利用其生成的碰撞检查报告,有针对性地进行下一步的节点深化设计,可节省工期,降低不必要的成本支出。

3)利用数值模拟计算优化钢结构施工方案

目前,国内大部分超高层建筑及大型工业建筑都以钢结构、钢管混凝土或钢骨混凝土结构为主,钢结构工程有着施工精度要求高、结构复杂、用钢量大等特点,而这些往往是造成施工成本上涨的主要原因。保证构件的精度、使图纸表达得更清楚、降低施工复杂度就成为研究的主要问题。

因钢结构本身具有的复杂性,仅依靠平面图纸很难进行施工方面的工作,利用 Tekla 对钢结构建筑进行深化设计,根据施工设计平面图和细化尺寸节点图,可提前确定钢结构构件的具体形状及尺寸,将其具体形象化地展示在眼前,从而明确构建图纸,为后续的构件分段及板材下料等工作提供帮助。同时,还可以将钢柱、钢梁等构件进行编码,并在生产过程中根据编码对对应的钢构件进行印记,使施工人员通过印记明确安装位置,提高准确性,大大提升钢构件在施工过程中安装的便捷性。

4.BIM 施工成本控制模型

1)制订前期成本计划

BIM 5D 模型将数据以集成的方式,记录了工程项目施工阶段的所有信息,其中工程项目功能、规模、结构及复杂程度等特点均不相同,这些特点都或多或少地影响着工程项目的成本。工程项目前期成本计划作为施工阶段成本控制中重要的参考依据,是建立 BIM 施工成本控制模型的基础理论依据。

基于 BIM 数据信息库编制工程项目成本控制计划的过程主要是对相关数据信息进行综合对比分析整理的过程。在这个过程中,可将 BIM 数据信息库分为两部分,其中一部分是利用 BIM 互联网数据整理的外部工程数据库,另一部分是利用当前工程信息库整理的内部工程数据库。这两个数据库在企业未来的成本控制工作中为历史数据,可在施工准备阶段,利用相关性搜索及互联网数据平台提取类似工程项目的数据信息,为以后相关类型的工程项目提供多种成本组合方案。接着，利用构件碰撞检查、虚拟仿真施工等辅助技术，对施工方案进行质量、安全、进度及成本等方面的优化，最终得到最优的成本控制计划。

工程项目施工阶段成本控制计划分为分部控制和整体控制，其中整体控制为对工程项目的决策进行整体大方向的把控，而为了能对工程项目大方向有更加精准的把控，就需要将工程项目的决策一一拆分，即对分部控制。为实现对工程项目施工成本的实时控制，就需要将工程项目按照进度计划进行阶段性分解，然后将详细分解后的施工进度计划与施工成本计划进行融合，获得各阶段的成本计划。最后，将编制好的施工进度及成本计划导入 BIM 3D 模型中，获得 BIM 5D 模型。

2）成本动态监测

（1）成本动态监测范围。工程项目施工阶段是成本产生的主要阶段，只有有效地对施工阶段中每个小阶段执行成本检测，才能确保每个阶段的工程量及相关成本数据产生的准确度，减少因数据收集不够完全带来的实际成本的偏差，进而减少实际成本与计划成本之间的偏差，降低误判。施工成本动态监测可大致分为以下几种。

a.原有设计范围内。工程项目管理人员根据施工现场收集的实际进度数据并与实际消耗成本进行结合，获得已完工程成本并将其导入至 BIM 3D 模型中，获得 BIM 5D 实际成本模型。

b.产生工程变更后。工程变更是工程项目中不可避免地存在，工程变更产生之后对成本的影响是必然的，但在挣值分析法中 BCWP（已完工程计划成本）和 BCWS（拟完工程计划成本）的数值是固定的，在分析成本偏差的过程中，往往会忽视因工程变更而产生的工程量变化。所以，BIM 施工成本控制模型中引入工程变更模块势在必行。工程项目管理人员在收集工程变更产生的进度及成本数据时，同样需要将其整理成已完工程成本并导入至与之对应的工程变更模块中去，形成一个新的 BIM 5D 实际成本模型（BIM 5D-BG）。

（2）挣值分析法用于成本监测。将挣值分析法与 BIM 5D 相融合获得的 BIM 成本控制模型，可对不同的工程项目施工阶段的进度及成本数据进行分析，通过 BIM 5D 模型输出的挣值分析法的相关参数，绘制出相应的曲线图。

a.根据 BIM 5D 模型输出 BCWS（Budgeted Cost for Work Scheduled，拟完工程计划成本）。在制订成本计划阶段中已经获得一个完整的 BIM 5D 模型，在这个模型中可以输出任意时间段的拟完工程成本数据信息，然后生成初始 BCWS 曲线图作为对比分析的标准。

b.根据 BIM 5D 模型输出 ACWP（Actual Cost for Work Performed，已完工程实际成本）。在成本计划阶段制定出的 BIM 5D 模型中加入实际施工阶段所消耗的数据后，即可输出已完工程相关的成本数据，生成初始 ACWP 图形作为对比分析的标准。如产生工程变更，则根据新的 BIM 5D-BG 模型输出新的 ACWP-BG，生成一个新曲线图作为对比分析的标准。

c.根据 BIM 5D 模型计算 BCWP（Budgeted Cost for Work Performed，已完工程计划成本）。根据已经输出的数据 BCWS 和 ACWP 来计算 BCWP，其公式为：$BCWP = BCWS \times$ 已完工程量百分比。

同时，生成初始 BCWP 图形作为对比分析标准。若产生工程变更，则利用 BCWP 与工程变更产生的成本（BGC）之和即公式 BCWP-BG=BCWP+BGC，输出新曲线图作为对比分析的标准。

最后，根据之前介绍的计算方法，利用计算好的基本参数，计算得出四个评价指标，即成本偏差 CV（Cost Variance）、进度偏差 SV（Schedule Variance）、成本绩效指数 CPI（Cost Performance Index）和进度绩效指数 SPI（Schedule Performance Index）。

（3）成本预测的结果分析。将挣值分析法用于成本预测中还不能将成本控制的状态以直观而精准的形式展示出来，利用成本预测的结果，将成本偏差（SV）及成本绩效指数（CPI）进行分析处理，得出成本偏差指数 N，其计算过程为

$$N = \frac{CV}{BCWP} = 1 - \frac{ACWP}{BCWP}$$

$$N = 1 - \frac{1}{CPI}$$

若结果为负值，则说明该阶段的成本属于超支状态，继续采取手段进行处理；若计算结果为正值，则说明该阶段的成本属于节省状态。根据计算的结果，可将成本偏差指数分为四个区间，如表 6-4 所示。

表 6-4　成本偏差指数绝对值区间

N	$0 < N \leqslant 0.1$	$0.1 < N \leqslant 0.25$	$0.25 < N \leqslant 0.5$	$0.5 < N \leqslant 1$
偏差	低偏差	较低偏差	较高偏差	高度偏差

3）成本纠偏

成本纠偏是对成本超支的范围进行的调控，这其中包括两种情况，第一种情况是成本可控即 CV（成本偏差）≥0，但仍有可优化的可能；第二种情况是成本不可控即 CV（成本偏差）<0。下面针对这两种情况分别对成本纠偏措施加以说明。

（1）成本可控。成本可控是指 CV（成本偏差）≥0，即成本虽然并未超支但仍存在局部细节超支的现象，仍需对成本进行优化。在项目施工运行阶段后期，管理人员根据 BIM 5D 模型所得出的成本信息，如发现成本偏差指数在不断趋近于零，则证明成本控制情况良好；如发现成本偏差指数在不断增大，则表示该项施工活动在管理或其他方面出现了问题，容易在接下来的施工过程中产生成本超支或严重的经济损失。在这种情况下，需要相关技术及成本管理人员关注，分析产生成本问题的缘由，同时上报至项目经理，重新制订或修改施工方案。

（2）成本不可控。成本不可控是指 CV（成本偏差）<0。这种情况出现说明成本已经超支，如按照这种趋势发展下去则会造成更严重的超支，应当引起相关管理人员的足够重视，由项目经理组织相关管理人员针对成本超支原因进行讨论，分析成本超支的原因，针对原因提出对应的解决方案，并严格执行下去。在该项工程完工后，利用 BIM 5D 模型对新方案的成本数据进行分析，检查效果。如果效果不理想就继续进行针对性调控；如果效果逐渐变好，则更新 BIM 5D 模型得出新的已完工程成本曲线图，以便后续的成本控制工作的进行。

4)成本预测

在成本纠偏工作结束之后,可根据施工现场实际工作开展情况,利用挣值分析法对工程项目的总成本偏差(Variance at completion, VAC)和总成本估算(Estimate at Completion, EAC)进行测算,为后续施工资金使用计划提供数据支撑。其中,预测总成本估算是节点时间之前的实际成本与工程项目后期未运行的成本之比。预测总成本偏差是指预测的总成本与项目前期成本总预算(Budget at Completion, BAC)之差,完成 BIM 施工成本控制模型。

6.4.6.3 BIM 技术在成本控制中的优势

(1)便于确定施工方案。施工成本方案的确定在施工成本控制中有着至关重要的作用,传统施工成本方案的确定往往依赖于施工管理人员的经验,同时还存在着施工详图绘制麻烦,材料成本计算不清等问题。而利用 BIM 施工成本控制模型来确定施工方案则在工程项目 BIM 3D 模型生成之后,即可根据软件数据库中的历史数据获得该工程项目的各分部工程的施工方案,还能精确计算材料用量,节省材料成本。

(2)自动计算工程量。工程项目的工程量计算是施工成本控制中的重要依据,不论在施工过程中还是在工程结算中,均需要对工程量有着精确的把控。传统施工成本控制工程量的计算需要投入大量的人力、物力,但工程量的准确度却难以保证。而 BIM 施工成本控制模型中包含的大量构件信息,同时利用它强大的计算功能可以轻松而快速的解决复杂而繁多的工程量计算的难题,简化工程项目前期的成本概算和招标投标工作,为施工阶段成本控制做好基础。

(3)良好的控制工程变更。在传统的施工阶段成本管理中,工程变更产生之后必须通过人工进行大量的分析计算,计算结果准确性也难以保证。而利用 BIM 施工成本控制模型可以对各专业开展协同合作,大大避免了专业冲突,降低了工程变更产生的概率,使得成本得到有利的控制。与传统的工程变更模式不同,BIM 施工成本控制模型可以将原模型与工程变更两者合二为一,既能实现对工程模型的调整,又能使整个工程完整地展现。同时,可以针对模型进行远程更新和数据关联,实时更新工程项目信息数据,对成本进行有序的动态管理。

(4)实现工程项目精细化、信息化管理。工程项目精细化、信息化管理是我国现阶段建筑行业主要的发展趋势,利用 BIM 施工成本控制模型,施工企业可以针对时间、区域或者工序实现工程量的提取,同时在 BIM 模型建立相关数据库后,能够对所有构件信息实现精准化的管理,为成本控制工作提供基础数据。对施工阶段中的基础数据进行分析,借助 BIM 技术共享平台实现各专业之间的信息交流,减少各部门之间因信息交流不畅导致的成本问题。

6.4.7 基于 BIM 的物资管理

传统材料管理模式就是企业或者项目部根据施工现场实际情况制定相应的材料管理制度和流程,这个流程主要是依靠施工现场的材料员、保管员、施工员来完成的。施工现场的多样性、固定性和庞大性,决定了施工现场材料管理具有周期长、种类繁多、保管方式复杂等特殊性。传统材料管理存在核算不准确、材料申报审核不严格、变更签证手续办理不及时等问题,造成大量材料现场积压、占用大量资金、停工待料、工程成本上涨等。

基于 BIM 的物料管理通过建立安装材料 BIM 模型数据库,使项目部各岗位人员及企业不同部门都可以进行数据的查询和分析,为项目部材料管理和决策提供数据支撑。

6.4.7.1 BIM 技术环境下的现场物料管理流程

在 BIM 技术环境下,要对现场的物料进行实时精确的管理必须要有一个正确的基于 BIM 平台的现场物料管理流程,以便依此进行准确的管理。基于 BIM 现场物料管理流程如图 6-28 所示。

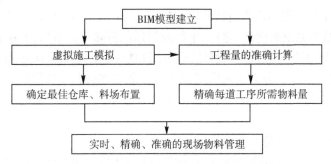

图 6-28　基于 BIM 现场物料管理流程

6.4.7.2 BIM 技术下现场物料管理的应用

(1)BIM 技术下对现场物料仓库、料场的准确布置。在物料进场前,先根据已建立的 BIM 模型进行初步的现场物料仓库、料场的布置;在对现场布置都已完成后,通过应用基于 BIM 技术的施工模拟技术对施工进行模拟。如发现有因堆场布置不合理的情况发生,如因占用施工场地导致无法正常施工的工期延误及物料的二次搬运造成的用工浪费,必须重新对其进行布置,直到再无此类现象发生。通过应用 BIM 对其事先合理的规划可以减少不必要的工期、用工浪费,以及由此引起的成本的增加。

(2)BIM 技术下现场物料的精确储存。在施工过程中,保证施工过程中不断料,使施工顺畅,控制呆料的产生,不让过多的囤料影响资金的周转及储存场所的浪费,这对施工阶段现场物料管理来说十分重要。运用基于 BIM 技术的施工模拟技术对现场施工进行模拟,可得出每个施工阶段所需的物料量;根据与施工模拟相吻合的进度需要进行物料储存,避免施工现场的材料存储过剩或材料不足给施工企业带来不必要的经济损失。

(3)BIM 技术与 RFID 等技术相结合优化物料记录管理。在现场物料管理中,物料的准确记录与登记非常重要,建立精细的物料管理台账能够清楚地查找物料的使用、仓储等情况,以便确定物料的准确采购和及时进场,减少因记录混乱导致物料统计出错影响物料量的储存。应用 RFID 技术与 BIM 技术相结合能够快速准确记录物料的使用情况、仓储状况;物料管理人员通过手持的 RFID 识别器能轻松地对物料进行识别登记,记录准确,在确保高效率的同时,又可以减少物料管理人员的工作量。

6.4.8　基于 BIM 的绿色施工管理

BIM 是信息技术在建筑中的应用,赋予建筑"绿色生命",应当以绿色为目的、以 BIM

技术为手段,用绿色的观念和方式进行建筑的规划、设计,在施工和运营阶段采用 BIM 技术促进绿色指标的落实,促进整个行业的进一步资源优化整合。

在建筑设计阶段,利用 BIM 可进行能耗分析,选择低环境影响的建筑材料等,还可以进行环境生态模拟,包括日照模拟、日照热的情景模拟及分析、二氧化碳排放计算、自然通风和混合系统情况仿真、通风设备及控制系统效益评估、采光情景模拟、环境流体力学情景模拟等,达到保护环境、资源充分及可持续利用的目的,并且能够给人们创造一种舒适的生活环境。

一座建筑的全生命周期应当包括前期的规划、设计,建筑原材料的获取,建筑材料的制造、运输和安装,建筑系统的建造、运行、维护及最后的拆除等。所以,要在建筑的全生命周期内施行绿色理念,不仅要在规划、设计阶段应用 BIM 技术,还要在节地、节水、节材、节能及施工管理、运营维护管理等方面深入应用 BIM,不断推进整体行业向绿色方向行进。

下面将介绍以绿色为目的、以 BIM 技术为手段的施工阶段节地、节水、节材、节能管理。

6.4.8.1 基于 BIM 的节地与室外环境

节地不仅仅是施工用地的合理利用,建筑设计前期的场地分析,运营管理中的空间管理也同样包含在内。BIM 在施工节地中的主要应用内容有场地分析、土方量计算、施工用地管理及空间管理等。

(1)场地分析。场地分析是研究影响建筑物定位的主要因素,是确定建筑物空间方位和外观、建立建筑物与周围景观联系的过程。BIM 结合地理信息系统,对现场及拟建的建筑物空间数据进行建模分析,结合场地使用条件和特点,做出最理想的现场规划和交通流线组织关系。利用计算机可分析出不同坡度的分布及场地坡向,建设地域发生自然灾害的可能性,区分适宜建设与不适宜建设区域,其可对前期场地设计可起到至关重要的作用。

(2)土方量计算。利用场地合并模型,在三维中直观查看场地挖填方情况,对比原始地形图与规划地形图得出各区块原始平均高程、设计高程、平均开挖高程,然后计算出各区块挖、填方量。

(3)施工用地管理。建筑施工是一个高度动态的过程。随着建筑工程规模的不断扩大,复杂程度的不断提高,施工项目管理也变得极为复杂。施工用地、材料加工区、堆场也随着工程进度的变换而调整。BIM 的 4D 施工模拟技术可以在项目建造过程中合理制订施工计划、精确掌握施工进度,优化使用施工资源及科学地进行场地布置。

6.4.8.2 基于 BIM 的节水与水资源利用

水是人类最珍贵的资源之一。用好这有限而又宝贵的水十分重要。在建筑的施工过程中,用水量极大,混凝土的浇筑、搅拌、养护等都要大量用水。一些施工单位由于在施工过程中没有计划,随意用水,造成水资源的大量浪费。所以,在施工中节约用水是势在必行的。

BIM 技术在节水方面的应用体现在协助土方量的计算,模拟土地沉降、场地排水设计,以及分析建筑的消防作业面,设置最经济合理的消防器材,设计规划每层排水地漏位置、雨水等非传统水源的收集和循环利用等方面。

利用 BIM 技术可以对施工用水过程进行模拟。比如处于基坑降水阶段，未回填时，采用地下水作为混凝土养护用水。使用地下水作为喷洒现场降尘和混凝土罐车冲洗用水。也可以模拟施工现场情况，编制详细的施工现场临时用水方案，使施工现场供水管网根据用水量设计布置，采用合理的管径、简捷的管路，有效地减少管网和用水器具的漏损。

6.4.8.3　基于 BIM 的节材与材料资源利用

基于 BIM 技术，重点从钢材、混凝土、木材、模板、围护材料、装饰装修材料及生活办公用品材料 7 个主要方面进行施工节材与材料资源利用控制：通过 BIM 5D 安排材料采购的合理化，建筑垃圾减量化，可循环材料的多次利用化，钢筋配料、钢构件下料及安装工程的预留、预埋，管线路径的优化等措施；同时根据设计要求，结合施工模拟，达到节约材料的目的。BIM 在施工节材中的主要应用内容有管线综合设计、复杂工程预加工预拼装、物料跟踪等。

（1）管线综合设计。目前大体量的建筑如摩天大楼等机电管网错综复杂，在大量的设计面前很容易出现管网交错、相撞及施工不合理等问题。以往人工检查图纸比较单一，不能同时检测平面和剖面的位置，BIM 软件中的管网检测功能为工程师解决了这个问题。检测功能可生成管网三维模型，在模型中，系统可自动检查出"碰撞"部位并标注，这样使得大量的检查工作变得简单。空间净高是与管线综合相关的一部分检测工作，基于 BIM 信息模型对建筑内不同功能区域的设计高度进行分析，查找不符合设计规划的内容，将情况反馈给施工人员，以此提高工作效率，避免错、漏、碰、缺的出现，减少原材料的浪费。

（2）复杂工程预加工预拼装。复杂的建筑形体如曲面幕墙及复杂钢结构的安装是难点，尤其是复杂曲面幕墙，由于组成幕墙的每一块玻璃面板形状都有差异，给幕墙的安装带来一定的困难。BIM 技术最拿手的是复杂形体设计及建造应用，可针对复杂形体进行数据整合和验证，使得多维曲面的设计得以实现。工程师可利用计算机对复杂的建筑形体进行拆分，拆分后利用三维信息模型进行解析，在电脑中进行预拼装，分成网格块编号，进行模块设计，然后送至工厂按模块加工，再送到现场拼装即可。同时数字模型也可提供大量建筑信息，包括曲面面积统计、经济形体设计及成本估算等。

（3）物料跟踪。随着建筑行业标准化、工厂化、数字化水平的提升，以及建筑使用设备复杂性的提高，越来越多的建筑及设备构件通过工厂加工并运送到施工现场进行高效的组装。根据 BIM 中得出的进度计划，可提前计算出合理的物料进场数目。BIM 结合施工计划和工程造价，可以实现 5D（三维模型+时间+成本）应用，做到零库存施工。

6.4.8.4　基于 BIM 的节能与能源利用

以 BIM 技术推进绿色施工，节约能源，降低资源消耗和浪费，减少污染，是建筑发展的方向和目的。节能在绿色环保方面具体有两种体现：一是帮助建筑形成资源的循环使用，包括水能循环、风能流动、自然光能的照射，科学地根据不同功能、朝向和位置选择最适合的构造形式。二是实现建筑自身的减排。构建时，以信息化手段减少工程建设运营时间，不仅能够满足使用需求，还能保证最低的资源消耗。在方案论证阶段，项目投资方可以使用 BIM 来评估设计方案的布局、视野、照明、安全、人体工程学、声学、纹理、色彩及规范的遵守情况。BIM 甚至可以做到建筑局部的细节推敲，迅速分析设计和施工中可能需要应对的问题。BIM 包含建筑几何形体的很多种信息,其中也包括许多用于执行生态设计分析的信息,能够很好地将建筑设计和生态设计紧密联系在一起,设计将不单单是体量、材质、颜色等,也是动态的、有机的。Autodesk Ecotect Analysis 是市场上比较全面的概念化建筑性能分析工具,软件提供了许多即时性分析功能,如光照、日光阴影、太阳辐射、遮阳、热舒适度、可视度分析等,得到的分析结果往往是实时的、可视化的,符合建筑师在设计前期赋予建筑的各项性能。

　　建筑系统分析是对照业主使用需求及设计规定来衡量建筑物性能的过程,包括机械系统如何操作和建筑物能耗分析、内外部气流模拟、照明分析、人流分析等涉及建筑物性能的评估。BIM 结合专业的建筑物系统分析软件避免了重复建立模型和采集系统参数。通过 BIM 可以验证建筑物是否按照特定的设计规定和可持续标准建造,通过这些分析模拟制订、修改系统参数甚至制订系统改造计划,以提高整个建筑的性能。

6.4.8.5　基于 BIM 的减排措施

　　利用 BIM 技术可以对施工场地废弃物的排放、放置进行模拟,达到减排的目的。具体方法如下:

　　(1)用 BIM 模型编制专项方案对工地的废水、废气、废渣的三废排放进行识别、评价和控制,安排专人、专项经费,制定专项措施,减少工地现场的三废排放。

　　(2)根据 BIM 模型对施工区域的施工废水设置沉淀池,进行沉淀处理后重复使用或合规排放,对泥浆及其他不能简单处理的废水集中交由专业单位处理。在生活区设置隔油池、化粪池,对生活区的废水进行收集和清理。

　　(3)禁止在施工现场焚烧垃圾,使用密目式安全网、定期浇水等措施减少施工现场的扬尘。

　　(4)利用 BIM 模型合理安排噪声源的放置位置及使用时间,采用有效的噪声防护措施,减少噪声排放,并满足施工场界环境噪声排放标准的限制要求。

　　(5)生活区垃圾按照有机、无机分类,与垃圾站签合同,按时收集垃圾。

6.4.9　基于 BIM 的工程变更管理

6.4.9.1　工程变更概述

　　工程变更(Engineering Change,简称 EC),指的是针对已经正式投入施工的工程进行的变更。在工程项目实施过程中,按照合同约定的程序对部分或全部工程在材料、工艺、功能、构造、尺寸、技术指标、工程数量及施工方法等方面做出的改变。工程变更的表现形式如表 6-5 所示。

　　设计变更应尽量提前,变更发生得越早,则损失越小;反之,则越大。若变更发生在设计阶段,则只需修改图纸,其他费用尚未发生,损失有限;若变更发生在采购阶段,在需要修改图纸的基础上,还需重新采购设备及材料;若变更发生在施工阶段,则除上述费用外,已施工的工程还须增加拆除费用,势必造成重大变更损失。设计变更费用一般应控制在工程总造价的 5% 以内,由设计变更产生的新增投资额不得超过基本预备费的三分之一。

表 6-5　工程变更的表现形式

序号	具体内容
1	更改工程有关部位的标高、位置和尺寸
2	增减合同中约定的工程量
3	增减合同中约定的工程内容
4	改变工程质量、性质或工程类型
5	改变有关工程的施工顺序和时间安排
6	图纸会审、技术交底会上提出的工程变更
7	为使工程完工而必须实施的任何种类的附加工作

6.4.9.2　影响工程变更的因素

工程中由设计缺陷和错误引起的修正性变更居多,它是由于各专业、各成员之间沟通不当或设计师专业局限性所致。有的变更则是需求和功能的改善,无计划的变更是项目中引起工程延期和成本增加的主要原因。工程中引起工程变更的因素很多,具体如表6-6所示。

表 6-6　影响工程变更因素统计

类别	具体内容
业主原因	业主本身的需求发生变化,会引起工程规模、使用功能、工艺流程、质量标准,以及工期改变等合同内容的变更;施工效果与业主理想要求存在偏差引起的变更
设计原因	设计错漏、设计不到位、设计调整,或因自然因素及其他因素而进行的设计改变
施工原因	因施工质量或安全需要变更施工方法、作业顺序和施工工艺等引起的变更
监理原因	监理工程师出于工程协调和对工程目标控制有利的考虑而提出的施工工艺、施工顺序的变更
合同原因	原订合同部分条款因客观条件变化,需要结合实际修正和补充
环境原因	不可预见自然因素、工程外部环境和建筑风格潮流变化导致工程变更
其他原因	如地质原因引起的设计更改

6.4.9.3　工程变更原则

几乎所有的工程项目都可能发生变更甚至是频繁的变更,有些变更是有益的,而有些却是非必要和破坏性的。在实际施工过程中,应综合考虑实施或不实施变更给项目带来的风险,以及就项目进度、造价、质量方面等产生的影响来决定是否实施工程变更。造价师应在变更前对变更内容进行测算和造价分析,根据概念、说明和蓝图进行专业判断,分析变更必要性,并在功能增加与造价增加之间寻求新的平衡;评估设计单位设计变更的成本效应,针对设计变更内容提供工程造价费用增减估算;根据实际情况、地方法规及定额标准,配合甲方做好项目施工索赔内容的合理裁决、判断、审定、最终测算及核算;审核、评估承包商、供货商提出的索赔;分析、评估合同中甲方可以提出的索赔,为甲方谈判提供策略和建议。

工程变更应遵循以下原则:

(1)设计文件是安排建设项目和组织施工的主要依据,设计一经批准,不得随意变更,不得任意扩大变更范围。

(2)工程变更对改善功能、确保质量、降低造价、加快进度等方面要有显著效果。

(3)工程变更要有严格的程序,应申述变更设计理由、变更方案、与原设计的技术经济比较,报请审批,未经批准的不得按变更设计施工。

(4)工程变更的图纸设计要求和深度等同原设计文件。

6.4.9.4 BIM 技术应用

引起工程变更的因素及变更产生的时间是无法掌控的,但变更管理可以减少变更带来的工期和成本的增加。设计变更直接影响工程造价,施工过程中反复变更待图导致工期和成本的增加,而变更管理不善导致进一步的变更,使得成本和工期目标处于失控状态。BIM 应用有望改变这一局面,通过在工程前期制定的一套完整、严密的基于 BIM 的变更流程来把关所有因施工或设计变更而引起的经济变更。美国斯坦福大学整合设施工程中心)根据对 32 个项目的统计分析总结了使用 BIM 技术后产生的效果,认为它可以消除 40%预算外更改。即从根本上、从源头上可减少变更的发生。

首先,可视化建筑信息模型更容易在形成施工图前修改完善,设计师直接用三维设计更容易发现错误并修改。三维可视化模型能够准确地再现各专业系统的空间布局、管线走向,实现三维校审,大大减少"错、碰、漏、缺"现象,在设计成果交付前消除设计错误,以减少设计变更。而使用 2D 图纸进行协调综合则事倍功半,虽花费大量的时间去发现问题,却往往只能发现部分表面问题,很难发现根本性问题,"错、碰、漏、缺"几乎不可避免,必然会带来工程后续的大量设计变更。

其次,BIM 能增加设计协同能力,更容易发现问题,从而减少各专业间冲突。单个专业的图纸本身发生错误的比例较小,设计各专业之间的不协调、设计和施工之间的不协调是设计变更产生的主要原因。一个工程项目设计涉及总图、建筑、结构、给排水、电气、暖通、动力,还包括许多专业分包如幕墙、网架、钢结构、智能化、景观绿化等,用 BIM 协调流程进行协调综合,能够彻底消除协调综合过程中的不合理方案或问题方案,使设计变更大大减少。BIM 技术可以做到真正意义上的协同修改,改变以"隔断式"设计方式、依人工协调项目内容和分段交流的合作模式,大大节省开发项目的成本。

最后,在施工阶段,用共享 BIM 模型能够实现对设计变更的有效管理和动态控制。通过设计模型文件数据关联和远程更新,建筑信息模型随设计变更而即时更新,减少设计师与业主、监理、承包商、供应商间的信息传输和交互时间,从而使索赔签证管理更有时效性,实现造价的动态管理和有序管理。

6.4.10　基于 BIM 的竣工交付

在工程建设的交接阶段,前一阶段 BIM 工作完成后应交付 BIM 成果,包括 BIM 模型文件、设计说明、计算书、消防、规划二维图纸、设计变更、重要阶段性修改记录和可形成企业资产的交付物及信息。项目的 BIM 信息模型所有知识产权归业主所有,交付物为纸质表格图纸及电子光盘,加盖公章。

为了保证工程建设前一阶段移交的 BIM 模型能够与工程建设下一阶段 BIM 应用模型进行对接,对 BIM 模型的交付质量提出以下要求:

(1)提供模型的建立依据,如建模软件的版本号、相关插件的说明、图纸版本、调整过程记录等,方便接收后的模型维护工作。

(2)在建模前进行沟通,统一建模标准。如模型文件、构件、空间、区域的命名规则,标高准则,对象分组原则,建模精度,系统划分原则,颜色管理,参数添加等。

(3)所提交的模型,各专业内部及专业之间无构件碰撞问题的存在,提交有价值的碰碰检查报告。

(4)模型和构件尺寸、形状及位置应准确无误,避免重叠构件,特别是综合管线的标高、设备安装定位等信息应准确无误,保证模型的准确性。

(5)所有构件均有明确详细的几何信息及非几何信息,数据信息完整规范。

(6)与模型文件一同提交的说明文档中必须包括模型的原点坐标描述及模型建立所参照的 CAD 图纸情况。

(7)针对设计阶段的 BIM 应用点,每个应用点分别建立一个文件夹。对于 3D 漫游和设计方案比选等应用,提供 ai 格式的视频文件和相关说明。

(8)对工程量统计、日照和采光分析、能耗分析、声环境分析、通风情况分析等,提供成果文件和相关说明。

(9)设计方各阶段的 BIM 模型(方案阶段、初步设计阶段、施工图阶段)通过业主认可的第三方咨询机构审查后,才能进行二维图正式出图。

(10)所有的机电设备、办公家具有简要模型,由 BIM 公司制作,主要功能房、设备房及外立面有渲染图片,室外及室内各个楼层均有漫游动画。

(11)由 BIM 模型生成若干个平面、立面、剖面图纸及表格,特别是构件复杂、管线繁多部位应出具详图,且应该符合《建筑工程设计文件编制深度规定(2016 年版)》。

(12)搭建 BIM 施工模型,含塔吊、脚手架、升降机、临时设施、围墙、出入口等,每月更新施工进度,提交重点、难点部位的施工建议、作业流程。

(13)BIM 模型生成详细的工程量清单表,汇总梳理后与造价咨询公司的清单对照检查,得出结论报告。

(14)提供平板电脑随时随地对照检查施工现场是否符合 BIM 模型,便于甲方、监理的现场管理。

(15)为限制文件大小,所有模型在提交时必须清除未使用项,删除所有导入文件和外部参照链接,同时模型中的所有视图必须经过整理,只保留默认的视图和视点,其他都删除。

(16)竣工模型在施工图模型的基础上添加以下信息：生产信息(生产厂家、生产日期等)、运输信息(进场信息、存储信息)、安装信息(浇铸、安装日期，操作单位)和产品信息(技术参数、供应商、产品合格证等)，如在设计阶段还没能确定的外形结构的设备及产品，竣工模型中必须添加与现场一致的模型。

6.5 项目施工阶段 BIM 应用案例

6.5.1 工程背景

6.5.1.1 项目基本概况

某国际广场首府工程紧邻该市新体育文化中心，是集零售、休闲、娱乐、餐饮、旅游、商务及文化为一体的现代化购物中心。该项目由某市一家大型房地产开发公司投资建设，深圳市某设计研究总院设计出图，中建某公司承建，项目占地面积 19 954.9 m²，总建筑面积 167 640.68 m²，包括 1#、2#、3#、4#住宅楼，5#高层酒店式公寓，其中地下室为 3 层，地下部分总高度 13.9 m，地上有 4 层商业裙楼，最大建筑高度为 158.6 m，如图 6-29 所示为某国际广场首府工程效果。

图 6-29 某国际广场首府工程效果

6.5.1.2 项目 BIM 应用原因分析

项目作为该市地标性建筑和大型商业综合体，项目的质量和安全备受政府和全市人民的关注，项目建设规模大，施工工期紧张，投资控制非常严格，施工分包单位众多，涉及的专业分工细致，施工场地狭小，又地处闹市区，现场布置困难，施工材料采购、保管工作任务重，施工工艺复杂，施工难度很大。

进度管理上因工期短、工作量大，土建、机电、安装等分包队伍同时作业，交叉衔接多，现场进度计划的编排和跟踪困难，需要有经验的管理人员较多，进度管理任务繁重，现场情况复杂，施工情况不能预判，进度应对的技术措施很难发挥作用，传统施工进度管理方式在现场应用非常被动。成本管理上对成本管理人员要求苛刻，一方面，项目规模大，涉及的现场签证和设计变更等资料较多，资料管理难度大；另一方面，施工预算控制严格，要确保避免浪费的同时,还要力争采取措施降低施工成本。

为迎接众多挑战,保证按期完工,确保工程质量,减少施工过程中的变更和返工,同时还要确保现场不发生安全事故,控制投资和预算。施工总承包单位中建某公司决定引入建筑信息化 BIM 技术来助推施工阶段的现场管理,完善信息化管理标准,促进项目管理创新,优化项目管理模式,使决策更加科学,帮助项目实现精细化管理,争创鲁班奖,确保项目管理在质量、安全、进度和成本上的目标圆满完成,提高企业核心竞争力。

6.5.2 BIM 技术在项目上的组织实施

6.5.2.1 项目 BIM 软硬件配置

为了保障 BIM 技术在该项目上的实施效果,公司专门购买了一批用于施工阶段项目管理的 BIM 软件和计算机,如表 6-7 所示为某国际广场首府项目 BIM 软硬件配置一览表。

表 6-7 某国际广场首府项目 BIM 软硬件配置一览表

配置	软件名称及版本	主要功能
软件	Revit 2014	三维模型搭建、三维可视化展示等
	Navisworks 2014	虚拟建造、进度管理、碰撞检查等
	Sketch Up 2014	施工图纸深化设计
	Project 2013	编制进度计划、施工模拟
硬件	CPU:Interl(R)Core(TM)i7-4770; 内存:16 GB; 显卡:Nvidia Quadro 4000; 硬盘:WDC WD5000AAKX; 网络:50 M 光纤专线	

6.5.2.2 项目 BIM 团队组成

BIM 技术在项目上的顺利实施,不是简单的买软件、购电脑这么简单,还需要组建一个专门的 BIM 团队实施。团队的主要工作内容,一是负责 BIM 模型的建立,各种软硬件模型的更新维护;二是根据分工不同进行质量、安全、进度和成本等多方面管理信息的输入和输出,起到沟通协同的作用,并且项目管理还是一个动态、循环的工作。

BIM 团队内部还有自己的任务目标、计划标准、组织架构、协调机制、建模规则等,根据项目实际需要和公司 BIM 人才储备情况,该项目 BIM 团队包括 BIM 项目经理、BIM 总工程师、BIM 建筑工程师、BIM 结构工程师、BIM 机电工程师和 BIM 应用工程师共计 10 人组成,如表 6-8 所示为某国际广场首府项目 BIM 团队组成一览表。

表 6-8　某国际广场首府项目 BIM 团队组成一览表

岗位名称	岗位人数	岗位职责
BIM 项目经理	1	统筹安排 BIM 团队日常工作
BIM 总工程师	1	BIM 实施过程的技术指导
BIM 建筑工程师	2	项目建筑模型的建立和维护
BIM 结构工程师	2	项目结构模型的建立和维护
BIM 机电工程师	2	项目机电模型的建立和维护
BIM 应用工程师	2	BIM 模型施工阶段现场具体应用

6.5.2.3　项目 BIM 建模与分析

1.项目建模流程

　　首先通过图纸收集、识图分析,将 CAD 图纸直接导入 Revit 中,然后根据 CAD 图纸直接建立三维模型,分专业、分楼栋、分楼层建模,以便于后期模型管理、交叉分工检查,最终汇成整体模型,如图 6-30～图 6-36 所示为分专业、分楼栋、分楼层建立的结构模型。

图 6-30　地下室负三层 BIM 结构模型

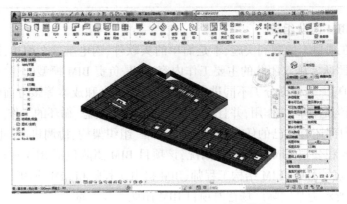

图 6-31　地下室负一层 BIM 结构模型

176

图 6-32　2#楼第 7 层 BIM 结构模型

图 6-33　4#楼第 7 层 BIM 结构模型

图 6-34　5#楼第 7 层 BIM 结构模型

图 6-35　2#楼顶层电梯间 BIM 结构模型

图 6-36　4#楼顶层电梯间 BIM 结构模型

2.文件夹命名和各构件属性命名原则

依据 CAD 图纸和公司内部建模规范,有规则地建立模型,为模型监测和查询各构件带来了极大的便利。文件的命名原则按照项目名称、专业、类型、位置的形式,各构件的属性命名按照构件名称、功能、材质、标识、结构用途的形式,如图 6-37 所示。

（a）

（b）

（c）

图 6-37　BIM 模型柱、梁、墙等构件的属性命名

3.构件的扣减原则

在 Revit 中构件之间的交汇处,默认的几何扣减处理方式不符合《建设工程工程量清单计价规范》(GB 50500—2013)工程量计算规则的要求,所以有必要明确规定构件之间的交汇原则,即梁柱重叠,梁被柱扣减;墙柱重叠,墙被柱扣减;墙梁重叠,墙被梁扣减;梁板重叠,梁被板扣减,并结合计算公式准确计算工程量,如表6-9所示。

表6-9　BIM 模型各构件扣减原则

构件		错误的扣减方法		正确的扣减方法
结构柱	梁	柱与梁重叠		梁被柱扣减
	墙	柱被墙扣减	柱与墙重叠	墙被柱扣减
	板	柱被板扣减	板被柱扣减	柱与板重叠
梁	梁	梁与柱重叠		其中一根梁被扣减
	墙	墙被板扣减	梁被墙扣减	墙被梁扣减
	板	板与梁重叠	板被梁扣减	梁被板扣减
墙	板	墙被板扣减		墙与板应重叠
	墙	墙与墙重叠		同类型扣减其中一个,建筑墙被结构墙扣减

依照相应的建模规则,参照图纸对每栋建筑分层构建该项目 BIM 模型,最后将各分层模型进行链接形成项目 BIM 结构整体模型,如图6-38所示。

图6-38　项目 BIM 结构整体模型

6.5.3　BIM 技术在本项目施工阶段的应用价值

在该项目实际施工过程中充分发挥 BIM 技术可视化、协调性、模拟性及可优化性的特点来指导施工,进行图纸会审、复杂节点安装模拟、碰撞检查、施工现场管理、设施维护管理、进度模拟、优化施工组织设计、项目成本管理等。

6.5.3.1　BIM 在施工阶段质量管理上的应用价值

1.便于现场质量资料的收集整理

将工程施工过程中形成的资料录入模型中,健全 BIM 信息库,为后期资料调用、查询带来方便,对于竣工资料的整理更加快捷方便,能够确保齐全性。将图纸变更信息录入 Navisworks 软件中,这样图纸变更信息便被保存进信息模型中方便查找。

通过 Navisworks 记录变更编号、标注变更构件,当需要查询当前构件变更时只需查看变更编号,即可在变更统计表中查出变更内容。对比传统质量资料的管理,BIM 技术能够更加方便地收集和管理,随时可以调用各项资料,更加直观。将设计更改通知单录入 BIM 模型如图6-39所示,按照图纸变更信息录入 BIM 模型如图6-40所示。

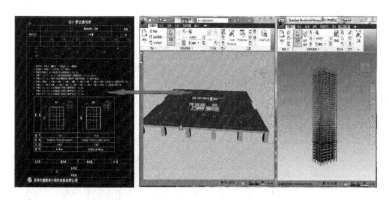

图 6-39　将设计更改通知单录入 BIM 模型

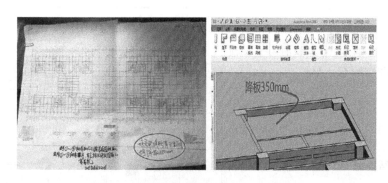

图 6-40　按照图纸变更信息录入 BIM 模型

2.可视化图纸会审,规避质量风险

在建模过程中发现图纸与实际不相符合,及时与业主沟通,反馈设计单位,及时更正补充设计图纸,图纸问题在建立 BIM 模型的时候很明显被发现出来。如表6-10 所示是利用 BIM 技术进行可视化图纸会审,进行施工质量管控。

表 6-10　BIM 技术在图纸会审阶段用于质量管控

序号	图纸变更位置	变更前后模型前后对比
1	结施 04,LL3 在 −3F, −2F 梁截面改为 200×1 600,在 −1F,1F 截面改为 200×3 700	$200 \times 3\,700$　$200 \times 3\,800$　$200 \times 1\,600$　$200 \times 3\,800$

序号	图纸变更位置	变更前后模型前后对比
2	结施 14,16,18,22 东西端头 4 m 跨异形板厚改为 120 mm	板厚由100改为120
3	结施 07 YAZla 尺寸由 400 改为 500	200×500 200×400
4	结施 04 05 06 中取消 4-B 交轴 4-30 处 KZZ2,KZZ3	
5	结施 04 LL1 梁截面改为 200×650	原截面200×1 800 变更后截面200×650
6	结施 29-34,二层~四层增加风井	变更前模型 变更后开洞模型

3. 多专业碰撞检查,避免返工

传统二维平面下,很难判断出三维空间下的综合碰撞问题,施工时如未发现该类问题,可能造成返工和延误工期,BIM 技术可进行多专业设计图纸查错、管线碰撞检查、管线综合优化等。首先进行模型碰撞检查,通过 Navisworks 等软件对碰撞节点进行检查,统计产生碰撞的部位及碰撞数量;然后制定相应的施工措施,对不同的碰撞部位进行分类处理,制定碰撞规避原则,向管理人员和施工人员发出管理碰撞施工的技术措施;最后进行现场节点规避,施工现场根据施工措施调整各管线排列位置和标高。根据现有的结构和机电模型,BIM 团队共检测出各类碰撞点 37 处,如表 6-11 所示为部分碰撞检查结果,对碰撞节点及时制定相关施工措施,并对相关施工节点进行及时复查,确保碰撞节点按照既定措施予以规避,可缩短 2%~4% 的施工周期,减少 10%~14% 的各专业协调时间。

表 6-11　BIM 技术在管道碰撞检查上的应用

序号	碰撞部位	碰撞及修改后图片	
		碰撞	修改后
1	负二层通风与负二层墙柱碰撞 db-D 轴与 da-18 轴		
2	负三层 da-A 轴交 da-17 轴风管与给水管碰撞		
3	负三层 da-16 轴交 da-j 轴风管与给水管碰撞		

4.对关键节点进行施工指导

通过现场检查发现电梯按钮盒附近结构比较特殊,钢筋节点复杂以至局部箍筋漏扎严重。在 BIM 平台上对漏扎部分的节点大样图进行了分析,得出了漏扎部分的细部尺寸,计算出漏扎钢筋的数量和精确尺寸,方便技术人员直接在钢筋加工场进行加工,可以指导施工作业人员对漏扎部分进行细致的整改,杜绝了在这个部位出现质量问题,见图 6-41～图 6-43。

图 6-41　电梯按钮盒附加出现局部箍筋漏扎质量问题

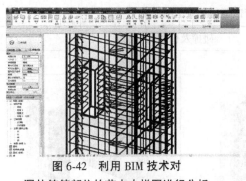
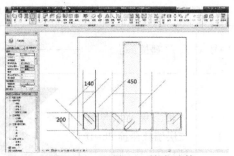

图 6-42　利用 BIM 技术对
漏扎箍筋部位的节点大样图进行分析

图 6-43　利用 BIM 技术计算
漏扎箍筋的数量和精确尺寸

6.5.3.2　BIM 在施工阶段安全管理上的应用价值

在项目安全管理中"瞬间比期间重要、看见比听见重要、知情比审批重要、可视比文字重要"。利用 BIM 技术对施工阶段安全进行管理,可以进行作业现场平面布置、三维施工模拟、临边洞口安全防护、安全色标管理、安全技术交底等。

1.作业现场三维布置确保安全

由于施工现场作业面大,各施工分区存在高低差,现场情况复杂多变。利用 BIM 技术提前预知需要做安全防护的区域、材料场地等合理安排并用于指导现场施工,如图 6-44所示为利用 BIM 技术进行施工现场平面布置,如图 6-45 所示为利用 BIM 技术进行三维安全施工模拟,如图 6-46 所示为利用 BIM 技术进行现场安全色标管理。

图 6-44　利用 BIM 技术进行施工现场平面布置

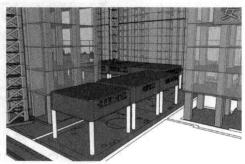

图 6-45　利用 BIM 技术进行三维安全施工模拟　　图 6-46　利用 BIM 技术进行现场安全色标管理

2.对临边洞口的安全防护进行施工指导

利用 BIM 技术对临边洞口等安全防护进行建模,以模型图片指导现场安全检查,同时统计其钢管用量,直接提交项目材料部进行加工制作。通过临边防护细节展示,指导放置垫板以防止破坏已完成的板面,并铺设踢脚板防止高空坠物。

对安全防护的指导,不仅是提醒工人危险区域,而且将安全防护模拟施工作为安全交底的指导材料。到目前为止现场共实现临边防护 280 余处,安全技术交底和安全培训 40 多场,如图 6-47 和图 6-48 所示。

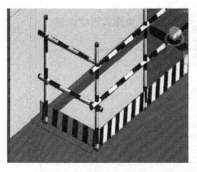

图 6-47　BIM 技术在临边防护细节展示上的应用

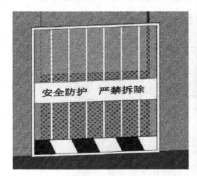

图 6-48　BIM 技术在电梯井口防护上的应用

3.BIM 在施工阶段进度管理上的应用价值

在主体结构施工前,首先利用 Revit 建立项目的基于 BIM 的 3D 模型,用 Project 编制主体结构的"＊＊＊.mpp"施工进度计划文件,然后将 BIM 模型和进度计划数据导入 Autodesk Navisworks 软件,利用 Navisworks 中的 Time Line 功能实现 4D 施工模拟,利用 4D 施工模拟,直观表达项目进度情况,并实时与现场施工进度相吻合,方便项目负责人实时掌握主体结构施工进度,及时调整和正确决策,提高施工管理效率,如图 6-49~图 6-51 所示为 Project 编制的 1#~5#楼主体结构的施工进度计划。

图 6-49 Project 编制的 1#~3# 楼主体结构施工进度计划

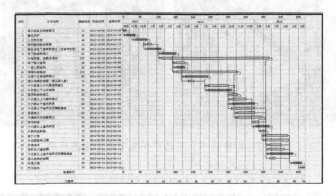

图 6-50 Project 编制的 4# 楼主体结构施工进度计划

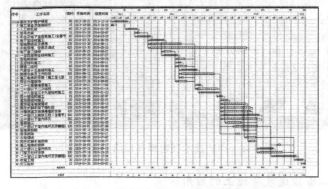

图 6-51 Project 编制的 5# 楼主体结构施工进度计划

将用 Revit 建立的信息模型导进 Navisworks,同时把总进度计划导进 Navisworks,利用 Navisworks 中的 Time Line 进行进度模拟,结合现场实际进度进行三维进度管理。

通过 BIM 进度模拟与现场实际进度进行对比发现,1#、2#、3# 楼 5 层结构施工与计划进度一致,4# 楼 8 层结构施工较计划进度滞后 2 层,5# 楼 4 层结构施工较计划进度提前 2 层,所以应采取相应技术措施并结合 BIM 模型,有针对性地调整施工计划安排,如图 6-52、图 6-53 所示为项目 BIM 模型动态模拟进度计划和现场实际施工进度。

图 6-52　项目 BIM 模型动态模拟进度计划

图 6-53　项目现场实际施工进度

4.BIM 在施工阶段成本管理上的应用价值

1)工程算量优势

BIM 团队成员以 5#楼第 7 层、8 层、9 层为例,利用传统算量软件和 Revit 软件,分别计算 5#楼第 7 层、8 层、9 层三层混凝土的预算量和导出量,并与现场混凝土的实际用量进行比较,对比三量(传统算量软件给出的预算量、Revit 的导出量和现场实际用量)的偏差,如表 6-12 所示。

表 6-12　5#楼第 7、8、9 层混凝土三量对比统计

楼栋	楼层	混凝土构件	预算量（m³）	导出量（m³）	实际量（m³）	预算量与实际量对比		导出量与实际量对比	
						m³	%	m³	%
5#楼	7 层	墙	45.14	48.58	232	−11.96	−5.16	1.20	0.52
		柱	174.90	184.62					
		梁	135.18	125.75	225	33.32	14.80	0.85	0.38
		板	123.14	100.10					
		合计	478.36	459.05	457	21.36	4.67	2.05	0.45
	8 层	墙	45.14	48.58	240	−19.96	−8.32	−6.80	−2.83
		柱	174.90	184.62					
		梁	135.36	125.75	239	25.59	10.71	6.95	2.91
		板	129.23	120.20					
		合计	484.63	479.15	479	5.63	1.18	0.15	0.03
	9 层	墙	45.14	48.58	205	15.04	7.34	28.20	13.76
		柱	174.90	184.62					
		梁	135.18	122.13	269	−10.12	−3.76	−26.68	−9.91
		板	123.70	120.20					
		合计	478.92	475.53	474	4.92	1.04	1.52	0.32

由表 6-12 可以看出,用传统算量软件和 BIM 软件计算给出的混凝土总用量二者比较接近,传统软件所算混凝土预算量大于 Revit 导出量,用 Revit 导出的混凝土用量更加接近现场实际混凝土用量,说明用 BIM 软件进行工程量计算与现场更加吻合,计算更加准确,分析上述现象的可能原因是:

(1)传统算量软件总的混凝土预算量与 Revit 总的导出量较为接近,但传统算量软件的梁板混凝土用量明显偏多,这主要是因为传统算量软件在进行算量时,可能并没有考虑梁柱交接位置的混凝土构造,现场实际浇筑时墙柱的混凝土需要浇筑到梁中一部分。

(2)Revit 总的混凝土导出量与现场实际用量非常接近,说明用 Revit 精细化建模与实际施工情况基本接近,用 Revit 建模可以用于正确指导现场施工。

(3)传统算量软件总的混凝土预算量与现场实际用量对比出入比较大,原因是用传统算量软件不能自动检测模型中的冲突,导致最后的工程量偏大。所以,相对于软件算量,运用 Revit 更加具有优势。

利用 BIM 软件进行现场混凝土用量计算,可以得出 5# 楼平均每层节约混凝土用量:

每层混凝土节约量=(预算量−导出量)/3

$$= [(478.36+484.63+478.92)-(459.05+479.15+475.53)]/3$$

$$= 9.39(m^3)$$

按照市场价混凝土 370 元/m³,进行计算:

每层混凝土节约成本=每层混凝土节约量×混凝土单价

$$= 9.39 \ m^3 \times 370 \ 元/m^3$$

$$= 3\ 474.30 \ 元$$

综上所述,运用 BIM 技术进行工程算量 5# 楼每层混凝土节约量为 9.39 m³,每层混凝土节约成本为 3 474.30 元。

2)成本分析上的优势

由 Revit 中的 MEP 功能建立机电管线模型,然后导入结构模型中,可以检查出管道穿越楼层平面的位置及孔洞大小,为准确确定预留孔洞位置提供保障。不仅可以提高预留孔洞的定位正确率避免二次开孔,而且可以节约开孔费用和混凝土用量费用等,以 5# 楼第 7 标准层为例进行 BIM 成本管理分析,如表 6-13、表 6-14 所示。

(1)开孔费计算。

表 6-13　5# 楼第 7 标准层预留孔洞统计

管道类型	管径(mm)	楼板厚或梁宽(mm)	每层个数(个)	开孔单价(元/个)
冷凝水排水立管	50	150	22	25
持水立管	100	150	84	30
通气立管	100	150	28	30
雨水立管	100	150	4	30
	150	150	6	40
消火栓立管	100	150	7	30

管道类型	管径(mm)	楼板厚或梁宽(mm)	每层个数(个)	开孔单价(元/个)
消防水立管	100	150	1	30
	200	150	2	50
给水立管	100	150	2	30
	150	150	1	40
废水立管	150	150	1	40
	250	150	1	50
喷淋立管	150	150	4	30
强电桥架穿梁	100	150	2	40
	125	300	18	40
弱电桥架穿梁	100	300	15	30
	100	800	3	200
	100	200	2	30
喷淋穿梁预留	80	200	5	30
	150	200	5	40

标准层开孔总价＝每层开孔个数×开孔单价

$$= 22×25+84×30+28×30+4×30+6×40+7×30+1×30+2×50+2×30+$$
$$1×40+1×40+1×50+4×40+2×30+18×40+15×30+3×200+2×30+$$
$$5×30+5×40$$
$$= 7\ 200\ 元$$

即通过 BIM 技术的可视化碰撞检查可以准确定位预留孔洞,避免二次开洞。可为每个标准层节约开孔费用合计 7 200 元。

(2)混凝土费计算。

表 6-14　5#楼第 7 标准层开孔处节约混凝土量统计

管道类型	管径(mm)	楼板厚或梁宽(mm)	每层个数(个)	节约混凝土用量(m³)
冷凝水排水立管	50	150	22	0.006 48
持水立管	100	150	84	0.098 91
通气立管	100	150	28	0.032 97
雨水立管	100	150	4	0.004 71
	150	150	6	0.015 89
消火栓立管	100	150	7	0.008 24

管道类型	管径(mm)	楼板厚或梁宽(mm)	每层个数(个)	节约混凝土用量(m³)
消防水立管	100	150	1	0.001 18
	200	150	2	0.009 42
给水立管	100	150	2	0.002 36
	150	150	1	0.002 65
废水立管	150	150	1	0.002 65
	250	150	1	0.007 36
喷淋立管	150	150	4	0.010 59
强电桥架穿梁	100	150	2	0.002 36
	125	300	18	0.066 23
弱电桥架穿梁	100	300	15	0.035 32
	100	800	3	0.018 84
	100	200	2	0.003 14
喷淋穿梁预留	80	200	5	0.005 04
	150	200	5	0.017 66
合计标准层节约混凝土总量				0.352 00

标准层开孔处节约混凝土总价=标准层节约混凝土总量×混凝土单价

$$= 0.352 \ m^3 \times 370 \ 元/m^3$$

$$= 130.24 \ 元$$

通过 BIM 技术的运用,在管道预留孔洞方面可以

节约费用=标准层开孔总价+标准层开孔处节约混凝土总价

$$= 7\ 200\ 元 + 130.24\ 元$$

$$= 7\ 330.24\ 元$$

综上分析,将 BIM 技术运用到成本管理上,通过在工程量算量上的应用和成本分析上的应用,可以对项目成本费用进行节约,上面两项费用汇总合计:

每个标准层可以节约开支=3 474.30 元+7 330.24 元

$$= 10\ 804.54\ 元$$

5#楼预计节约费用总额=10 804.54×40=432 181.60 元

其中,1#楼建筑面积 9 294.08 m²;2#楼建筑面积 9 302.45 m²;3#楼建筑面积 9 296.34 m²;4#楼建筑面积 16 851.85 m²;5#楼建筑面积 34 031.50 m²;地下室及裙楼建筑面积 88 864.46 m²。可以得出 1#、2#、3#、4#楼及地下室裙楼节约的费用数额。

1#楼整体预计节约=(9 294.08×432 181.60)/34 031.50=118 029.78 元;

2#楼整体预计节约=(9 302.45×432 181.60)/34 031.50=118 136.35 元;

3#楼整体预计节约=(9 296.34×432 181.60)/34 031.50=118 059.02 元;

4#楼整体预计节约=（16 851.85×432 181.60）/34 031.50=214 010.84 元；

地下室及裙楼预计节约=（88 864.46×432 181.60）/34 031.50=1 128 543.52 元。

BIM 技术在国际广场首府项目成本管理上的成功运用，可以在工程量算量和预留孔洞两方面共计节省费用=118 029.78 元+118 136.35 元+118 059.02 元+214 010.84 元+432 181.60 元+1 128 543.52 元=2 128 961.11 元。

综上分析，充分说明 BIM 技术在成本管理方面具有非常大的应用优势，产生了巨大的经济效益和社会效益。

第7章 BIM技术在项目运维阶段的应用

7.1 BIM技术与运维结合的理念

随着近年来BIM的发展普及,大批项目在设计和建造过程中应用了BIM技术。BIM在设计、施工阶段的技术应用已经逐渐成熟,但在运维方面,应用BIM技术还处于初级阶段。从整个建筑全生命周期来看,相对于设计、施工阶段,项目运维阶段往往需要几十年甚至上百年,运维阶段需要处理的数据量巨大且零乱,包括规划勘察阶段的地质勘察报告、设计各专业的CAD出图、施工各工种的组织计划、运维各部门的保修单等。如果没有一个好的运维管理平台协调处理这些数据,可能会导致某些关键数据的永久丢失,不能及时、方便、有效检索到需要的信息,更不用提基于这些基础信息进行数据挖掘、分析决策了。因此,作为建筑全生命周期中最长的过程,BIM在运维阶段的应用是重中之重。

建筑物的运营维护管理(简称运维管理),是整合人员、设施、技术和管理流程,主要包括对人员工作和生活空间进行规划、维护、维修、应急等管理。其目的是满足人员在建筑空间中的基本使用、安全和舒适需求。具体实施中,通常将物联网、云计算等技术与BIM模型、运维系统及移动终端等结合起来应用,最终实现如设备运行管理、能源管理、安保系统、租户管理等。由于运维管理时间跨度大、周期长、内容多、涉及人员复杂,传统的运维管理效率相对低下。在运维管理中引入BIM技术,不仅可以满足用户的基本活动需求,增加投资收益,还能实现设计、施工和运维的信息共享,提高信息的准确性,并为各方人员提供一个便捷的管理平台,以提高对建筑运维管理的效率。

7.2 BIM技术在建筑工程运维管理方面应用现状分析

在建筑设施的全生命周期中,相对于设计、施工阶段,运维阶段的生命周期更长,任务更多,所投入的成本也较大,维护的不确定性最多,大部分建筑在设计、施工建造阶段所产生的数据无法有效传承到运维阶段或难以进行有效运维支持。传统的建筑工程运维管理存在如下问题:

(1)综合管网及配套设备是建筑工程运维管理的重要管理内容,相关设备种类众多、分布广泛,建筑管网多存在于地下、天花板上方或夹层,不可见,导致安全管理难度大、投入人力多、成本高。

(2)建筑管网分布广泛,事故发生后故障定位困难,响应时间长、处理难度大;数据不完整,或者变更记录不及时导致不准确,难以支撑应急事故;数据无标准,格式多样,各专业自管,不同专业开挖作业重复,各部门协同效率低。

(3)大量施工图纸零散且与实际严重不符,难以有效指导项目改造或工程维修;管线从规划、设计、施工、验收、归档、维护各环节各自管理,档案分散,时间一长,资料与现实脱节。

(4)建筑工程经过多次改造建设后,可能会产生一些遗漏和安全隐患,如果无法及时发现、验证、排除,会造成企业巨大安全故障与经济损失。

(5)缺乏战略性的全局观念。不关注建筑工程的全生命周期费用,在设计和建设阶段,往往不考虑今后运营时的节约和便利。

(6)服务对象不明,不注重以人为本。设施管理的服务对象是人,应以为用户提供各种高效率的服务,改善用户的业务,以工作流程合理化和简洁化为目标。

BIM 技术基于全生命周期的可视化管理,为解决传统建筑工程运维中的问题提供解决之道。然而,目前 BIM 模型主要应用于建筑工程的设计与施工环节,由于缺乏有效的运维平台,面临着建筑信息模型应用单一性的问题,没有进行运维领域的扩展和延伸应用,即没有挖掘它的应用潜力,如设计院建筑模型主要用于协同设计和碰撞分析,而三维算量软件建立的信息模型也仅是用来统计工程量,没有更大范围的应用,严重限制 BIM 技术在建筑工程全生命周期中价值的发挥。

BIM 在运维管理应用方面存在的问题:

(1)BIM 模型主要应用于设计环节,以工程管道、设备防碰撞为目标,建筑辅助设计为主,难以直接融合生产运行维护数据于模型本身,整体用于设备运行、维护和管理环节,导致 BIM 系统在项目工程实施完成后,基本处于闲置的资源浪费状态,前期大量资金投入,效益没有延伸和拓展。

(2)BIM 模型缺少管理对象相关运维信息,且 BIM 系统以建筑为主体、专业性较强,不易操作。在快速查询、故障定位、信息支持(如采购、安装、维护维修、备品备件)方面难以有效应用。

(3)基于 BIM 的可视化运维与传统基于平面或手工管理方式的业务流程不同,缺乏符合管理者需求的 BIM 承载平台。

7.3 基于 BIM 的建筑工程运维管理系统架构

7.3.1 整体设计要求

基于 BIM 技术的运维管理需要解决以下 3 个问题。

(1)数据是否可以集成与共享。

整个项目管理时期,由于各参与单位所使用的软件各不相同,这就导致了各数据库的信息存在格式差异。如果能够保存下设计及施工阶段的信息,并整合统一到运维管理平台里,信息就可以进行二次利用,所以这就需要一个稳定的数据库,且该数据库存放有关项目在其生命周期的所有信息,可以实现信息的集成与共享,同时也能提取在此数据库中的信息,这样也就实现了 BIM 数据同其他数据的集成与共享。这也是将 BIM 技术应用于各类建设项目运营和维护管理框架的基础。

(2)BIM 运维平台数据安全问题。

BIM 运维管理平台集成了项目的所有信息,包括项目参与各方,数据安全在物业运营和维护管理中显得十分重要。对不同职责的用户,设置不同的用户权限,所需数据只能够在其权限范围内获得。不能随意修改权限范围之外的信息,从而保障运维系统有条不紊的运行。

(3)实现运维管理系统的各项功能。

建设基于 BIM 技术的运维管理系统的根本目的就是实现运维管理系统的各项功能。数据只有变成信息并应用才创造价值,才有存在的意义。为了信息的二次利用,需要对信息资源进行存储和管理,关注的重点就是如何在运维管理中应用信息。数据的应用就是让运维管理的各功能子系统接收到有效的数据,确保其功能得到实现,所以功能层应该作为基础框架的中间层,主要是为了保证各类建设项目运维管理中各功能正常运行,实现各功能及系统在运维管理中的集成。

7.3.2 基于 BIM 的运维管理系统框架设计

为实现 BIM 运维管理体系的设计要求,采用 B/S 结构,对运维管理系统框架进行设计,该系统需要包括数据采集层、数据库层、网络传输层、BIM 运维管理平台层和应用层,如图 7-1 所示。

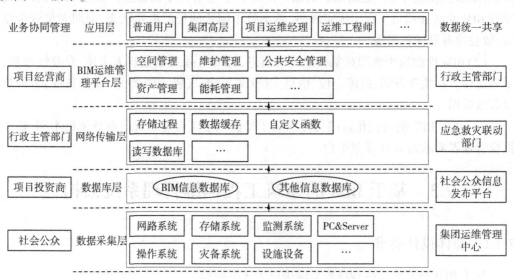

图 7-1 基于 BIM 技术的项目运维管理平台

运维管理平台建立后,各方关系由原来的错综复杂,变为以 BIM 模型为核心的无界限沟通关系,如图 7-2 所示。

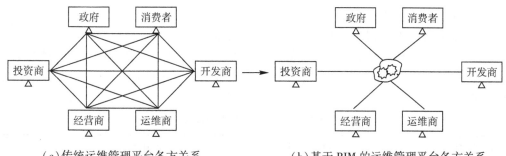

| （a）传统运维管理平台各方关系 | （b）基于 BIM 的运维管理平台各方关系 |

图 7-2　基于 BIM 技术的项目运维管理平台各方关系

数据采集层主要包括网络系统、存储系统、监测系统、操作系统、设施设备等,是基础数据的来源。

7.3.3　数据库层

7.3.3.1　运维管理对数据库的基本要求

作为最基本的运维管理系统框架数据库,首先,需要存储全面、完整的信息,以支持功能层的实现。因此,数据库需要包含建筑物全生命周期各阶段的数据和信息,可分为两部分:运维管理阶段前不同阶段、运维管理阶段产生的历史信息和运维信息。在整理出这两部分信息后,可以构建基于 BIM 模型的 BIM 数据库。运维管理阶段之前的历史信息可以提供运维管理过程中所需提取的信息,而运维管理阶段产生的运维信息能够实时更新并共享,它可以为后续的运维管理提供最新的数据,为提高运维管理的效率奠定基础。

其次,数据库需要能够实现信息的集成和数据的共享。这是数据库层最基本也是最重要的功能。因为竣工阶段交付的 BIM 模型本身就存在很多不同类型的软件,产生不同格式的文件,运维管理阶段现有软件众多,需要和 BIM 技术进行交互,这些数据集成和共享就是必须要达成的目标。

再次,需要严格设置数据访问权限。数据库的访问权限需要合理划分,不同级别的用户应该被授予相应的访问权限。低级用户只能查看数据,高级用户可以建立、修改和删除数据,从而可以有效保证数据的安全性。

最后,数据库中的数据可以显示优化。为了使移动终端能够平滑地查看 BIM 模型和数据,需要进行多种数据优化和处理。主要包括正确压缩和处理 BIM 模型和数据,根据专业和楼层对 BIM 模型进行分类,在查看三维 BIM 模型的过程中分段加载和隐藏。

7.3.3.2　基于 BIM 的运维管理数据库处理

1.基础数据的获取

1）BIM 模型轻量化

数据库层是基于建筑物的设计和施工阶段信息的 BIM 模型,大部分采用 Revit 软件建模。它包含大量对运维意义不大的信息,信息量越大,运维管理越困难,用户体验越差,因此需要对移交 BIM 模型进行“瘦身”,即轻量化,这要求修改 BIM 模型以获得操作和维护特性。根据运维要求来提取对运维管理有意义的数据,舍弃繁杂无用数据。

2)增添运维阶段有效数据

运维管理阶段对数据的要求不同于施工阶段,因此在施工阶段模型轻量化的基础上还要添加运维管理阶段所需要的有效信息。运维管理数据库需求见表7-1。经过轻量化和增添数据这两步,方能形成对运维有效的完整数据库。运维管理 BIM 模型轻量化如图7-3所示。

表 7-1　运维管理数据库需求

信息类别	具体数据名称	创建人	使用者
BIM 模型	项目场地、平面布置、整体建筑模型; 结构构件(墙、梁、板、柱等)的几何数据、物理数据; 楼层信息、房间信息、空间定位等建筑物基本属性; 水、电、暖综合管线; 门、窗、玻璃等建筑构件基本数据	工程设计人员	物业工程部、招商部、运营部、BIM技术、其他技术咨询方
经济和资源信息	设备和工器具、人工、材料价格、人工定额价格等经济性指标; 设施设备基本属性、采购信息、潜在供应商	技术管理人员	决策者、财务部、运营部、工程部、BIM技术人员
管理信息	各类运营数据报表; 运维管理组织结构、管理方案、岗位设置、人员职责; 合同结构、合同条款和法律规章; 消费者反馈投诉、建议等反馈信息等	一般管理人员	决策者、管理人员、监督部门、BIM技术人员
实时更新信息	终端采集器、设施设备的传感器、计量表具等形成的能耗信息; 监控系统; 车辆识别、车位统计系统等; 各业务部门操作系统等;	终端设备自动录入	值班人员、管理人员、监督人员

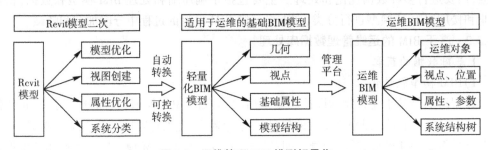

图 7-3　运维管理 BIM 模型轻量化

2.数据的集成和共享

在各类建设项目全生命周期中,BIM 技术的实现依靠多种不同软件,不同软件产生不同格式的数据需要进行集成和共享。根据目前的情况,建立基于 IFC 标准的 BIM 数据库是个比较好的选择。基于 IFC 的 BIM 数据集成图如图7-4所示。

(1)数据交换和转换模块。对于 IFC 数据文件,IFC 文件解析器可以读取和写入数据文件。如果应用软件符合 IFC 标准,它可以实现数据交换和导入导出。但是,如果应用软件符合 IFC 标准且没有实现信息的交换和共享,则必须转换数据。

(2)数据储存模块:在此模块中,可以使用 IFC 数据库访问器访问 BIM 数据库中的信息。

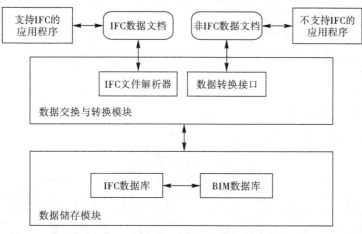

图 7-4　基于 IFC 的 BIM 数据集成

7.3.4　运维管理平台层

7.3.4.1　BIM 运维管理平台的要求

1.硬件要求

BIM 运维管理平台需要处理大量的图形及现有的运维管理办公软件,对电脑硬件的数据处理和计算能力提出了更高要求,必须能够处理超大体量:

(1)CPU:拥有二级及其以上的高速缓冲存储器,采用 64 位 CPU 及 64 位的操作系统。

(2)内存:根据项目不同,一般情况下要求至少比运维文件本身大 20 倍以上,8 G 或 16 G 是最低配置,越大越好。

(3)显卡:由于模型表现、渲染等对显卡要求很高,越高端的显卡,三维效果越好,图片间的切换越流畅。一般需要支持 DIRECTX9.0 和 SHADERMODEL3.0 以上。

(4)硬盘:硬盘的读写能力对处理复杂模型时影响较大,最好采用"普通硬盘+固态硬盘"的配置模式。

(5)显示器:BIM 模型经常会存在多个视图对比效果的情况,因此建议配置 2 个以上的显示器,这样可以避免频繁切换。分辨率不低于 2 560×1 600。

2.软件要求

应用软件的各个功能模块耦合度越低越好,最好能够均可单模块运行。易于与其他应用系统集成及进行数据交换、强大的与图形软件的集成功能。具体要求如下：

（1）具备强大的、成熟的、开放的 IT 架构及功能能够支持多种主流数据库平台；支持主流标准的数据接口；采用多层次的安全机制；合法用户的验证；对数据记录的访问权限控制（VPA）；对功能节点的访问权限控制；对页面功能操作的访问控制；方便业务功能的定制及开发；页面描述语言及解析引擎；前后台通信机制；可兼顾高效性和高可靠性等。

（2）具备与图形软件的集成的功能。

在前期设计阶段、施工阶段，不同的建设项目可能使用不同的图形软件，如 AutoCAD 图形设计软件、Flash 图形技术、Revit 建模软件等，因此要求能够与国际、国内主流其他图形软件无缝集成；同时，通过强大的数据挖掘能力，跨部门数据的整合、仪表盘、商业智能，实现真正直观、可视化的软件系统。

7.3.4.2 BIM 运维管理平台功能需求

功能层由各子系统功能模块组成，这些模块主要是基于 BIM 技术的应用，主要为了实现空间管理、资产管理、维护管理、公共安全管理、能耗管理五个功能，结构如图 7-5 所示。不同功能模块的运维管理人员可以通过模块的应用来操作数据，将数据处理的结果反馈给相应的人员，并由专业人员对数据库进行更新，以便后续人员使用，从而提高数据的利用率，达到运维效率的优化。

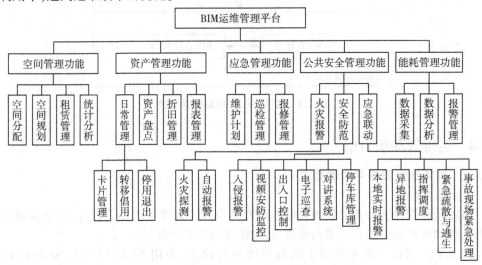

图 7-5　基于 BIM 的项目运维管理平台项目结构

7.3.5　应用层

客户端是终端应用层，基于 BIM 技术的各类建设项目的运维管理系统的客户终端应分别面向普通用户、项目运维经理、集团高层、运维工程师等。

7.3.5.1　面向普通用户的应用

各类建设项目中面向普通用户的客户端包括租户、访客、消费者。面向普通用户应用的形式有手机 App、展示大屏、广告广播等。租户或访客可通过三维可视展示大屏获取自己所需要的信息，进行决策，展示大屏是各类建设项目业主展示企业形象、提升品牌影响力、提高项目收益水平的重要途径之一；消费者可通过商场的展示大屏、广告广播、手机

App 等智能化的设备获取商品信息、优惠活动、购物指南、排队就餐等相关信息,提高用户体验满意度。

7.3.5.2　面向项目运维经理的应用

各类建设项目中面向管理人员的主要是 PC 监控、运维数据监测、团队状态管理等,进行商业运营情况的实时监控,做到防范或及时处理问题。如车辆管理系统,可分层显示剩余车位情况,当某层暂无剩余车位时,可关闭本层停车入口,引导车辆驶往其他楼层停车场。又如空气监测系统终端,当空气质量超出标准范围时,管理人员的客户端有预警提示,相关负责人可以采取相应措施进行调控。

7.3.5.3　面向集团高层的应用

各类建设项目中面向集团高层的应用主要是实时的 Web 信息。当集团主管领导想要对某地区某项目运维管理进行了解、监督时,可在多媒体浏览环境下,进行报表调阅、监控调取等活动。当主管人员需要进行决策时,也可通过 Web 信息,收集、整合项目的运维情况及信息,提出解决方案,并借助 BIM 平台进行优化,做出最终决策,避免风险或者提高项目效益。

7.3.5.4　面向运维工程师的应用

各类建设项目中各专业的工程师是设施设备维护管理的主要实施者,面向工程师的应用主要是手机 App、移动设备管理仪和计算机等接受工单,实时上传维护进度,更新运维信息,维护 BIM 及其他数据库等。工程师可通过 App 扫描建筑物、设备二维码获取相关信息进行维修、保养、更换。如手机 App 或者监控发现某设备出现故障,工程师可通过 BIM 数据平台调取该设备的生产厂家、基础数据、保修期等,快速选择解决方案。

7.4　项目运维管理阶段 BIM 应用案例分析

7.4.1　项目概况

升龙汇金大厦建筑高度为 208 m,建筑总面积接近 16 万 m²,位于福州市台江区,建筑的设计功能是单塔楼超高层商务体。升龙汇金大厦总体设计由香港刘荣广伍振民建筑设计公司和中建国际设计公司承担,美国 SWA 景观设计公司承担景观设计,美国碧谱照明设计公司承担灯光设计,英国第一太平戴维斯物业管理公司承担后期的运维管理。通过合作企业可以看出,其在鼎力打造本大厦设计品质及运维管理品质方面都要求很高,因为项目决策之初旨在打造国内最高品质的 5A 甲级智能化写字楼。本项目有很多"荣誉",它被称为海峡金融街制高点之"西塔",又是商务区"城市之门"规划设计理念的"门廊柱"代表之作,是海峡金融街地标性建筑,吸引很多人的眼球,在政府城市形象服务上成为福州对外展示窗口的焦点。

升龙汇金大厦是一栋 5A 级写字楼,运维管理服务的对象是物业使用人,经调查,该大厦的使用人以营利性法人居多,占 90% 左右。法人用户是一种团体性组织,即物业管理公司的服务对象不是固定的个人,而是一个群体。理论上讲,只有用户的所有人员都满意,用户对物业公司的服务才可能是满意的。由于用户的人员是流动的,加上用户本身的流动,物业公司的服务只有保持连续稳定性才能维持用户的满意度。因此,想要实现国内最高品质的 5A 甲级智能化写字楼,必须采用信息化手段,提高运维管理的质量。

7.4.2 基于 BIM 技术的运维管理系统的应用

7.4.2.1 基于 BIM 的运维管理系统

升龙汇金大厦的运维管理系统分为三个层次:基础数据层、平台集成层、运维应用层。基础数据层包括 BIM 运维模型、第三方系统,平台集成层包括轻量化图形引擎技术、互联网、物联网、各个智能设备等,运维应用层包括空间管理模块、设施管理模块、资产管理模块、维保管理模块、租赁管理模块、应急预案、BA 集成、能耗管理等,如图 7-6 所示。

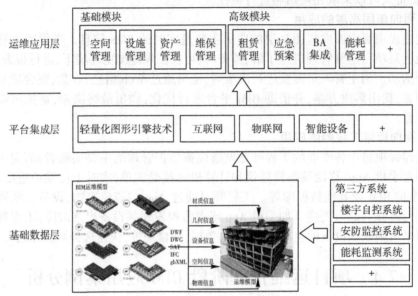

图 7-6 升龙汇金大厦基于 BIM 的运维管理系统

7.4.2.2 升龙汇金大厦基于 BIM 的运维管理基础数据层

1.BIM 模型轻量化

不同于建设阶段的 BIM 模型,针对运维阶段进行 BIM 模型的轻量化处理(见图 7-7)。删减运维阶段不需要的模型信息,添加运维阶段需要的数据。

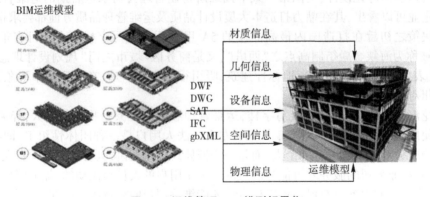

图 7-7 运维管理 BIM 模型轻量化

2.数据的集成和共享

升龙汇金大厦 BIM 模型可实现 DWF、DWG、SAT、IFC、gbXML 等格式的交互,平台也可实现多种标准体系的交互,如图 7-8 所示。

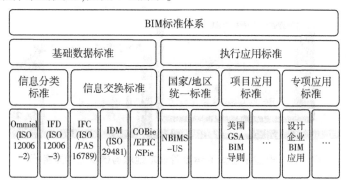

图 7-8　升龙汇金大厦运维管理数据标准体系

7.4.2.3　升龙汇金大厦基于 BIM 的运维管理平台集成层

1.硬件配置

升龙汇金大厦基于 BIM 的运维管理平台需要配备 2 台服务器、3 台计算机,配置如图 7-9 所示。

BIM 服务器配置清单

产品名称	型号规格	单价	保质期
CPU	I7-7700	2500	3 年
主板	华硕 B250F	800	3 年
内存	金士顿 DDB4-2400 2 条 16G	479×2 =958	终生 质保
固态硬盘	金士顿 A400 固态 120G	289	3 年
物理硬盘	西部数据 2TB 3 块 6TB	499×3 =1497	3 年
光驱	先锋 24 倍速 SALA 接口	109	1 年
显卡	索泰 GTX1060-6G 毁灭者	1899	3 年
机箱	爱国者破晓 2	359	无
电源	爱国者 500W	279	5 年
CPU 风扇	大霜塔	219	1 年
键盘/鼠标	双飞燕键盘鼠标套装	65	1 年
显示器	DELL-U2414H 1 台 23.8 英寸	1349	3 年
音响	漫步者 R10U 便携式 2.0	79	1 年

BIM 硬件配置清单

产品名称	型号规格	单价	保质期
CPU	I7-7700	2500	3 年
主板	华硕 B250F	800	3 年
内存	金士顿 DDB4-2400 4 条 32G	479×4 =1916	终生 质保
固态硬盘	金士顿 A400 固态 120G	289	3 年
物理硬盘	西部数据 1TB 2 块 2TB	278×2 =556	3 年
光驱	先锋 24 倍速 SATA 接口	109	1 年
显卡	索泰 GTX1060-6G 毁灭者	1899	3 年
机箱	爱国者破晓 2	359	无
电源	爱国者 500W	279	5 年
CPU 风扇	大霜塔	219	1 年
键盘/鼠标	双飞燕键盘鼠标套装	65	1 年
显示器	DELL-U2414H 2 台 23.8 英寸	1349×2 =2698	3 年
音响	漫步者 R10U 便携式 2.0	79	1 年
其他	HDMI 转接头/U 盘 16G	20+25=45	无

图 7-9　升龙汇金大厦运维管理硬件配置

2.本地服务器及云端服务器

升龙汇金大厦运维管理本地服务器及云端服务器如图 7-10 所示。

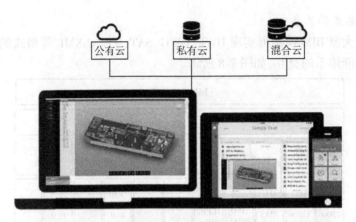

图 7-10　升龙汇金大厦运维管理本地服务器及云端服务器

7.4.2.4　升龙汇金大厦基于 BIM 的运维管理运维应用层

图 7-11 为升龙汇金大厦基于 BIM 的运维管理主界面,主要包括空间租赁管理、设备资产管理、维保管理、安全防护、能耗管理等。

1.空间租赁管理

升龙汇金大厦建立标准的 BIM 模型,通过 BIM 模型加载,用不同颜色标注为不同单位使用的空间,通过标签定义,实现后期筛选不同单位使用空间定位,每个空间可编辑属性,为长期性、变动性的租赁管理提供高效率服务,见图 7-12。

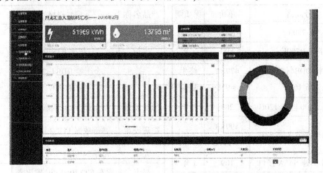

图 7-11　升龙汇金大厦基于 BIM 的运维管理主界面

图 7-12　升龙汇金大厦基于 BIM 的运维管理(空间租赁管理)

2.设备资产管理

BIM 模型中包含所有设备设施详细信息,在 BIM 运维管理平台上可以随时点开需要查看的设施设备,与之相关的设备属性、厂家信息、操作手册、维护记录等都可以直接显示。点击视频监控设备时,还可以实时显示监控图像,如图 7-13 所示。

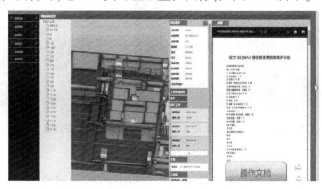

图 7-13　升龙汇金大厦基于 BIM 的运维管理(设备资产管理)

3.维保管理

升龙汇金大厦的维保管理等同于本书理论上的设施维护管理,可以分类查看设备。当设备报警时,可以高亮显示设备位置、运行参数、工程数据和文档。对于设备厂家、应用手册、是否出保修期、设备报废前报警等都一目了然。对于故障设备,可直接在平台上填写保修单,平台协同部门快速响应,如图 7-14 所示。

图 7-14　升龙汇金大厦基于 BIM 的运维管理(维保管理)

4. 安全防护管理

当系统发现威胁、安全入侵等问题时,可高亮显示危险门禁,点击摄像头可调用门禁关联的摄像头,获取实时影像信息,如图 7-15 所示。

图 7-15　升龙汇金大厦基于 BIM 的运维管理(安防管理)

5. 能耗管理

可通过 BIM 模型定位,查看不同的设备、不同的楼层、不同的时间段,整栋大厦的能耗情况,包括用电、用水等。根据统计报表,依据平台数据分析,管理者可以及时地制定节能策略,降低运维管理的成本,如图 7-16 所示。

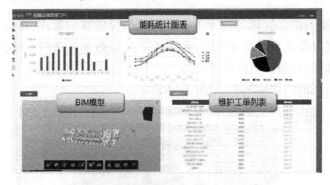

图 7-16　升龙汇金大厦基于 BIM 的运维管理(能耗管理)

7.4.3　基于 BIM 技术的运维管理系统的应用效果分析

通过基于 BIM 技术和信息化的"运维管理平台",实现了运维管理过程中的同步协调、统一管理。基于 BIM 的运维管理平台是多方协同的开放型工作平台,在开展工作的过程中,实现与合作伙伴之间的多方协同。这也在一定程度上提高了对外部合作伙伴管理能力的要求。从业主的角度来看,BIM 管理平台如果只是内部员工来使用,其价值还是相对有限的,只有让产业链上的合作伙伴都参与使用,才能在更大程度上发挥 BIM 管理平台的价值。基于 BIM 技术,通过平台可实现项目从设计、建造到运营全生命周期的过程模拟推演,将管理工作前置,从而优化管理方案、降低管理风险、提升管理效率。

(1)业务流程重组,使运维管理效果提升,反映在消费者的角度就是消费体验提高,对品牌的宣传、项目的收益都起到很大的作用,解决了组织管理模式落后带来的问题。

(2)基于 BIM 技术,通过平台可实现管理工作的信息化和精细化,管理过程各种数据报表量化,通过大数据分析为管理提供可量化的决策依据,解决了数据资源带来的问题。

参 考 文 献

[1] 何关培.BIM 总论[M].北京:中国建筑工业出版社,2011.

[2] 刘占省,赵雪峰.BIM 基本理论[M].北京:机械工业出版社,2018.

[3] 葛清.BIM 第一维度:项目不同阶段的 BIM 应用[M].北京:中国建筑工业出版社,2013.

[4] 刘照球.建筑信息模型 BIM 概论[M].北京:机械工业出版社,2017.

[5] 杨晓毅.建筑信息模型(BIM)概论[M].北京:中国建筑工业出版社,2019.

[6] 赵彬,王君峰.建筑信息模型(BIM)概论[M].北京:高等教育出版社,2020.

[7] 史艾嘉,朱平.BIM 建模基础及施工管理应用[M].北京:清华大学出版社,2021.

[8] 许莉,张挺.建筑信息模型技术前沿与工程应用[M].北京:高等教育出版社,2020.

[9] 清华大学 BIM 课题组.中国建筑信息模型标准框架研究[M].北京:中国建筑工业出版社,2011.

[10] 马智亮.BIM 技术及其在中国的应用问题和对策[J].土木建筑工程信息技术,2010(2):12-15.

[11] 何关培.BIM 在建筑业的位置、评价体系及可能应用[J].土木建筑工程信息技术,2010(1):109-116.

[12] 葛文兰.BIM 第二维度:项目不同参与方的 BIM 应用[M].北京:中国建筑工业出版社,2013.

[13] 纪博雅,戚振强.国内 BIM 技术研究现状[J].科技管理研究,2015,6:184-190.

[14] 谢晓晨.论我国建筑业 BIM 应用现状和发展[J].土木建筑工程信息技术,2014,6(6):90-101.

[15] 张学斌.BIM 技术在杭州奥体中心主体育场项目设计中的应用[J].土木建筑工程信息技术,2010,2(4):50-54.

[16] 何清华,钱丽丽,段运峰,等.BIM 在国内外应用的现状及障碍研究[J].工程管理学报,2012,26(1):12-16.

[17] 刘占省,赵明.BIM 技术在我国的研发及工程应用[J].建筑技术,2012,44(10):893-897.

[18] 肖保存.基于 BIM 技术的住宅工业化应用研究[D].青岛:青岛理工大学,2015.

[19] 马智亮.我国建筑施工行业 BIM 技术应用的现状、问题及对策[J].中国勘察设计,2015:39-42.

[20] 许炳,朱海龙.我国建筑业 BIM 应用现状及影响机理研究[J].建筑经济,2015,3:10-14.

[21] 李勇.建设工程施工进度 BIM 预测方法研究[D].武汉:武汉理工大学,2014.

[22] 季璇.基于 BIM 的楼盖模板优化设计方法研究[D].北京:中国矿业大学,2017.

[23]张英隆.基于 BIM 和 IPD 模式的工程项目变更控制研究[D].上海:上海交通大学,2020.

[24]袁洪哲.全过程工程咨询模式下设计施工 BIM 技术协同应用效果评价研究[D].南宁:广西大学,2020.

[25]赵轲.基于 BIM 的全过程工程咨询集成管理研究[D].天津:天津理工大学,2019.

[26]张颜.基于 BIM 的全过程工程咨询模式研究[D].北京:中国矿业大学,2020.

[27]袁洪哲.全过程工程咨询模式下设计施工 BIM 技术协同应用效果评价研究[D].南宁:广西大学,2020.

[28]蔡兆旋,颜锋,马坤,等.基于 BIM 技术和全过程工程咨询模式下数字化项目管理平台建设研究[J].中国工程咨询,2021(2):95-100.

[29]姬丽苗,张德海,管桫瑜,等.基于 BIM 技术的预制装配式混凝土结构设计方法初探[J].土木建筑工程信息技术,2013,5(1):54-56.

[30]戴军,韩文照.香港 BIM 技术的发展及对内地的启示[J].工程技术研究,2018(8):30-32.

[31]郝会杰,李刚,李春.BIM 技术在模板脚手架设计与施工中的应用[J].施工技术,2019,48(18):64-66.

[32]谢中原,马春泉,刘金星,等.基于 BIM 技术的模板工程深化设计解决方案[C]//中国土木工程学会 2017 年学术年会论文集,2017:331-339.

[33]张龙洋,殷俊涛,何云志.铝合金模板深化设计的创新与应用[J].建筑施工,2018,40(7):1166-1168.

[34]曹磊,谭建领,李奎.建筑工程 BIM 技术应用[M].北京:中国电力出版社,2017.

[35]杨坚.建筑工程设计 BIM 深度应用——BIM 正向设计[M].北京:中国建筑工业出版社,2021.

[36]王亚中.BIM 技术条件下施工阶段的工程项目管理[D].长春:长春工程学院,2017.

[37]王友群.BIM 技术在工程项目三大目标管理中的应用[D].重庆:重庆大学,2012.

[38]张洋.基于 BIM 的建筑工程信息集成与管理研究[D].北京:清华大学,2009.

[39]张强.基于 BIM 的建筑工程全生命周期信息管理研究[D].武汉:武汉工程大学,2017.

[40]李明瑞.基于 BIM 技术的建筑工程项目集成管理模式研究[D].南京:南京林业大学,2017.

[41]类成满.基于 BIM 的施工项目数据集成平台研究[D].青岛:青岛理工大学,2018.

[42]张建平,李丁,林佳瑞,等.BIM 在工程施工中的应用[J].施工技术,2012,41(16):10-17.

[43]牛博生.BIM 技术在工程项目进度管理中的应用研究[D].重庆:重庆大学,2012.

[44]胡振中,彭阳,田佩龙.基于 BIM 的运维管理研究与应用综述[J].图学学报,2015,36(5):802-810.

[45]赵新宇.BIM 技术在智能建筑运维管理中的标准化应用[J].品牌与标准化,2022(2):120-122.

[46]杨茜,李娟,范琳琳,等.基于 BIM 技术与新型信息技术的建筑智能运维管理系统的构建研究[J].四川建筑,2022,42(1):210-211.

[47]过俊,张颖.基于 BIM 的建筑空间与设备运维管理系统研究[J].土木建筑工程信息技术,2013,5(3):41-49,62.

[48]王廷魁,张睿奕.基于 BIM 的建筑设备可视化管理研究[J].工程管理学报,2014,28(3):32-36.

[49]姚刚.基于 BIM 的工业化住宅协同设计的关键要素与整合应用研究[D].南京:东南大学,2016.

[50]潘多忠.BIM 技术在工程全过程精细化项目管理中的应用[J].土木建筑工程信息技术,2014,6(4):49-54.

[51]张俊,刘洋,李伟勤.基于云技术的 BIM 应用现状与发展趋势[J].建筑经济,2015,36(7):27-30.

[52]彭书凝.BIM+装配式建筑的发展与应用[J].施工技术,2018,47(10):20-23,60.

[53]张建平,何田丰,林佳瑞,等.基于 BIM 的建筑空间与设备拓扑信息提取及应用[J].清华大学学报:自然科学版,2018,58(6):587-592.

[54]徐世杰.基于 BIM 技术的项目建设管理应用研究[D].杭州:浙江工业大学,2015.

[55]毛志兵.推进智慧工地建设 助力建筑业的持续健康发展[J].工程管理学报,2017,31(5):80-84.

[56]谢佳霓,黄玉贤,沈玉香.智慧工地平台管控中 BIM 技术的应用研究[J].低温建筑技术,2020,42(8):124-126.

[57]游天亮,吕欣豪,张彧博,等.大型医疗建筑 BIM+智慧工地综合建造技术[J].施工技术,2020,49(6):35-37.